小故事 大道理

彩色插图版

文若愚 / 编著

中国华侨出版社

图书在版编目 (CIP) 数据

小故事大道理：彩色插图版 / 文若愚编著 . — 北京：中国华侨出版社 , 2017.7
ISBN 978-7-5113-6920-8

Ⅰ . ①小… Ⅱ . ①文… Ⅲ . ①人生哲学—通俗读物 Ⅳ . ① B821-49

中国版本图书馆 CIP 数据核字 (2017) 第 153635 号

小故事大道理：彩色插图版

编　　著：文若愚
出 版 人：刘凤珍
责任编辑：姜　婷
封面设计：冬　凡
文字编辑：于海娣
美术编辑：杨玉萍
插图绘制：李金凤
经　　销：新华书店
开　　本：720mm×1020mm　1/16　印张：27.5　字数：505 千字
印　　刷：三河市嘉科万达彩色印刷有限公司
版　　次：2017 年 8 月第 1 版　2021 年 10 月第 7 次印刷
书　　号：ISBN 978-7-5113-6920-8
定　　价：75.00 元

中国华侨出版社　北京市朝阳区西坝河东里 77 号楼底商 5 号　邮编：100028
发行部：（010）88893001　　　　传　真：（010）62707370

如果发现印装质量问题，影响阅读，请与印刷厂联系调换。

PREFACE

前言

　　好的故事关键不在于它有多长，而在于它有多少内涵，具有多少思想的重量；精华般的思想关键不在于它从谁的口中说出来，而在于它验证过多少事实，有多少实际的指导意义。哲人说："一颗沙里一个世界，一朵野花里一座天堂，把无限放在你的手掌上，永恒在一刹那里收藏。"生活中一些平凡的小事物里往往包含着最深刻的人生道理，比起抽象的理论，它们能以更简单、更直接、更迅捷的方式把道理揭示出来，拨动我们的心灵，让我们于瞬间豁然开朗。因此，与其在长篇累牍的抽象理论中费尽心思，不如读一分钟的小故事更让人醍醐灌顶，了然于心。

　　在编写本书的过程中，我们参阅了大量名人传记、历史故事、哲学丛书，甚至经济学著作，以及杂志、网络等资料，从全球浩瀚的故事海洋中精选出 400 多则小故事。为了方便阅读，我们将这些小故事按其内容精心编排为十五章，分别为真理与思想、见解与感悟、意志与信念、苦难与机遇、努力与收获、心态与命运、选择与放弃、品性与责任、习惯思维与改变、为人与处世、做事与成败、亲情与爱情、发展与教育、职业与事业、人性的弱点与克服。书中所选的小故事虽简短，却绝不庸俗，绝不单薄，它们都趣味横生，同时包含着深刻的生活内涵和无穷的人生智慧，为你开启一扇启迪之门，引领你进入一个豁然开朗的境界。每个小故事之后，你都能看到一条称得上是点睛之笔的"大道理"，语言简洁有力，说理生动活泼，甚至不乏幽默，能时时激起你思想的震荡，点燃你内心深处的智慧火花，引导你拨开理论的迷雾，用心灵感悟生命的真谛，找到幸福和成功的答案。

　　阅读这些故事能让你获得有益的人生经验和教训，使你的意志更加坚强，人格更加健全……它们是你迷失时的灯塔，也是你春风得意时的镇静剂，不断引导你更好地理解和把握人生，明智而从容地面对人生道路上的各种问题，避免走弯路或重蹈覆辙，顺利、快速地走向成功和幸福。

　　本书内容极为丰富，在其中你可以领略古人的智慧和今人的务实，你能找到经济学大师思想的轨迹，也能寻觅到哲学家的思维光芒，更多的，你能体会到小人物在生活、事业、情感等诸多方面所展现出的聪慧。不论你处在人生的哪个阶段——少年、青年、中年或是老年，也不论你做何种事情——学习、工作、创业，你都能通过阅读书中的小故事找到相应的哲理来指导自己。如果你是孩子，你能从这本书中学习如何成长；如果你是青年，你能从这本书中学习如何经营人生；如果你是长者，你能从这本书中学习如何调整生命的航道……阅读这本书，一定能让你的心灵感受到美与力量，得到智慧的启迪。

CONTENTS
目 录

第三章　意志与信念

第四章　苦难与机遇

▍第九章　习惯思维与改变

▍第十章　为人与处世

第十一章 做事与成败

第十二章 亲情与爱情

第十三章　发展与教育

第十四章　职业与事业

第一章
真理与思想

　　法国哲学家爱尔维修说："在我所讲的一切中，我只是探求真理，这并不是仅仅为了博得说出真理的荣誉，而是因为真理于人有益。"真理是思想形式，是人类经验的组织形式，人生最高之理想，就在于求达于真理。

1. 这很好啊

一位非常有智慧的老人被国王请到宫中，做了国师。他有一句非常有名的口头禅，那就是："这很好啊，是件好事。"

一天，国王的小手指头不小心被砸掉了。疼痛难忍的国王问老人有什么办法可以止痛，老人又把那句口头禅搬了出来，他告诉国王说："尊敬的陛下，请您大声地念'这很好啊，是件好事'，您的伤痛就会减轻许多。"

国王听了勃然大怒道："我的手都这样了，你还说是好事！我现在把你关进监狱里去，看你还说不说是好事！"但是没想到当卫兵押老人进监狱时，他还在重复那句话："这很好啊，进监狱也是件好事啊。"

后来，国王和大臣们去打猎，不幸被土著居民捉住了，打算把他们做祭祀品。但是根据当地规矩，肢体不全的人是不能做祭祀品的，于是国王被释放了。

回来之后，他第一件事就是把老人给放了，而且对他大加赞赏，然后问道："我少了手指头是好事已经被证实了，那你被关了这么久，难道也是好事吗？"

"当然。"老人答道，"如果不是在监狱里，我肯定要陪您去打猎，那么现在我一定被杀掉了。"智慧老人摇了摇他健全的双手说。

大道理

塞翁失马，焉知非福，祸福之间并没有绝对的界限。任何事情都有两面性，只要能以乐观的眼光去看，每一朵乌云背后都会有阳光存在。

2. 石头的价值

他很普通，没有什么大作为，因此一直觉得活着没有什么意义。

一天，他向一位哲学家请教："你能告诉我，像我这样的人，活着有什么意义吗？"

哲学家想了想，便随手拾起树底下的一块石头来，递给他说道："你把这块石头拿到市场上去卖，但是记住，无论别人出多少钱，你都不要卖。"

他这样做了。没想到的是，由于他坚决不肯出售，人们反而认为他的石头里藏着什么秘密，因此价越出越高。

第二天，按照哲学家的意思，他又把石头拿到了玉石市场来卖。结果，由于他还是不肯出售，价格又是一路飙升，已经远远超过了玉石的价值。

第三天，哲学家又告诉他到珠宝市场去卖这块石头。最终，奇迹出现了，这块本来一文不值的普通石头成了整个珠宝市场价格最高的商品，人们甚至以为它是千年不遇的珍奇化石。

"怎么会这样呢？"这人非常奇怪地问哲学家，"这明明是一块再普通不过的石头嘛。"

"但是，"哲学家回答道，"当你非常珍惜它，把它当成稀世珍宝时，它便拥有了无上的价值。生命不也一样吗？"

这人一下子明白了。

大道理

人生的价值，是由人自己决定的。一个人只有做到自我珍视，逐步充实和完善自身，不断提高自己的修养和品位，世界才会越来越认同他的价值。

3. 快乐在哪里

一群年轻人觉得过得不够快乐，于是便一起出外寻找快乐。在长途跋涉中，他们非但没有寻求到自己所要的东西，反而因为忍饥挨饿而饱尝了烦恼与忧愁。没办法，他们只好垂头丧气地往回走。

走着走着，他们被一阵笑声所吸引，扭过头去一看，原来是盛名远扬的大哲学家苏格拉底老先生正在树下坐着看书，一边看一边陶醉地大笑着，看样子快乐无比。这群年轻人像看见了救星似的赶忙奔过去："尊敬的老师，请您告诉我们怎样才能像您这么快乐吧，快乐到底在哪里？"

苏格拉底抬起头看看他们："哦，你们就是那群出来寻找快乐的孩子吧？怎么，还没有找到快乐？那这样吧，眼看着就要到雨季了，你们伐木给我造一条大船。造好以后，我们一起出去划船，那时，我再告诉你们快乐在哪里。"

年轻人遵照他的吩咐做了。为了赶在雨季之前完成，他们日日夜夜地忙碌着，日子过得极为充实。

一天，苏格拉底去看他们，发现他们正在一边唱歌，一边劳动，便问道："孩子们，你们现在感觉到快乐了吧？就是这样，当你忙得没空去想快不快乐时，快乐已然来到你们的身边了。"

> **大道理**
>
> 快乐只喜欢亲近积极做事的人。专门地、刻意地去寻找快乐，它往往会躲藏起来，而用心去做眼前的事情，它反倒会不请自来。

4. 将军与上校

连绵的战火一直搅得百姓民不聊生，英勇善战的沙林带领战士们一鼓作气将敌人打回了老家。由于战功赫赫，他很快从一个小团长升到将军。

汇报工作时，最高统帅自然是满意地连连点头。于是他趁机提出了一个小小的要求："我知道这个要求似乎有点不妥，但是我依然希望您能帮我这个忙。"

最高统帅关切地问道："怎么了？将军同志，有事直说，不必客气。"

"是我的一点私事。"将军吞吞吐吐地说道，"我从敌国那边带过来一点东西，

可是在边境上被检查人员扣下了。我想，我想请您帮我个
忙，就是让他们还给我。我知道这有点不
妥，可是我还是真诚地希望……"

"没问题，"最高统帅非常痛快
地回答道，"请你列份清单吧。"

听到这话，将军立刻从兜里
掏出早已列好的清单递了上去：
"就是这些。"

最高统帅拿过来，看都没
看便在上面签了字。

喜形于色的将军一边道
谢一边接过那份清单，却
忽然发现批示上对他的
称呼是"上校"而非"将
军"。

"这，您是不是弄错了？"将军疑惑地问道。

"完全正确，等价交换嘛，上校同志。"最高统帅面无表情地说道。

大道理

　　天下没有免费的午餐，有得到就必然有付出。只不过，如果你得到的是不
该得到的东西，你的付出就会远远超过你所得的价值。

5. 诡辩

　　年轻人去请教大哲学家苏格拉底什么是诡辩，苏格拉底想了想，问道："我家
来了两位客人，一位非常干净，一位非常脏。如果我请他们洗澡，你想他们谁会
洗呢？"

　　"当然是脏的了。"年轻人答道。

　　"不对，是干净的。因为干净的人到哪里都是爱干净的，而脏的人根本不把脏
当回事。"苏格拉底说，"那么你再想，是谁去洗了澡呢？"

　　"干净的。"年轻人回答。

"又不对，是那个脏的。因为干净的人已经没必要再洗了，而脏的人却需要。人们总会按照自己的所需去做事，不是吗？"苏格拉底笑道，"这么看来，一定是脏的洗了澡，对吗？"

"对。"年轻人这回敢肯定了。

"还是不对。"苏格拉底眨眨眼睛，"干净的人有洗澡的习惯，脏的人有洗澡的必要，所以两个人都得洗澡。这么说，到最后两个人都洗澡了，对不对？"

"应该对吧。"年轻人再也不敢肯定了。

"呵呵，你又错了。"苏格拉底说，"因为干净的人不需要洗澡，而脏的人不爱洗澡。"

"这就是诡辩，每个答案都有理，但结果就是不一样。"苏格拉底解释说。

> **大道理**
>
> 逻辑正确，答案却似是而非，这就是诡辩。实际上，突破人们的常规思维，从需要、习惯等角度去看待和回答问题，很多问题都会出现多种可能性。

6. 寻死的失恋青年

一位青年因为失恋，痛苦万分地坐在与恋人初遇的河边，准备投河自尽。恰逢大哲学家柏拉图走过来，问他是怎么回事。

"我失恋了。"青年目光呆滞地说道，"我爱她，把她当成我自己的生命来看待，没有了她，我一分钟都活不下去。反正没有了爱情我活着也是具行尸走肉，还不如死了好。"

"你们处了多久？"柏拉图问。

"两年，在这两年里，我无时无刻不……"青年喃喃着。

柏拉图打断了他的话："那你能告诉我两年前，在还没有遇到她的时候你是怎么过的吗？"

青年的眼里有了一丝光彩："那时候，我是个自由自在、无忧无虑的青年。每天我都会活力四射地生活、工作。大家都很喜欢我。我还好几次受到嘉奖。那时候，我还有过关于爱情的甜蜜幻想，那种幻想真美啊！可惜从今往后再也不会有了。"

"不，你当然可以有。"柏拉图大声说，"你看，命运是如此爱你。它把你又送回了两年前，让你依然可以自由自在、无忧无虑地生活，并可以继续拥有自己美好的梦想，不是吗？"

想一想果真如此，青年便放弃了寻死的念头。

> **大道理**
>
> 生命总会有一定程度的反复，当我们因为今天的失去而回到从前的生活时，让心情、想法也回到从前，是幸福的一大秘诀。

7. 盲僧

由于家里穷，养不起只吃饭不干活的人，天生双目失明的他被迫出家了。

经过多年苦学，他已经深通佛经。20岁时，他被师父老方丈定为了行脚僧，命他从此云游四海，解脱人间苦难。然后，老方丈送了他一个纸包和一根探路杖："这纸包里是我寻求来的一个民间秘方。它能让你的双眼复明。但是，在打开这个纸包之前，你必须先做到一件事——因为探路敲断10根探路杖。"

他答应了师父，然后便上路了。

一年又一年，他谨遵师命传播着佛经，度化着苦难的亡灵，不知经历了多少风雨，走过了多少里路。他的心中一直存着一个希望：敲断10根探路杖，让自己的眼睛重见光明。可是没想到那看起来不粗的探路杖用起来却异常结实，一直到第六个年头，师父送的那根杖子才终于断了。

就这样，等到这位盲僧真的敲断了10根探路杖时，他已经是80多岁的白发老人了。但是当他欣喜若狂地把纸包递给一个药店的老板时，老板却告诉他：纸上一个字都没有。

盲僧顿时呆住了，但是几秒钟之后，他便双手合十，满脸感激："师父，谢谢你以这种方式让我一直活在希望里，我觉得不枉此生了。"

> **大道理**
>
> 每个人生命的终极归宿都是坟墓，尽管如此，我们仍应尽量让活着的日子精彩。一直活在希望中，你就能不虚此行。

8. 极限

某登山俱乐部组织了一次攀登珠穆朗玛峰的活动，许多登山爱好者纷纷报名参加。在一个风和日丽的日子，他们开始了这趟极富险趣的挑战。

在最初的 1000 米，大家皆兴致勃勃，谁都不甘落后。

第二个 1000 米，一小部分人开始气喘吁吁，体力明显不支。

到了第三个 1000 米，已经有好几个人自动放弃了挑战。

坚持到第六个 1000 米时，原来四五十人的大队伍只剩下不到 10 个人了。看样子，这几个人都是决心坚持到最后了。但是在到达 6400 米的高度时，一个人突然停了下来，他指着自己的心脏对其他人说："我不行了，你们上去吧。"说完，他便找了个比较安全的山洞钻了进去。

后来，所有爬到山顶的人均对这个人表示遗憾：就差那么一点点了，何不咬咬牙登上去呢？老了回忆起来，也算是完成了珠穆朗玛之旅了。

"不，"他微笑着摇摇头，表情很自然，"我原来是个登山运动员，我晓得我自己的极限，6400 米是我生命的最高峰，所以我并没有什么遗憾。如果再往上登的

话，除非我不要命。"

这句话顿时让所有人对他肃然起敬，为了他对挑战极限的明智理解，更为了他对生命的爱惜和尊重。

大道理

任何事情都存在突破口，但并非任何人都能跨越它，抵达更高的层次。量力而行，恰到好处，才是令人叹服的明智之举与最高境界。

9. 小提琴师授课

为了让儿子迅速提高小提琴水平，迎接音乐学院的选拔考试，妈妈不惜重金给王宁请到了市里最著名的小提琴大师。

第一次上课，王宁便感觉到了小提琴大师的与众不同——他竟然丝毫不关心自己的现有水平，只是自顾自地摆出了一份非常难的乐谱让王宁拉。王宁面露难色地拉起那份乐谱，中间停顿了20余次。刚拉完，小提琴师便宣布道："这次课就到这里吧，你把这份乐谱带回去好好练习，下周这个时候准时来上课。"

王宁一头雾水地回到家里，怎么也想不明白为什么大师不对他做丝毫指点。但是，既然师命已下，他也只好耐心地按照师嘱练下去。可是乐谱实在是太难了，练了几天，王宁都快对小提琴失去信心了。

第二周上课前，王宁担心极了，因为他尚不能顺利流畅地拉出那首曲子。没想到老师连问都不问就又给他摆出一份更难的乐谱，于是王宁又在新的乐谱中挣扎了一周。

第三周、第四周……以后周周都是如此。看到曾经自己引以为傲的小提琴竟然拉得生涩僵滞、错误百出，王宁简直就快崩溃了。

痛苦地挣扎了3个月之后，王宁忍不

住对着最新的超高难度的乐谱哭起来,他抽泣着问老师道:"老师,这太折磨人了。您是不是想告诉我,我根本就没有拉小提琴的天赋?"

老师淡淡一笑反问道:"你这么认为吗?那你拉拉这首曲子看。"说着,老师又递过来一份乐谱,王宁打开一看,竟然是第一周的那支曲子。他调了调琴弦,开始演奏。结果不可思议的事情发生了,他居然可以将这首曲子演奏得如行云流水般顺畅、美妙!

"这,这怎么可能?"王宁惊讶万分地问道。

"为什么不可能?站在山脚处,你会觉得自己连半山腰都难以达到。但爬上山顶时,你就会觉得半山腰不值一提。世间万事万物,道理本来就是这样的。"小提琴大师缓缓地说道。

大道理

领略过大海的风浪之后再转身看曾以为是惊涛骇浪的江河波涛,就会觉得那根本不值一提。同理,永不停歇地接受过难度渐升的挑战之后,就会对当初棘手的难题付之一笑。因为这时,你更深层的潜力已经被挖掘出来了。

10. 山的最高处

很多年以前,在一个遥远的地方,一位老酋长病危了。为了选出新的酋长,他派人叫来村里三位最优秀的年轻人,然后对他们说:

"我就要离开你们了,大家为我做最后一件事吧。你们知道我毕生一直奉为神圣的那座高山吧,现在,我要你们尽可能地去攀登它。记住,一定要尽力爬到最高的地方,然后,回来告诉我你们的见闻。"

老酋长的意思,三位年轻人心知肚明,所以一听清吩咐就立刻上路了。

半路上,第一位年轻人心想:"论体力,我不如他们俩,如果爬到山顶再折回去的话,酋长之位恐怕早就是别人的了。我这么聪明能干,怎么能眼睁睁地把好位子拱手让人呢?"想到这里,他决定马上回去。为了能跟老酋长交代,他还特意跑到山脚下张望了一番。

"酋长,我到达山顶了,我看到了清泉潺潺、繁花夹道、绿树葱茏、鸟鸣嘤嘤,风景迷人极了。"一回到酋长身边,他就迫不及待地描述道。

"孩子,这种鸟语花香的地方不会是山顶,只会是山麓。"老酋长摇了摇头说。

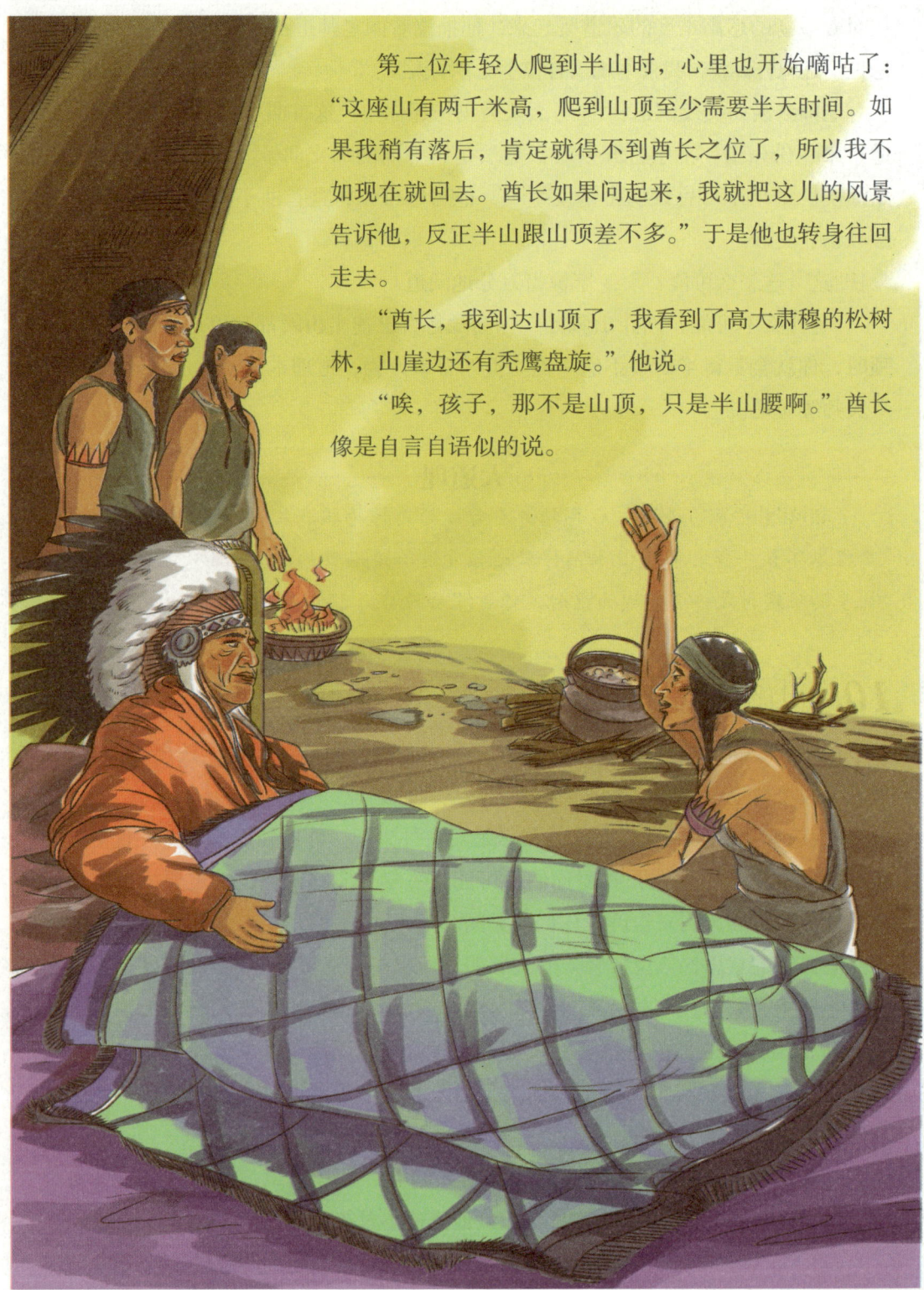

第二位年轻人爬到半山时，心里也开始嘀咕了："这座山有两千米高，爬到山顶至少需要半天时间。如果我稍有落后，肯定就得不到酋长之位了，所以我不如现在就回去。酋长如果问起来，我就把这儿的风景告诉他，反正半山跟山顶差不多。"于是他也转身往回走去。

"酋长，我到达山顶了，我看到了高大肃穆的松树林，山崖边还有秃鹰盘旋。"他说。

"唉，孩子，那不是山顶，只是半山腰啊。"酋长像是自言自语似的说。

现在，就剩下第三位年轻人了，但是一直等到天黑，他也没有回来。一小时、两小时……正当大家都在为他的安危担心时，他忽然衣不蔽体、发枯唇燥地撞进了酋长的家。

谈起山顶的风景，满脸疲倦的他立刻眼睛发亮了："山顶其实什么也没有，只有高风悲旋、蓝天四垂。我所能看到的，只有我自己，只有'个人'被置于天地之间的渺小感。在那一刻，我忘记了所有的骄傲与满足，并为原来的自以为是感到羞耻与不安。"

"好孩子！"酋长微笑着说道，"你到达的是真正的山顶，按照我们的传统，我要立你为新酋长，祝福你！"

哦，原来，山的最高处是一无所有。

大道理

"生有涯而知无涯"，我们对世界的认识是一个圆。圆内所容有限，而圆外空间却无限。登高望极之后反观自我，方知天地无边而人独小，自命不凡只是浅薄之行罢了。

11. 同胞兄弟的不同命运

同胞兄弟一起出门去寻找幸福的生活。走着走着，他们遇见了两位女神。其一是美貌无比的恶行女神，其二是朴素平和的美德女神。

只听恶行女神傲气十足地说道："你们跟我走吧，我包你们尽享荣华富贵，而且无论你们想享受什么，我都可以满足你们。"

美德女神则显得非常平静淡泊："你们跟我走吧，我将教会你们如何勇往直前！你们自己也能在战胜艰难的过程中变得坚强无比！"

由于意见不合，哥哥和弟弟最后分别跟了恶行女神和美德女神。

但是出人意料的是，哥哥年纪轻轻便在忧郁中死去，弟弟反倒精神抖擞地成了长寿之王，而且幸福无比、受人尊敬。这是怎么回事呢？

原来，自从跟了恶行女神，哥哥便什么都无须再做，每天过得比神仙还轻松快活。可人无远虑，必有近忧，别的用不着考虑，他便担心起死亡来。想想总有一天自己会死去，恐惧的他陷入了极度忧郁之中，所以还不到30岁，便一命呜呼了。

而弟弟在美德女神的教导下，参加了保卫国家的战争。几经生死考验之后，他成了战斗英雄，不但被赏赐了美貌无比的女人，还受到了人民的爱戴与尊敬。

> ### 大道理
>
> 生于忧患，死于安乐。安逸的生活并非一种幸福，而是一种潜在的危险；艰难困苦看似危险，却是历练人的意志、能力与品德的最好途径。

12. 除去杂草的最好方法

一群即将出师的弟子正坐在草地上等老师出考题，只见老师挥手指了指四周说："我们的周围是一片杂草丛生的旷野，我想问大家的是，要除去这些杂草，用什么办法最好。"

弟子们一听考题如此简单，立刻眉开眼笑地各抒己见了：

"只要有恒心，用一把铲子就足够了。"一个学生说。老师点点头，没有说话。

"我觉得用火烧最好了，又快又干净。"又一个学生接着回答道。老师还是点点头，不说话。

"你们那些办法都不足以保证草完全被除掉，俗话说'斩草除根'，挖掉草根才是最好的办法。"

……

等弟子们静下来，一直没说话的老师开口了："你们都回去按自己的方法试试，明年的今天我们再在这里相聚讨论这个问题。"

一年后，弟子们都如约来到了这片庄稼地边——没错，原来的那片草地已经再无一棵杂草，取而代之的是满眼的庄稼。他们一边谈笑一边等着老师，可是不知为何，等了好久都不见老师。正在纳闷间，忽听大师兄指着那片庄稼道："我明白了，大家不必再等下去了，因为老师已经以这种方式告诉了我们答案——要想除掉旷野里的杂草，最好的办法就是在上面种上庄稼。同样，要想让心灵不被世间的'杂草'所打扰，就必须在心中种满美德。"

> ### 大道理
>
> 当人们心中没有明确的道德信念的守护和支撑时，他便很容易为邪恶所侵袭，被烦恼所困扰。所以，请及时并彻底为心灵除草。

13. 苏格拉底之死

古希腊大哲学家苏格拉底被当权者以"反对民主政治、毒害青年"为由投入了监狱，并判处了死刑。

众弟子不忍心看老师无辜受罚，便悄悄制订了周密的越狱计划。可是当一位弟子趁着探监机会向苏格拉底报告这个"好消息"时，苏格拉底却一口拒绝了："如果我真的有罪，那么政府抓我就是没错的，我应该待在这个地方；如果我真的没罪，那么我就不应该以这种方式走出监狱，这不等于承认了自己有罪吗？"一席话把弟子说得哑口无言。

受尽折磨之后，这位已经70岁的大哲学家平静地迎来了他的死亡之水——"仁慈的"当权者没有采取绞死他的方式，也没有采取砍下他脑袋的方式，而是赐给了他一杯毒药水，让他能够体面而无痛苦地死去。

临刑之前，苏格拉底虽然衣衫褴褛、散发赤足，却镇定自若地跟妻子、家属道别。而后，他又若无其事地跟朋友们就时政问题侃侃而谈，并反过来安慰一个哭泣不止的女人。

那女人道："您明明没有罪，可是他们却要处死您，这可真让我伤心。"

苏格拉底笑着反问她："大姐，难道你认为只有真犯了罪，以真正罪犯的身份去死才值得吗？"

大道理

思想家却因思想被判刑定罪，是他们的悲哀，也是全人类的不幸。但从另一个角度说，这也是他们的骄傲，因为这恰恰证明了他们思想的先进和影响之大。

14. 前卫画家毕加索

西班牙画家毕加索是一位真正的天才，不但他的画在 20 世纪画坛中熠熠发光，他本人也是那个时代画坛的"霸主级"人物。

毕加索的作品以画风多变著称，从 30 岁开始，他便进入了一个又一个不安分的探索时期，他的作品无所谓什么前后统一、连续或稳定。他似乎根本没有固定的主意，只是随心所欲地创作，或忧郁或狂躁，或诚挚或装假，或稳重或激昂，变化无常又不可捉摸，让每一幅画都体现了他最终极的追求——自由。

可是由于他追求绝对自由的个性远远超出了时代，因此有人略带讽刺地称他为"前卫的画家"。听到这个评价时，毕加索苦笑了一下——做一个前卫画家需要付出什么，要吃多少苦，只有画家本人最清楚。所以，当记者就这一问题采访他时，他深有感触又不失幽默地说道：

"所谓前卫，就是受到从后面来的攻击比从前面来的多得多。"

> **大道理**
>
> 走在时代前列或者才华超群的人们，总要为此付出一定的代价，其中最明显的就是来自那些循规蹈矩还自以为是的"后列人"的攻击。但是，要想取得出众的成就，我们必须有走在前面的勇气。

15. 101 岁的画家

跟创办肯德基的老头哈伦德·山德士一样，哈里在 80 岁之前只是一个普通到有些倒霉的人。一直到 80 岁，他整天无所事事地待在一家俱乐部里跟其他老人聊天时，才觉得自己这辈子过得有点冤。

"我想我还能干点什么。"哈里拍着自己还很壮实的双腿说道。

恰逢这时，俱乐部的一位女办事员过来跟他搭话，于是他便在她的介绍下加入了部里的一个业余画室，虽然 80 年来，他从没有动过画笔和颜料。

没想到，来到画室后，哈里竟然很快表现出了他惊人的绘画天赋。后来，因为太迷恋绘画，81 岁的哈里决定参加一个绘画辅导班。从辅导班"毕业"时，哈里已经是快 90 岁的老人了。

1977年，洛杉矶一家很有名望的艺术陈列馆正在为一位老人举办画展，主题是：哈里·莱伯曼101岁画展。原来，这就是那位半路出家的老人哈里的画展，当时，他已经101岁了。

当观众们不解地问起画家为什么这么老了还坚持画画时，哈里笑了："不要总去想还能活几年，而要想还能做什么。真正的人生是从你做事的时候而非出生的时候开始的。"

大道理

生命是以你所做的事情而不是所度过的光阴来衡量的，因此，请着手去做一些有意义的事情，让你的人生从此开始。

16. 谁更成功

这是一次专门为慈善家准备的舞会，参加者都是些曾经捐出巨款的成功人士。据说，他们之中，最少的都已经捐过百万元以上了。

灯火辉煌间，某千万富翁正在与新认识的朋友们谈笑。忽然，他瞥见房间角落处坐着一个沉默不语且无人陪伴的人，于是他端着酒杯走了过去。

"嗨，你好，我的朋友，"富翁向那个人打招呼道，"你也是这次舞会的客人吗？"

"是的。"那个人看他一眼，很礼貌地微笑答道。

"哦，那我们可以认识一下，请问你是做什么的？"富翁又问。

"我是××报社的专栏作家。"那人答道。

"哦？"富翁惊讶地睁大了眼睛，"那你一定非常成功吧？能来参加这个晚会，捐款可是不能少于100万的。"

"我除外，"专栏作家淡淡一笑，"我只捐了5万元。"

"什么？"富翁先是一愣，继而有点鄙视地哈哈大笑了起来，"我还以为你是个成功人士，谁知你只捐了区区5万块钱。"

"我当然是个成功人士，先生！"专栏作家不卑不亢，站起来正色道，"我虽然只捐了5万，但它却是我全部财富的二分之一。而你呢，捐了100万，也不过是你全部财富的百分之一。相比之下，请问谁更是成功人士，谁更有资格站在这里呢？"

听闻此言，千万富翁顿时哑口无言。

海尔总裁张瑞敏说过一句话："小不是美，大也不是美，只有由小到大才是美。"也就是说，美并不是绝对的，而是相对的，只有经过相对比较之后，我们才能分辨出什么是真正的美。按照这种人人认可的逻辑分析故事中的千万富翁和专栏作家，自然是后者更成功，更有出席舞会的资格。

大道理

成功与富有都是相对的，不可以一个固定的标准来衡量。而且，真正意义上的成功标志应该是对自己一次次的超越，而非所拥有的财富绝对量。

17. 地狱？天堂？

他算不上什么好人，所以死后便入了地狱。受尽折磨之后，他幡然悔悟了，于是下决心好好表现几年，最后终于如愿以偿来到了天堂。

在天堂里，没有腥风血雨，没有险恶纷争，到处歌舞升平、一派和睦。于是这个人兴奋地大喊起来："我到天堂了，我终于来到天堂了。"

他的叫声引起了一位老者的注意，老者长须白髯，看上去和蔼慈祥，但却目光萎靡、精神不振。他正懒懒地坐在院子里想事情，听到有人在大声叫喊，他慢悠悠地说道："你

刚才说什么？"

这个人又兴奋地重复了一遍："我说我到天堂了，我可盼了很久了。"

没想到老者非常吃惊地瞪大了眼睛："什么？你说这里是天堂？"

接下来轮到这个人吃惊了："什么？你说这里不是天堂？"他立刻转身跑出去，看看门匾之上：没错啊，的确是"天堂"二字。

老者又问："我在这待了几十年了，从来不知道这是天堂。你从哪里来？"

"当然是地狱。"这人回答。

老者的眼中闪过迷惑之色："地狱是个什么地方？"

这人忽然明白了："哦，这里的确是天堂，你之所以不知道，是因为你从未曾经历过地狱。"

大道理

> 曾经黑暗，才能真正明白光明的宝贵；曾经痛苦，才能深刻体会幸福的滋味。生命在让你尝遍挫败或伤痛的同时，也会给你开启幸福之门的钥匙。

18. 不要为打翻的牛奶哭泣

世界著名的成功学大师戴尔·卡耐基刚刚起步时并不顺利，尽管全国人民无不知晓他的名字，尽管他的分校遍布美国的各大城市，尽管看上去他的事业如火如荼，但是几个月下来，残酷冷漠的数字还是在无声地证明着：你的开销比盈利多，你不但一分钱都没有赚到，还赔进去了很多钱。这个结果使得卡耐基大为苦恼，他陷入了深深的自责里，不住地抱怨自己的疏忽大意，还一度精神恍惚，使得刚起步的事业岌岌可危。

偶然一天，卡耐基遇到了自己中学时的生理老师。了解了他的近况之后，老师默不作声地给他拿来了一杯牛奶。可当他刚拿起杯子要喝的时候，老师突然伸手把牛奶打落到桌上。看着疑惑不解的卡耐基，老师大声说了一句："不要为打翻的牛奶哭泣，因为这没有用！"

这句话如同醍醐灌顶，一下子震住了苦恼中的卡耐基。他顿时领悟了，精神也随之振作起来。就这样，他那险些夭折的成功培训班活了下来，这才有了今天依然活跃在市场上的《卡耐基成功之道》《人性的弱点》等伟大作品。

已经无法改变的事实既可能成为推动人成功的法宝，也有可能成为困住人的陷阱。至于它对你是什么，关键就看你是对着打翻的牛奶哭泣，还是清扫一下现场然后再去倒一杯。

19. 聋子和盲人过河

　　这是一处地势极为险恶的大峡谷，谷底飞流湍急，时而恶浪滔天。尽管峡谷两岸间有条看起来十分结实的大铁桥，但几乎从未有谁能安全地通过，因此人们都称之为"死亡大峡谷"。

　　某天，有两位好朋友一起来到了峡谷这边，因为有事他们必须要穿过峡谷。只见两个人分别用一只手抓住大铁桥的铁锁栏杆，两人的另一只手紧握在一起，一步一步，慢慢地走过了大铁桥。后面随之赶来的一个人看见前面这两位朋友如此轻易地走过了大铁桥，便想都没想就上了桥。但是还没走到一半，他便再也不敢前进了，震耳欲聋的涛声让他两腿发抖，几丈高的浪头更是让他心惊胆战。当又一个恶浪在不远处跳起时，他吓得闭上了眼睛，双手也捂紧了耳朵。不想恰巧

一阵疾风呼啸而来，一下子就把他卷下了大铁桥……

"你们是怎么过的桥？要知道这里地势险恶、水声咆哮如雷，几乎没有人能成功通过。"人们非常惊讶地问他们。

"怎么？有危险吗？"那两个人奇怪地反问。

"我眼睛看不见，不知道地势怎么样。"其中一个说。

"我耳朵听不见，不知道水声如何。"另一个说。

哦，原来跌下深渊的那个人是个耳聪目明者！

大道理

困难总会用它虚张声势的外表威吓人。做一个视而不见、听而不闻的"盲聋者"，你就能易如反掌地排除它对你的恐吓。

20. 镜子与窗户

李秀才有一间小书房，那是他最喜欢的天地。某天，他忽然因为书房太小而苦恼起来。怎么办呢？他想了想，决定在书房四周镶上镜子。

果然，自从镶了镜子，李秀才觉得书房开阔起来了。不料没过多长时间，他便又觉得书房小了，而且好像越来越小，人待在里面，简直压抑至极。这是怎么回事呢？为什么以前感觉宽敞，现在倒感觉小起来了呢？李秀才真是百思不得其解。

某天，他外出办事回来时偶然遇上了一位非常有智慧的禅师，便忙不迭地向他诉起苦来。随后，他便带着禅师来到了他的书房。禅师慢慢地踱了几步，然后转过身来对他说道：

"你以前之所以会感觉小，是因为除了眼前的书籍之外什么都看不到；安了镜子之后，你除了书还能看到你自己，所以你会感觉大起来；再后来呢，由于每天都只能看到自己而看不到别的事物，所以你又会感觉小起来。"

"正是这样！正是这样！"秀才服气地点点头，"那请大师告诉我怎么办吧，我现在可真是烦透了，连进书房都成了一件让我畏惧的事。"

"你抬头看看世界，少顾盼一下自己，书房自然会大起来，所以，你何不把镜子里的水银拿掉呢？"禅师建议道。

秀才一听大喜，连称妙计，然后立刻安排人把镜子摘去，把临街的墙打掉，换成了落地窗。此后，他每天都会拿出一段时间来观察外面的景象。但是不想一个月后，苦恼又来了。这回是因为外面的世界太精彩、太有诱惑力，以致他每天都无法安心坐在书桌前读书和思考了。没办法，郁闷的秀才只好再次去找禅师。

禅师听后大笑："你何不给自己的心里装上水银呢？"

秀才的眼睛里闪过一丝迷茫，显然，他不理解禅师的意思。

于是禅师解释道："镜子可以帮人看到自己，窗子可以让人看到世界。只看自我，就会坐井观天；只看世界，就会迷失自我。所以说两者都看才是最好的办法。而如何在窗与镜之间转换，关键不是实物，而是你的心。"听到这里，秀才顿时领悟了。

大道理

既不迷失于大千世界，又不苦困于自身之小，是人生的大境界。而要想将自己自然融于外物之中，自由转换于人我之间，最好的办法莫过于在心里装上一扇窗子、一面镜子——前者可开可关，后者可向可背。

---

21. 智者与愚者

泰勒斯是古希腊的一位大哲学家，据说他博古通今、多才多艺，无论天文、地理、哲学、几何，他均兴趣浓厚且成就非凡。

一天晚上，泰勒斯在散步时突然发现空中的星星形成一个有趣的图案，于是他便饶有兴趣地观察着星星继续前行。由于未曾注意脚下，在路的拐弯处，他一下子跌进了树坑里。

当他带着满身泥爬上来时，旁边一个无所事事的小青年揶揄道："您自称通晓天上的东西，却不知道地上的东西。跌进这个树坑里，弄了满身泥就是您的知识给您带来的荣耀吧？"

泰勒斯看了一眼幸灾乐祸的青年，平静地说："当然，我是站

得太高了，所以才有机会跌进这坑里面。像你这种不学无术的人，整天只能躺在坑里，自然是享受不到我这种自由了。"

小青年一听，顿时面红耳赤。

大道理

在某一方面突出的人，总会在另一方面显得欠缺。因为，当一个人太专注于某种东西时，他总是再难分心去注意其他事情。

22. 哲学家的遗憾

多年前，印度有位著名的哲学家，由于他饱读经书、才情非凡，很多女人都非常迷恋他。

某天，一位年轻漂亮的女子鼓起勇气敲开了他的门，对他说道："我爱你，请让我做你的妻子吧！如果错过我，你恐怕再也找不到比我更爱你的女人了！"

哲学家虽然很喜欢这位勇敢美丽的女子，但还是犹豫了一下答道："请让我再考虑考虑吧。"

女子走后，哲学家运用他研究学问的一贯精神研究起了婚姻。他把结婚和不结婚的好坏之处分别列在一张纸上，然后开始对比。结果他发现：两种选择居然好坏均等！怎么会这样呢？这可让我怎么办啊？哲学家真是苦恼极了。想了想，他撕掉原来的记录，重来了一遍，没想到结果依然差不太多。为此，哲学家陷入了长期的烦恼中，几乎每天都在为早日证明两者孰优孰劣而努力着。

3年之后的某天，哲学家忽然灵光一闪，想通了一件事：当面临两难抉择无法取舍时，人应该选择自己尚未经历过的那一个。于是，喜出望外的他终于决定了：结束自己的单身生活，答应那位女子的求爱。

但是当哲学家兴冲冲地来到女子家里送聘礼时，女子的父亲却冷漠地拒绝了他。"为什么？我可是你女儿最爱的人，错过了我，她再也不会找到让她如此倾心的人了。"哲学家大惑不解地问道。"是的，但是很可惜你来晚了两年，我女儿现在已经是孩子的妈了。"对方不紧不慢地答道。

听到这句话，哲学家立刻瘫倒在了地上。他怎么也没想到，自己向来引以为傲的哲学头脑，为自己换来的居然是一场无法追溯的悔恨。

回到家后，哲学家一页一页地把自己的著作和藏书投入了火堆，随后一病不起。一年之后，他带着遗憾离开了人世。临终前，他颤抖地在遗书上写下了自己对人生的感悟，其实只有六个字：别犹豫，别后悔。

> **大道理**
>
> 优柔寡断是人生的蛀虫，追悔莫及是心灵的毒药。要想避免这两者给自己的人生带来伤害，我们必须做到两点：遇事不犹豫，过后不后悔。

23. 拍卖旧提琴

拍卖会上，拍卖师正在忙碌着。当他拿起一件需要拍卖的物品开拍时，他的脸上闪过一丝讽刺似的微笑——这样一把破破烂烂的小提琴，还拍个什么劲儿呢？不如卖给收废品的老太太。拍卖师这样想。

但是心思归心思，作为职业拍卖师，他最终还得面带微笑地举起小提琴："朋友们，这是一把年代已久的小提琴。首先声明，它并非由什么名贵木料制成，也不曾经过名人大师'点拨'，而只是一把普普通通的小提琴。现在，有谁要开个价？"

下面应价的人寥寥无几，而且叫出的价令人哭笑不得——"1块钱""2块钱"，喊到"3块钱"时，已经没有人再往下接了。正当拍卖师要落槌宣布拍卖成功时，坐在最后一排的一位老者站了起来："请等一等。"

大家回头一看，齐刷刷地发出一片"嘘"声，原来是他——本市最有名望的小提琴师！只见老人走上台去，掏出手绢擦了擦琴身上的土，调整了一下松掉的琴弦，然后便开始拿起琴弓演奏起来。顿时，整个大厅里仙乐飘飘，犹如天使下

凡一般令人惊叹与陶醉……

音乐终止了，大师举起旧琴与琴弓："我为这把琴开个价吧，1000块钱，有谁肯出2000？"下面立刻有人应声。"好，现在是2000！有谁肯出3000？"又有一人应声了。"3000一次，3000两次，3000三次，好，成交！"

这时，拍卖现场的人们都不约而同地齐声欢呼起来。

"为什么一下子变值钱了？"有人大声问。

"大师经手，点石成金啊！"有人大声答。

大道理

人生走调之后，我们总会不自觉地看低自己，甚至是"廉价出售"。但是一经大师点拨，同样的灵魂与价值便能立刻身价百倍。既然如此，我们何不做自己的大师呢？

---

24. 三只水杯

三位青年彼此是好朋友，他们各有各的优点，也各有各的缺点。

老大很固执，人称"牛脾气李"，一旦决定一件事就一定会去做。别人是不撞南墙不回头，他是撞了南墙也不回头。老二是个"大嘴巴"，不但自己的事儿装不住，别人偶然告诉他的事他也会不到一天就传得街坊邻居全知道。时间一长，大伙都知道了他的脾气，不想传出去的事儿绝对不会跟他说，想造谣生事的人就拼命拿他当"广播电台"。老三还算好，既不固执又不大嘴巴，可是他也有让人无法忍受的缺点——疑心太重。哪怕你告诉他一件天下人都已经知道的事情，他也会首先摇头否定："不可能！"然后给你列举出一大堆"不可能"的理由来。久而久之，大家都非常讨厌他，如果没有急事，谁也不愿意轻易理他。

某天，因为别人的孤立而备感孤独的三位朋友来找一位哲学家，问哲学家自己到底怎么得罪大伙了，为啥谁都不肯理自己。

想了一下，哲学家找来三只杯子放在桌上。第一只既干净又完整，但杯口朝下放着；第二只也很干净，且杯口朝上，只是杯底破了个洞；第三只很完整，杯口也朝上，可杯壁上却沾满了灰尘。摆好以后，哲学家开始说话了：

"老大，你就像第一只杯子，哪儿都挺好，可惜杯口朝下，别人倒不进水去，所以只能放弃你。老二，你就像第二只杯子，杯口朝上也很干净，但就是水一倒

进去就会漏掉。有谁会拿一只有洞的杯子喝水呢？老三，第三只杯子比喻的就是你了。水一倒进去就会脏，还是不能喝的。所以说，小伙子们，不是大家不肯理你们，是你们自己不肯接受啊！"

三位青年一听，立刻面红耳赤。

25. 老翁嫁女

住在阿尔卑斯山脚下的居民们，经常会遇到山崩、冰雹、迷路等危险，所以无论出行还是在附近劳作，当地的居民们总会结伴而行，万般小心。彼德老翁就是这样，每逢他的掌上明珠——美丽的女儿海伦出门时，他总会立刻放下手头的工作，跟去跟回地保护。

几年后，海伦到了谈婚论嫁的时候了。一时间，上门求亲的小伙子几乎踏破了门槛。不想老彼德一个也看不上，他非要找一个"英雄"不可——因为只有"英雄"才能保护海伦永远不遭遇阿尔卑斯山的伤害，这样，自己才可能放心地把女儿交出去。老彼德这样说。

一位深爱着海伦的男青年不甘心就这样败下阵来。他常常守候在海伦的门口，希望能找到机会向她一诉衷肠。这天，海伦姑娘出门办事，她的父亲老彼德又跟在了后面保护。男青年一看，也立即跟了上去。不想刚走出不远，阿尔卑斯山就发生了雪崩。在父亲的保护下，海伦成功脱险了，而老彼德却被埋进了雪里。见此情景，男青年立刻奋不顾身地营救起彼德来。等海伦带人赶回时，彼德已经安然无恙了。

事情过了以后，男青年很是高兴。他想，这下老彼德肯定会把女儿嫁给我了，我救了他，难道还不算是英雄吗？

不想几个月后，老彼德居然当着众人的面，把海伦许给了一位叫阿里的小伙子。救过彼德的男青年郁闷至极，又大惑不解地四处问询。

原来，跟男青年一样，阿里也深爱着海伦。自从发生了雪崩救人的事件之后，

阿里一直很担心，于是便计上心头，想出了一个高招——趁彼德和海伦出行时，假装成一个陷入绝境的遇难者，然后让彼德救他。"获救"之后，阿里每隔几天便去彼德家走一趟，然后故意当着众人的面表示自己的感激之情，说老彼德是个英雄。如此时间一长，彼德老翁越来越待阿里如亲人，最后终于把海伦嫁给了他。

彼德终于明白了，人们是不愿意跟有恩于自己的人在一起的，因为那样会时时被提醒：对方是自己的救世主。如此沉重的恩情，是会把一个人的精神和身体都压垮的。

大道理

当对方是施恩者时，我们常常会因为感恩而自我缩小；当自己是施恩者时，我们常常会不自觉地自我放大。两者相比，我们自然更喜欢做后者。

26. 魔鬼变天使

他是一位无恶不作的坏蛋，镇上的居民人人都恨他。某天，他忽然良心发现，决定改变自己的形象。于是他把自己攒下的1000块钱拿了出来，跑到大街上想分给正在玩的一群孩子们。

不想孩子的父母见了均大惊失色地把孩子喊了过去，然后满脸厌恶地对他说道："别来这一套，我们知道你心里琢磨的是什么，还不是想把我们家孩子骗走卖掉！你做梦！"

顿时，坏蛋万念俱灰，他觉得不管怎么努力，世界上都不会再有人相信自己了。于是他绝望地往镇外走去，准备到离镇不远的那条河边跳河自杀。一路上，他见人骂人，见物踹物，连一只将死的老猫都被他一脚踢出了好远，似乎要把心中所有的不满都发泄出来。

就快到河边时，一位陌生的年轻姑娘忽然挡住了他的去路。他刚想破口大骂，却听那位姑娘轻轻地问他："先生，我想在那边方便一下，您帮我看一下人好吗？"呆若木鸡的他望着姑娘纯洁无邪的眼神，不自觉地点了点头。于是，姑娘红着脸走到旁边的芦苇丛里去了。而愣在原地的他，则像个忠诚的卫士一样，一动不动地把守着芦苇丛。

只有他自己知道，那是多么神圣的一刻。因为就在那一瞬间，他突然改变了主意，不但放弃了自杀的念头，还立志重新做人。

当姑娘走出来跟他道谢时，他像个绅士一样还礼。然后，他便大踏步向着镇外走去。他准备到一个很远的地方去，在那里，他将开始自己崭新的、纯洁的人生。

大道理

每个人的天性都由善与恶两部分组成，而其表现为善还是恶，与外界如何待他关系重大。如果被高度信任并赋予期望，则其善性被催生；反之，则其恶性被唤醒。

27. 不淋一人

某寺院中，尚须禅师的两位小弟子正一起坐在繁茂的大树下乘凉。可是不知为何，他们俩忽然吵了起来，而且越来越凶，谁劝也不听。

听到有弟子在争执，尚须禅师走了出来。看到师父进了院子，两位小和尚才不情愿地止住争吵。

"你们为何争吵不休啊？"尚须禅师问道。

两弟子知道自己犯了"执"的毛病，所以就都不说话，只是低着头等候师父教训。不想尚须禅师并不生气，只是像洞明一切似的问道："你们是否争出了什么道理呢？"两弟子对视一下，又各自沉默了。

"看来你们是没争出什么道理来，"尚须接着说道，"既然这样，我就给你们讲一个道理吧。有这样两句诗，说'绵绵阴雨二人行，奈知天不淋一人'。你们说说看，这其中是什么道理呢？"

立刻，两位弟子活跃起来。第一个说："因为这两人中一个穿了蓑衣，另一个没有穿。"第二个弟子立即反对道："即便穿了蓑衣，走在雨中也还是会被淋。所以，'不淋一人'应该是说一个人走在房檐下无雨之处，另一个走在道路中间有雨之处。"

"有风的时候，房檐下也未必就无雨，所以你的解释也不对！"第一个立刻接道。

"那你穿了蓑衣就更不对了，蓑衣也是衣，布衣也是衣，为什么穿了蓑衣就不会被淋呢？"第二个挑战似的接应着。

"蓑衣跟布衣怎么会一样呢？蓑衣……"第一个弟子长篇大论地解释了起来。

可想而知，围绕着蓑衣能不能避雨以及怎么样避雨，他们又展开了争论。

"好了，"尚须禅师制止了他们的再次大战，"看看自己争执到何处去了吧。还有，你们为何非要执着于'不淋一人'的文句呢？它不也可以理解成'二人都被淋了'吗？"

听到这句话，两弟子面面相觑，顿时若有所悟。

大道理

过分执着于一言一词，或者是概念上的争论与辨析，就会在不知不觉中迷失自己的初衷，遮蔽世界的真相，而更重要的是，这没有什么意义。

---

28. 领带与小说

在美国，这家百货店是出售漂亮领带最著名的商店之一，全城人的领带中，有90%是从这里买的。商店老板很希望著名作家海明威也成为他们的顾客，可惜海明威从来没有打领带的习惯，所以从不上门。

思来想去，老板想出了一个绝招儿——圣诞节前夕，他主动给海明威寄去了一条漂亮的领带，并附上了这样一封信："尊敬的海明威先生，这种领带是最受顾客欢迎的一种，您是不是和大家的看法一样呢？热烈盼望您能为这条漂亮的领带寄付给我们 2 美元。"

对这封半是玩笑半是认真的信怎么处理呢？老老实实地寄去 2 美元显然中了他们的圈套，置之不理又显得不妥当。聪慧的海明威稍作沉思，立即回了一封信。

几天后，百货公司收到了海明威的信和小包裹。老板打开一看，包裹中是一本海明威刚出版不久、销量不算很好的小说。在信中，海明威这样写道："尊敬的百货店老板，人们非常喜欢读我的书，我很希望您也能成为我的读者并购下我新近出版的这部小说。小说的定价是 2 美元 80 美分，请您扣除领带的钱后，把其余的 80 美分寄付给我。"

大道理

真正的傻瓜常常自以为聪明，"耍小聪明"是他们最常用的方式。以其人之道还治其人之身，既能保证自己不吃亏，还能反过来愚弄他们。

29. 扛船赶路

某青年背着一个大包裹，千里迢迢跑来找无际大师，请他帮自己解决困扰自己许久的苦闷。他对大师说："大师，您快点帮帮我吧，我是那样地孤独、痛苦和寂寞。为了排遣掉这种负担，我已经跑了上千里路。现在，我疲倦至极，再不能前进一步。您看，我的鞋子破了，荆棘割伤了我的双脚；我的头也受伤了，流血不止；还有我的嗓子，因为长久的呼喊而变得嘶哑……可是即便如此，为什么我还不能找到心中的阳光呢？"

无际大师微笑着听青年说完，却答非所问地问道："你的大包裹里装的是什么呀？"

"它们对我都非常重要。"青年一边说一边打开了脚下的包裹。天哪！原来那里面装的是青年每一次跌倒时的痛苦、每一次受伤之后的哭泣、每一次孤寂时的烦恼……

顿时，无际大师明白了青年的苦闷。只见他轻捻长须说道："到我这里来，你可曾经过了一条大河？"

"是啊是啊，那里的艄公可不好请呢，我喊了半天，才喊来一只小船。"青年点着头回答道。

"那你为什么不从家里扛一只船过来呢？"无际反问。

"扛船走路？"青年惊愕地重复着这句话，"船那么沉，我怎么能扛得动啊？就算我能扛起来，也根本走不了路啊。"

"这就是了！"无际哈哈一笑道，"孩子，你根本就扛不动它，而你还偏要扛，所以你才会累！"

看到青年依旧迷惑不解的神情，无际接着说了下去："过河时，船是有用的。但过了河，我们就要放下船赶路。否则，它就会变成我们难以承受的包袱。痛苦、孤独、寂寞、灾难、眼泪等，这些对人生都是有用的，它能使生命得到锤炼、心灵得到升华。但是如果你过后还须臾不忘，它就会成为人生的包袱。所以，放下它吧，生命不能太负重！"

青年闻后大悟，立刻扔掉大包裹转身离去。果然，这次他感觉轻松多了，而且心情也异常愉悦。于是他明白了：原来生命是完全可以不那么沉重的。

大道理

生命不必也不能过分沉重。任何人的生命之舟都经不起太多的负荷，要想扬帆远航，我们必须取舍分明、轻装上阵，否则，中途搁浅或沉没就会难以避免。

30. 最是睿智狄仁杰

武则天当皇帝时，对反对她掌权的人进行无情镇压；但对于贤才们，她也会不计较门第出身、资历深浅，破格提拔，大胆任用。所以，她的手下有好大一批有才能的大臣，宰相狄仁杰就是其中之一。

能够被这位横空出世的女皇所信任、所看重，狄仁杰显然不是一般人物。那么，他最厉害的"武器"是什么呢？看过下面这个小故事，你就会明白了。

狄仁杰还是豫州刺史的时候，因为办事公平、执法严明，颇受当地老百姓的称赞。武则天听说他有才能，便把他调到京城当宰相。

某天，武则天想试他一试，便命他前来觐见，对他说："你在豫州的时候名声很好，但是也有人在我面前弹劾过。你想知道他们是谁吗？"

狄仁杰辞谢道："别人说我不好，这很正常。如果陛下认为臣的确犯有那样的过失，那请您对臣直言，臣一定改正；如果陛下认为那不是臣的过错，那就不必为此劳神。但是无论哪种情况，我都不想知道是谁弹劾的我。因为只有这样，我才可以继续友善地对待对方。"

武则天被狄仁杰的宽大器量打动了，不但更加赏识他，还非常敬重他，甚至把他称为"国老"。

"国老"年老以后，多次上疏请求告老还乡，可武则天一直不舍得让他走。70岁，狄仁杰溘然长逝；武则天常常为此痛惜："老天为何要这么早就夺走我的国老呢！"

大道理

与其把心思花在如何防御闲言碎语上，不如用实际行动来证明自身的清白——"该干什么还干什么，沉默是对诽谤者的最好回答。"美国前总统华盛顿如是说。

31. 没用的反对

《巴巴拉上校》出版之后，某剧院为之安排了一场甚为隆重的公演。公演当天，各界知名人士都被应邀前去观赏。当然，作为作者，大作家萧伯纳是必在其中的。

演出相当成功。谢幕时，萧伯纳应观众们的要求上台接受众人的掌声。可是他刚刚走到台上，观众席中便有一人对着他大骂道："萧伯纳，你的剧本真是糟透了，你简直就是在耽误我的时间。快停演吧，没有谁要继续看下去！"

顿时，全场一片哗然，所有人都为这突如其来的举动吃惊不已，继而纷纷把目光投向了萧伯纳，等待着他的恼怒。不想萧伯纳非但没有生气，还笑着向那个人鞠了个躬，然后彬彬有礼地说道："亲爱的朋友，您说的我都同意，但遗憾的是，全场这么多人，只有我们两个人反对。俗话说寡不敌众，我们的反对有什么用呢？"说完，他便面带微笑地向所有观众挥手致意。现场立刻响起了如雷的掌声，并伴随着接连不断的叫好声。

大道理

　　面对别人无情的攻击和指责，唇枪舌剑、气急败坏地反击是下策，被动地解释是中策，巧妙地举重若轻、一带而过是上策。

32. 并不像你看到的那样

　　两位天使因为有事下凡到人间。第一天晚上时，他们来到一家富户借宿。主人接待了他们，但是却拒绝让他们在舒适的卧室里过夜，而是将之安排到了冰冷的地下室。

　　刚躺下不久，年纪较大的天使就发现地下室的墙上有一个洞，于是二话不说就施法力把洞补上了。看到这里，小天使的心里充满了温暖，他想："天使就应该不跟凡人计较什么，即便他们对我们很冷漠，但我们还是要帮他补墙洞。"

　　第二个晚上，两人又来到一个非常贫穷的农家借宿。主人夫妇对他们非常热情，不但把仅有的一点食物拿出来款待他们，还把自己的床铺让了出来。

　　第三天天还没亮，小天使就被一阵嘤嘤的哭泣声惊醒了。原来，昨天晚上，农夫家唯一的生活来源——那头奶牛死掉了。现在，农夫正和他的妻子抱头痛哭呢，但是为了不吵醒客人，两人都使劲压抑着悲伤，努力把声音放到最低。

　　"为什么？这是为什么？"小天使非常生气地摇醒了老天使，"那个富家对我们那么不好，你还帮他们补墙洞；这个穷家已经够可怜了，而且对我们这么好，你为什么不去阻止他们奶牛的死亡？"

　　"有些事情并不像它表面看起来的那样。"老天使淡淡地回答道，"前天晚上当我们在地下室里过夜时，我从墙洞里看到墙里面堆满了金币。既然主人被贪欲所迷，不愿意让别人分享他的财富，那我们就应该惩罚他一下，所以我才把墙洞堵上，让他也无法再拿到金币。而昨天晚上，死亡之神来召唤农夫的妻子了。为了保护他们，同时表示对他们的感激，我让奶牛代替了她。"

大道理

现象和本质往往有所差距，很多事情并不像它表面看起来的那样。因此，不要轻易相信你的所见所闻，在下结论之前，先深入调查一番再说。如果不能，请保持沉默。

33. 先倒空你的杯子

很多年前，某地出了一个自认为才华横溢、智慧无上的文士。每当听见谁说起某某禅师如何如何，他就满脸的不屑，心想那些人只不过是群和尚，连大千世界都没见识全，再能耐又能怎么样？但是后来，听多了人们不绝于口的赞叹，他决定亲自去"检验"一下。

他拜访的人，是当时著名的南隐禅师。听说有文士来访，南隐禅师精心准备了上好的茶叶招待。

二人客套完毕后，面对面地坐了下来。

文士首先开口，说想请教禅师一些问题。早已听说文士"大名"的南隐禅师并没有立即应允，而是指着桌上的茶杯说："敝寺凌乱，无以成敬，老衲略备了一些茶叶，恳请先生先品一下。"说罢，南隐禅师便拿壶倒茶。

几秒钟之后，茶杯已经满了，可是南隐禅师还在继续倒着，好像根本看不见似的。

"茶杯都满了，你怎么还倒啊？"文士一边阻拦禅师，一边不解地问。

"因为这个茶杯是你啊。"禅师答。

"我？我实在不明白禅师的意思。"文士摇摇头说。

"你的脑袋里早就装满了自己的看法和想法，装满了自己的成见，所以根本无法再将新的东西装进去。既然如此，你让我如何向你谈禅呢？还是先把那些成见和杂七杂八的想法倒掉再说吧！"南隐禅师说道。

文士恍然大悟，顿时满脸羞愧之色。

大道理

人一旦有了成见，就相当于设了一道拒绝外界的门，它不但会妨碍人的进步，还会使人产生偏颇之心。所以，要想接受新的事物和公正地看待一些事物，我们必须首先去除自己的成见心理。

34. 偷的哲学

经过多年参禅之后，石屋禅师已经通达无比。这天，他决定外出云游一次，以便感受大自然的清风明月，体会世间的人生百态，使自己已经领悟到的真理更加深厚练达。

半路上，他遇到一位陌生人，问清对方也是到某某地之后，石屋禅师便和他结伴同行。晚上，他们住进了同一家旅馆的同一个房间。

半夜时分，石屋禅师忽然被一阵奇怪的声音弄醒了，再一摸身边的人，不见了。

"天亮了吗？"禅师问正在房间角落里翻东西的同伴。

"没有。"那人答。

"那你起来翻东倒西地干什么？"禅师顿时心生疑惑。

"我在偷东西。"对方终于暴露了自己小偷的真面目。

"哦，是这样啊，那你偷过多少次了？"禅师问。

"数不清了。"小偷答。

"那每偷一次东西，你会快乐多长时间呢？"禅师又问。

"那得看偷的东西的价值，少则一两天，多则七八天。"小偷答。

"原来你只是一个小贼啊！"石屋禅师笑道，"为什么不像我似的，做一次大贼呢？"

"啊？"小偷一下子靠了过来，"老和尚你也是偷东西的？你偷过多少次？"

"只一次，但是却让我一生都享用不尽。"禅师说道。

"哎呀！"小偷羡慕地叫了起来，"在哪里偷的？能不能教教我？"

石屋禅师从床上下来，把手按在小偷心脏的位置："就是从这里！你这里就有无穷的宝藏！你把一生都放在这里，你就会永远享受不尽，而且一直快乐！你明白了吗？"

说实话，小偷不明白，但是隐隐约约地，他觉得禅师说的有道理，所以干脆，他跟着禅师参禅了。

大道理

向世界和他人索求，人会得到一刻的快乐，但由于这种索求的得失并不由自己掌控，所以烦恼总会主宰他的生命；而向内心求索，人能够做自己的主人，所以也能获得持久的快乐。

35. 老子释疑

传说老子骑青牛越过函谷关后，曾在函谷府衙为府尹大人作洋洋五千言的《道德经》，正当他奋笔疾书之时，一位年逾百岁却鹤发童颜的老翁前来府衙找他。

老翁对老子略略施礼后道："老朽向闻先生博学多才，故特来向您请教一个问题。"

听到老子的谦辞和问询之后，这位老翁得意地扬了扬眉毛道："老朽我今年已经 106 岁了，与我同龄的人都纷纷作古而去了。你看他们，耗尽心血修筑起万里长城却不能享受辚辚华盖，殚精竭虑建设好四舍屋宇却落身荒野孤坟，而辛劳毕生开垦出百亩沃田死后也只得一席之地。而我呢？从少年到现在，一直都是游手好闲地轻松度日。虽然不稼不穑，我依然能吃上五谷杂粮；虽然不置片砖只瓦，我仍然可居于金碧房舍。所以我想问先生：现在我是不是可以嘲笑他们徒劳一生，却只换来一个早逝呢？"听了这番话，老子微微一笑，然后吩咐侍童道："去找一块砖头和一块石头来。"当砖石拿来时，老子问道："如果这两者只能择其一，仙翁您是选择砖头还是石头呢？""当然是砖头。"老翁得意地拿起砖头说道。"为什么？"老子抚须笑问。"这石头没棱没角的，我取它何用？而砖头好歹还能有点用处。"老翁指着石头回答。"那么大家是取石头还是取砖头呢？"老子这时向围观的众人询问道。

众人皆答取砖而不取石，理由同于老翁。"是石头寿命长还是砖头寿命长呢？"听清众人的回答后，老子回过头来问老翁。"自然是石头。"老翁犹豫了一下说。于是老子释然而笑道："石头寿命长而人们却不择它，砖头寿命短而人们却择它，不过是因为它们一个有用、一个没用罢了。"

老翁顿时大惭而去。

大道理

尺有所短，寸有所长，天地万物莫不如此。当某事物于人有益时，其短处亦能变成长处；当其于人无益时，其长处也会变成短处。

第二章
见解与感悟

　　每个人都对事理有不同的认识和看法，这是见解。每个人在生活中都会产生一些对人生的感触和觉悟，这是感悟。人生一世，不能碌碌无为，得过且过，"见自己，见天地，见众生"是一个人所必经的成长过程，一个人只有翻过一座山，才能将眼界打开，才知道山的后面是什么。这个过程，离不开个人独到的见解和对人生的感悟。

1. 抓住今天

爱德华·依文斯是个不幸的人。小时候，由于家庭条件太差，他失去了读书的机会，只能靠卖报纸、当杂货店店员或者图书管理员助理来维持生活。

许多年后，他好不容易开始了自己的事业，却因担保了一个破产的朋友而背负了巨额债务。当他准备赔上全部的家产抵债时，存有他全部财产的大银行却突然倒闭了。事业、财富，一切在瞬间化为乌有。

上帝的这个玩笑真是开得太大了，爱德华一下子垮在了这沉重的打击面前，他病倒了，而且所有的医生都无法再医治他。无奈，他只得写好遗嘱等死。

"反正也要死了，不如想些快乐的事情吧。"爱德华一边安慰自己，一边回忆着从小到大那些琐碎的快乐瞬间。时间一天天地过去了，奇怪的是，他不但没有死去，反倒一天天地好了起来。几个月之后，原本连动都不能动的他竟然能和正常人一样下床走路了。

重新站起来的爱德华顿悟了一个道理，他再也不去想以前的失败，也不再去担心明天的打击，而是一门心思地抓住今天好好干起来。结果，他的事业迅速发展了起来，几年之后，他已经是依文斯工业公司的董事长了。

大道理

没有人能够改变昨天的事实，也没有人能够预料明天的情况，但是今天，却是谁都能抓住的。努力抓住每一个今天，我们的一生才能活得精彩。

2. 李斯寻"粮仓"

秦始皇的丞相李斯在中国历史上占有重要的一席之地。但他可不是从来都声名显赫的，在成功之前，他不过是一个小小的粮仓管理员。而之所以能够走出辉煌的人生，还要感谢那群"人人喊打"的老鼠。

26岁时，李斯在楚国上蔡县某粮仓任文书，对这份薪水不错又颇为清闲的工作，他感觉甚是满意。

一天，李斯去茅厕解决内急时发现了一群瘦小干枯、毛色灰暗的老鼠，老鼠饿得吱吱叫，连行动都不再敏捷了。李斯极其惊诧，因为他在仓库里看到的老鼠每一只都吃得圆头大脑、皮毛油亮。同是鼠类，因为在仓在厕的不同，便活出了不同的天地！

想到这里，李斯突然大悟道：人，不也一样吗？同是为人，位置不同，命运便会大不相同。那些身在京城的高官贵族，一个个脑满肠肥、日进万贯，自己活在这小小的蔡城里却要靠每日的辛苦挣钱为生。但即便这样，自己竟然还如此满足！这些想法顿时让李斯满心羞愧：原来，自己之所以怡然自得，只因为从未想到还有"粮仓"存在啊！

第二天，李斯就开始了他的寻找"粮仓"之路。

> **大道理**
>
> 人，应该学会借助外力。要想成功，个人的勤奋和努力固然必不可少，但是寻找一个更高的发展平台，不是会更容易一些吗？

3. 北大学生和清华学生

一位清华大学的学生和一位北京大学的学生相遇了，他们谈起各自的生活。

北大学生说："我一直梦想着有一座小小的花园，花园里盛开着四季不败的花。花的中央则是我纯白如梦的小别墅，里面住着我的公主和宠物狗。可是一回到现实，我就不得不面对自己的寒酸和潦倒，对着那个天堂做'望梦兴叹'状。唉，不幸福啊！"

清华学生说："从大一开始我就给一家公司做兼职，每天都忙得晕头转向，凌晨两点之前几乎从来没有睡过觉，所以我赚了很多钱。但是有了钱又能怎么样呢？我还是那么忙，日子每天都在重复一样的东西，没劲，真没劲，我也感觉不幸福。"

为了寻找幸福，两人约好周末到山里露营。半夜时分，他们都被冻醒了。看着群星璀璨的天空，两个人好像都意识到了什么。

"你在想什么？"清华学生问北大学生。

"看着如此浩瀚的星空，我在深深地感悟我们人类的渺小。造物主是多么伟大啊！让我们能够同时拥有无边无际与微乎其微……咦？你在想什么呀？"北大学

生抒了半天情，回头间才看见清华学生呆呆地裹着睡袋，似乎根本就没听他在说什么。

"我在想，我们的帐篷被人偷走了。"清华学生幽幽地说道。

大道理

纯浪漫主义者就像脚踩着云朵走路，早晚会被柴米油盐拖下云层；纯现实主义者就像负重前行，早晚会被机械重复损伤手脚。要想得到幸福，必须把二者适当结合。

4. 一枚钻戒

这是小米的第一份工作，在现在这个大学生都迅速贬值的年代，她一个中专生能找到一份珠宝店售货员的工作已经很不容易了，所以她非常珍惜。

因为下着雨，店里面冷冷清清的，眼看着下班时间逼近，小米收拾东西准备回家了。这时候，门外走进来一个戴帽子的中年人。他看起来精神萎靡，一副病恹恹的样子，似乎已经被穷困潦倒的生活折磨得失去了生机。

中年人让小米拿出那盒亮晶晶的钻戒给他看，过了一会儿，他便一言不发地转身走了。收拾钻戒盒时，小米感到大脑"轰"的一声：里面少了一枚钻戒！

"不，"她在心里告诉自己，"我一定要保住这份工作，一定要！"

"先生，"她冲那位中年人喊了一声，刚喊出声她便后悔了——店里现在没有其他人，他会不会……但是已经管不了那么多了，小米顺手拿起一把店主准备扔掉的旧伞走了过去："先生，外面下雨了，这把伞你带上吧！"小米把伞递了过去，同时，她伸出了右手："再见。"那位中年人愣了一下，然后缓缓伸出手跟她握了握，接过伞走了。

回到柜台前，小米把手心里的那枚钻戒按进了盒里，长出了一口气。

大道理

面对犯了错的对方，理解和宽容永远比暴怒和惩罚更具力量，它不但能让你和对方都有后路可退，还能让一位失足者回头。

5. 不一样的鲜血

为了逃避警察的追捕，这位抢劫犯手持尖刀劫持了一位孕妇做人质。此刻，抢劫犯手上的鲜血正一滴一滴地浸染着孕妇的衣服——是那个刚刚被他抢劫又杀害的人的血。

受到这样的惊吓，本已经临近预产期的孕妇突然要生产了。只听她痛苦地呻吟着，下身的血迅速染红了下衣，情况甚是危急。

怎么办？抢劫犯一下子陷入了深深的矛盾中：一边是遥遥无期的牢狱生活甚至是死刑，一边是即将出生的小生命，怎么办？艰难地思索，艰难地思索、思索……终于，他缓缓地抬起了手，扔掉了刀子，围观的群众顿时一片欢呼。

但当警察一拥而上想给他铐上手铐时，他却大声地说道："请等一下，不要送那个孕妇上医院，她撑不到医院的。让我来吧，我是医生，请相信我，请相信我好吗？"犹豫片刻，警察终于相信了他。

……

一声响亮的啼哭声宣布了新生命的诞生！抢劫犯的双手再一次沾满了鲜血——是与刚才不一样的鲜血。

围观的人们注意到，当警察再一次铐住抢劫犯的双手时，他的脸上挂着一丝满足的微笑，纯洁、明净，如初生儿一般。

大道理

无论是谁，心底都始终存留着一个纯洁善良的角落，这是人们大幸福的根基和源泉。排除各种欲望对这个角落的侵犯，我们便能寻找到最原始的朴素与真实。

6. 囚徒困境

某犯罪团伙的两名头目甲和乙被拘捕了，警察把他们分开关押，并告诉他们：如果你们都死不认罪，那很可能到最后都会被无罪释放；如果你们主动认罪并揭发对方的罪行，可以只判 5 年以下徒刑；如果你们自己不认罪，却被对方揭发出来的话，就得至少判 10 年徒刑。

警察的话让这两名犯罪嫌疑人一下子陷入了恐慌之中。身为大头目的甲这样想：乙虽然表面上对我不错，可是难说他心里是不是一直在想把我拉下马，然后自己坐上"大哥"的宝座。嗯，不行，我不能坐以待毙，那样的话，不但宝座失去了，还得坐上十多年牢，不值。

身为二头目的乙这样想：我们都不认罪最好，但是谁知道他会不会认呢？如果我硬撑着，他却揭发我的话，我不是太亏了吗？算了，我还是退而求其次，坦白自己也揭发他吧，这总比第三种结果要强。

就这样，为了尽可能降低自身的危险系数，甲和乙最后都选择了第二种。

其实不仅仅是他们，在同种情况下，几乎所有的犯人都会做这样的选择，这便是社会学、心理学的著名论例"囚徒困境"。

> **大道理**
>
> 趋利避害是人的天性，面临困境时，很多东西可以成为人们交换的筹码，包括他手中所握着的别人的命运。如此一来，在没有绝对把握的前提下，又有谁敢把自己的明天交给别人掌控呢？

7. 猎人的誓言

经过常年的训练，这位年轻人的射击技术已经相当出色，百步穿杨、百发百中，所以人们都称他为"双百神枪手"。可惜的是，他有一个非常不好的习惯：喜欢乱发誓。

这天，他到草原上打猎，一边走一边发誓：今天我一定要打 10 只梅花鹿！结果一天下来他遇到的全是野兔，所以他不得不空手而归。

第二天，他又发誓：今天我一定要打 10 只野兔！但是奇怪了，今天遇上的又全成了野鸡，所以他还是什么也没打着。

第三天，他依然在发誓：今天我一定要打一只毛色纯白的狐狸。可是一直到天黑，他也没看见什么毛色纯白的狐狸，所以他第三次仍然一无所获。

……

我想，如果这位神枪手以打猎为生，他最后一定会饿死。

其实这并非一个单纯的故事，因为现实中这样的"猎人"比比皆是：很多人都喜欢事还没做便先立誓言；孩子还没出生就发誓把他培养成某种人才；店铺还没开张便发誓一年要赚下多少钱……

有目标当然很好，但可恨的是当目标根本不符合实际时，有人还要坚定地遵守。也许，他们忘了：在誓言面前，自己才是主人。

> **大道理**
>
> 不要被自己的誓言困住。生存和誓言是生活中的两大矛盾，要想处理好这个矛盾，就需要记住：我们并非为誓言而生，而是恰恰相反。

8. 多梅尔

多梅尔是法国马赛市的一名警官，他之所以出名，是因为他一辈子只做了一件事——追捕强奸并杀害女童埃梅的罪犯。

接到这个案子时，多梅尔才21岁，刚刚大学毕业参加工作。被害女童埃梅的惨状击痛了他的心，他发誓一定要抓住罪犯，为埃梅报仇申冤。没想到的是，兑现这个诺言让他花了52年之久。在这52年间，他查阅了十几米高的文件和档案，打过30多万次电话，足迹踏遍四大洲，行程80多万千米。由于他把心思全放在了追捕凶犯上，两位妻子都含怨离他而去，可是这并未动摇他的决心。

终于，经过长达52年的漫长追捕，同他一样白发苍苍的罪犯被捉拿归案。那一年，多梅尔73岁，早过了退休的年龄。

看到他用手铐铐住凶手时的兴奋劲儿，记者不解地问他："你把一辈子都耗在了这一个案子上，觉得值吗？"他点点头："当然值得，现在，小埃梅终于可以瞑目了，我也终于可以退休了。这人哪，一生只要干好一件事，这辈子就算没白活。"

"一生干好一件事"，这听起来似乎并不算什么难事，但是大千世界，真正能干好一件有意义有价值的事的，又有多少人呢？

大道理

　　任何人都不应该浪费自己的生命，而应让它体现出其独到的价值。认认真真地做好每一件应该做的事，就是对生命的最好交代。

9. 躺在树下的农夫

　　农夫家境贫寒，却又十分懒惰，而且没有谁能劝得了他。在大好的天气里，别人都忙着农事，他却独自躺在村边的树荫下乘凉。

　　一个下田干活的邻居看到快秋收了他还像个没事儿人似的躺着，便劝他道："快点起来吧，你这么活着可不行。"

　　"那怎么活着才行呢？"农夫问。

　　这位邻居向来以能说会道著称，见他发问，便立刻说道："你的家境不好，所以你应该比别人更勤劳，起早贪黑地把你田里的庄稼种好，春天时不要懒于播种，夏天时不要懒于除草，秋天时更不要懒于收获。"

　　"这又能怎么样呢？"农夫问。

　　"这样你就可以收获很多的粮食啊！"邻居答，"到时候你再省吃俭用一点，学会节约，就可以把剩下的粮食拿来换钱。有了钱，你就能再多买些田地。有了更多的田地，你就可以打更多的粮，换更多的钱。这样周而复始，早晚有一天，你会成为小富翁的。到了那时候，你就再也用不着干活了。你可以雇工人给你干，也可以买骡马帮你干，而且你还能想吃什么吃什么，想喝什么喝什么……"

看邻居讲得眉飞色舞、头头是道，农夫不觉把上身挺直了起来。"那我呢？"农夫问道。

看到从来没有被说动过的农夫因被自己吸引而坐了起来，邻居得意地挥手说道："你当然就自在了啊，把活全交给别人去干，你就可以舒舒服服地躺在树荫下休息了。"

"哦，既然这样，那就不用了吧。"农夫边说边又躺了下去，"你看，我现在不正舒舒服服地躺在树荫下吗？"

大道理

如果有贪图安逸的资本，大可以享受一下眼前的幸福，虽然这样会错过更美的风景。但如果不具备享受的资本，还要贪图安逸，最后等来的恐怕只能是受穷了。

---

10. 金·奥特雷的成功之路

在美国音乐界，金·奥特雷是个响当当的人物，他独特的音色与演唱风格，为他赢得了数不尽的鲜花与掌声。但是如同大多数名人一样，在成功之前，他也走了一段弯路。

金·奥特雷出生于美国得克萨斯州的乡下，刚到纽约发展时他觉得自己满口的家乡话又土气又难听，所以决心改掉乡音，像个城里的绅士那样说话和做事。从此，他便自称为纽约人，与人交流时也会小心翼翼地行动，一板一眼地遵循着当地绅士的行为标准。但是尽管他处处精心模仿，人们还是看出了他的矫揉造作之态，因此动不动就在私下里耻笑他，甚至大肆攻击他是个"伪君子"。

得知大家对自己是这种评价后，金·奥特雷一时陷入了极度的迷茫中，他不晓得自己应该怎么做。想了许久之后，他决定做回原来的自己——如果造假是令人讨厌的行为，那么就来真的吧，哪怕人们因此更笑话自己的土气，最起码自己不会那么累。

但是连金·奥特雷自己也没想到，当他操着自己原有的音色演唱属于家乡的老歌时，听众们竟然听得如痴如醉。从此，他便开始了他那了不起的演艺生涯，并最终成为世界上在电影和广播两方面皆负盛名的西部歌星之一。

　　每个人都是独一无二的，保持本色，显现出个人的特点，你才可能尽快抵达梦想中的成功。虽然模仿别人未必不是成功之路，但就像假币一样，即便被接受，自身也并无多大价值。这一点，在艺术界尤为明显。

11. 鸡尾酒

　　中国人、俄国人、法国人、德国人、意大利人和美国人一起参加一次盛大的宴会。席间，大家都大谈特谈起自己国家的民族精神和文化传统来，唯有美国人沉默不语，一边品着美酒，一边微笑着看争得面红耳赤的众人。

　　看到美国人这副模样，其他几个国家的人得意扬扬地问道："怎么了？不服气？那我们就让你见识见识。"

　　于是，中国人拿出了自己的民族特色——古色古香、香气四溢的茅台酒敬给大家，而俄国人紧接着拿出了以烈性著称的伏特加，接下来是法国人的大香槟和意大利人的葡萄酒，最后大家品尝的是德国人的威士忌。轮到美国人敬酒时，大家都颇为自得地看着他，心想我看你拿什么出来。

没想到美国人一点也不着急，只见他不慌不忙地站起来，从桌上拿起一个空杯，然后把大家先前拿出的各种酒都倒了一点进去，摇了摇说："这就是鸡尾酒，它正好体现了我们美国的民族精神——博采众长，综合创造。现在，我就把它敬给大家。"

听了这句话，其他国家的人全都呆了。

大道理

倘若能够博采众家之长，吸纳别人优点为己所用，这个人必然会成为无往不胜的大智慧者。只是，要想做到这一点，必须首先把敏锐的眼光、宽广的胸怀和融会贯通的能力培养起来。

---

12. 蚂蚁和鸟

因为口渴，蚂蚁爬到一条小河边喝水，不想一不小心被溅起的浪花卷进了河里。它拼尽全身的力气挣扎，却无奈身小力薄，一会儿就被冲到下游去了。正在危险之际，一只到河边觅食的鸟儿看到了这一幕，于是便衔了根树枝把它救了上来。

小蚂蚁千恩万谢，鸟儿却淡淡一笑，继续觅它的食去了。正在这时，蚂蚁听到了轻轻的脚步声，回头一看，险些惊叫出来：是一个猎人正在拿枪瞄准刚刚救过自己的鸟儿！

"不行，我一定要救自己的恩人！"想到这里，小蚂蚁迅速爬上猎人的脚，钻进他的裤管，然后冲他的小腿狠狠咬去。猎人恰在此时扣动了扳机，可是因为腿上一痒，他稍稍分了点神，所以子弹一下子打偏了。

前面的鸟儿闻枪声大惊，赶紧振翅飞远了。它不知道，救它的正是那只自己刚刚救过的蚂蚁。

虽然蚂蚁比鸟儿弱小许多，可是报恩之心却使它帮助鸟儿成功躲过一次杀身之祸。

大道理

未必只有结交权贵才对自己有好处，小人物亦有小人物的用途。心怀善念常助他人，关键时刻，小人物照样能帮你的大忙。

---

13. 观看比赛

　　这是一个文化活动极其贫乏的小镇，平常来场电影居民都会津津有味地讨论上半个月。可是某天，镇长突然宣布某运动队要于那个周末在镇中心的小操场上举行一场运动会。这无疑是一件天大的事儿，整个小镇立刻轰动了。

　　周末那天，离开场还有一个多小时，兴奋不已的居民们便已经在小操场四周围成了一道密不透风的环形人墙。

　　这个小男孩显然来晚了，只见他站在人墙之后，焦急的神色明显地挂在脸上。他左挤挤、右瞧瞧，可就是看不到人墙中间的风景。怎么办呢？小男孩搔着头皮想了想，忽然，他看到了不远处的一垛砖块，心里顿时有了主意。于是他一趟又一趟地搬着砖块，在厚厚的人墙后面垒着自己的砖墙，一层、一层又一层……他不知道自己垒了多长时间，也不知道因此少看了多少精彩的比赛，只知道当登上那个自己亲手垒成的台子时，成功的喜悦和自豪立刻填满了自己小小的胸膛。

> **大道理**
>
> 　　只要不辞辛苦，坚持不断地往自己脚下多垫些"砖头""石块"，最终有一天，你会看到自己所渴望看到的风景，摘到挂在高处的诱人果实。

14. 范教授装轮胎

　　为了研究一个课题，教心理学的范教授来到了市精神病院。在那里，他见识到许多种行事出人意料的精神病人，觉得很有收获。

　　傍晚准备返回时，范教授惊讶地发现自己的前车胎被人卸掉了一个。

　　"一定是哪个疯子干的！"范教授真是气不打一处来。但是生气归生气，正常人总不能去跟那些疯子们计较啊！这样想着，他便把备

用胎拖了过来。

可是当他试图装备用胎时，才发现了事情的严重性——那个疯子不但卸掉了他的轮胎，还拿走了他的螺丝。

"这可怎么办啊？"范教授这样想着，差点郁闷得晕过去，没有螺丝有备用胎也装不上啊！

正一筹莫展间，一个疯子拍着巴掌唱着歌走了过来。"怎么了你？"那疯子抓了抓范教授的脑袋。

范教授本来懒得理他，可是想想惹火了精神病人不知道会出现什么后果，他还是很礼貌地告诉了他。

"噢，"那疯子尖叫了一声，"你这个笨蛋，看我的！"说着，疯子便动手从每个轮胎上卸下一个螺丝。

当3个螺丝递到范教授手里时，原本以为对方只会捣乱的范教授惊奇地睁大了眼睛："对啊，3个螺丝就能将备用胎装上了！你是怎么想到这个办法的？"

疯子一边跳一边指着自己的鼻子说道："他们都说我是疯子，可我知道我不是呆子。"

大道理

现实生活中，有许多人由于沉浸在某种工作、爱好中，表现出了与常人不一样的疯狂状态，让局外人很难理解。可是，当你笑话他是疯子时，也许他正在笑你是呆子。

15. 生命的意义

他原本是位诗人，因为无人欣赏而停止创作，改为深思人生的意义。他思考来思考去，认为人生就像一场梦，死才是梦的初醒，所以他决定自杀。

他从家里拿了一把铁锹，走到郊外开始给自己挖坟坑。坟坑挖好时，他想起了那3本厚厚的诗集，那可是自己多年来的心血，即便是死，也一定要带在身边，于是他转身回家去拿。等到他再次一脸颓废地来到坟坑前时，他惊讶地张大了嘴巴：几个小孩子正兴致勃勃地在自己的坟坑上玩耍，只见他们用长短不一的木棒架在土坑的上边，铺上一层厚厚的宽草叶，然后开始往"地基"上培土。

"你们在干什么？"诗人问孩子们。

"我们要建一座城堡。"孩子们边忙边回答他。

"建城堡？你们觉得这样做有意义吗？"诗人又问道。

"意义？意义是什么东西？"孩子们迷惑地眨着眼睛，"一会儿，我们的城堡就建起来了，建好了这个，我们还会再建一座。你要不要加入我们？这很好玩的。"孩子们天真地说。

看着孩子们快乐无比的样子，诗人突然明白了：原来生命的意义就在于做事，然后从做事中体会快乐啊！

> **大道理**
>
> 什么事情都不做，却想思索出人生的意义，最终只会把自己逼到虚无的边缘上。而投入地去做眼前的每一件小事，反倒能给生命找到一个积极的答案。

16. 寻找满足

神仙下凡偶尔经过一片林地时，发现一位中年男子正坐在一堆金子上，伸着双手向路人乞讨。

神仙感到很奇怪，便走过来问他道："你已经有了这么多金子，为何还在乞讨呢？"

中年男子回答说："我虽然很有钱，但我一点也不幸福，因为我并没有感觉到满足，我还想要爱情。"

神仙想了想，便把爱情送给了他，中年男子欢喜地回家了。

一个月后，神仙路经此地时又发现这位男子坐在金子上，伸着双手向路人乞讨。他告诉神仙自己依然感觉不到满足，所以还是不幸福，他还想要荣誉和成功。

神仙二话没说，又把这两样也给了他。

又过了一个月，神仙发现他竟然还坐在金子上乞讨着，而且表情异常痛苦："我依然感觉不满足，这真是太让我难受了，请您快把满足赐给我吧！有了它，我就会幸福了。"

神仙笑道："那么，就请你把脚下的金子分给路人吧！"

男子先是一愣，但还是按照神仙的吩咐做了。当一个衣衫褴褛的乞丐接过他的金子时，感激地流下了眼泪："我们全家已经3天没吃上饭了，能够遇上您这样的好心人我真是万幸，我代我全家人谢谢你了。"

看着乞丐满脸感动的样子，男子忽然觉得自己是那么富有，那么有力量，似乎能够拯救天下所有不幸的苍生，所以他分发金子的速度越来越快，脸上的笑容也越来越多。

当那堆金子被发完时，站在旁边的神仙问他道："现在，你感觉到满足了吗？"

男子兴奋地挥舞着双手说道："我感觉到了，我感觉到了！"

大道理

人的欲望是无穷的，如果一味索取，我们将永远感觉不到被满足的幸福；而付出，却能让我们感受到自己的富有，从而获得无穷的满足感。

17. 阿甘的答案

阿甘的灵魂正欲进入天堂时，圣徒彼得拦住了他："亲爱的阿甘，我知道您是个好人。可现在天堂里已人满为患，上帝说只有能正确回答出他出的3个问题的人，才可以进入天堂。请你听好了，这3个问题是：一、一个星期中有哪几天是以字母'T'开头的？二、一年有多少秒（Second）？三、上帝的名字是什么？"

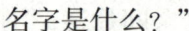

只见阿甘张口便答道："第一个问题的答案是，两天。"

"怎么可能是两天呢？"彼得迷惑不解。

"今天（Today）和明天（Tomorrow）啊。"阿甘说。

"哦？"彼得摸摸脑袋，"这虽然不是正确答案，可是似乎也不错，就算你正确吧。"

"第二个问题的答案是12。"阿甘又说道。

"怎么可能是12呢？一年绝对不可能只有12秒（Second）啊！"彼得笑道。

"难道不是吗？你看，1月2日（January Second）、2月2日（February

Second）、3月2日（March Second）……以此类推，这不就是12秒（Second）吗？"阿甘回答。

彼得目瞪口呆："哦，这答案似乎也正确。"

"第三个问题的答案是：上帝叫安迪。你看，我们经常在教堂里唱'安迪与我散步，与我谈话'，如果安迪不是上帝，我们怎么会在教堂里集体赞美他呢？"

彼得再一次愣住："这样看来似乎也对。"

就这样，阿甘顺利地进入了天堂。

看来，即便同一个问题，也总会有另一种答案存在。你与大家的回答不同，并不代表你错了。

大道理

许多事情都没有统一的、标准的答案，如果你被"非对即错"的固定模式陷住，你必将无法正确认识这个多元化的世界。

18. 不同寻常的情义

齐老师得了绝症住院时，丈夫和儿女都不在身边，邻居们原以为她会孤寂好久，但一个叫米天的男人改变了这一切。

米天像丈夫那样疼惜着齐老师，像儿子那样伺候着齐老师，又像情人那样眷恋着齐老师，并经常和齐老师做一个令人费解的游戏：一人拿一只饭盆、一根筷子，齐老师先敲，她敲几下米天就随后敲几下，然后两人就一起神经兮兮地笑。这些闲话传开以后，原本受人尊敬的齐老师一下子成了大家最鄙视的人物，就好像她做了什么见不得人的事似的。

当齐老师的丈夫十万火急地从外地赶回来时，长舌妇们把这些花边新闻传到了他的耳朵里。没想到，他一点醋意也没有，还给大家讲了这么一个故事：三十多年前，米天还是个孩子，和他的班主任齐老师是邻居。唐山大地震的那个晚上，他们俩都被压到了废墟下面，仅隔着一道墙。已经接近昏迷的齐老师被隔壁学生的哭声惊醒了，为了保住学生的命，她决定无论如何也要支撑下去。于是，她一遍遍地鼓励着米天，并和他约定在等待救援的时间里以敲墙来保持清醒，由齐老师先敲，她敲几下米天就必须在那边敲几下。就这样，两人"咚咚""咚咚""咚咚咚""咚咚咚"地敲了三夜两天，终于等来了救援队……

听的人都呆了。

大道理

世界之所以庸俗，是因为有庸人。既然我们可以"以偏概全"把生活庸俗化，当然也可以因此把生活美好化。试着做后一种人吧，于人于己都是一种美丽。

---

19. 一块两面碑

一个海员、一个大学生、一位哲学家和一位批判主义者，4个人结伴前往麦哲伦遇难的马克旦恩岛游览。在岛上一个很显著的位置，他们看到了一位旧日酋长的墓碑。令他们惊讶的是，这块墓碑前后两面竟然都写着碑文。

其中正面的文字为：

1521年4月27日，拉普拉普酋长率领众人于此击溃西班牙侵略者，并杀死其首领斐迪南·麦哲伦。我们立碑在此，以纪念菲律宾人抵御欧洲人入侵成功，并对拉普拉普酋长表示敬重。

在这行字的下面，雕刻着拉普拉普砍杀麦哲伦的英武场面。

而在墓碑的另一面，却是这样的文字：

1521年4月27日，葡萄牙航海家斐迪南·麦哲伦在此与马克旦恩岛酋长拉普拉普率领的众人交锋，后因身受重伤殒命于此。之后，其船队改由埃尔卡诺率领，于次年9月6日首次完成环球航行。

这些文字的下面，雕刻着与前面一模一样的麦哲伦与拉普拉普对战的画面。

看到这里，那位海员首先感觉到了不公平，他说："一个落后部落的酋长在狭隘地方主义的指导下，杀死了让人类文明飞跃的航海家，这是人类的一大悲哀啊！怎么反倒为他立碑扬名起来了？"

听到这句话，大学生立刻摇头表示否定："你这么说对拉普拉普很不公平。当年麦哲伦在这里受到热情款待，并得到了足够的粮食，就因为土著居民不接受他的传教和洗礼，他就对人家大动干戈。落到这种地步，完全是他咎由自取。"

哲学家大笑了两声道："这块两面碑既维持了民族尊严又记述了历史事实，既缅怀了人类文明进程的艰难又赞叹了民族主权应有的庄严，所以非常不错。"

批判主义学者则一撇嘴道："没有是非、不分善恶的说法都是中庸且滑稽的。让两种截然相反的态度同时出现在一块碑上，这要么是拉普拉普的悲哀，要么是麦哲伦的不幸。"

话说到这里，4个人已经争得不可开交了。

> **大道理**
>
> 当人们按照自己的逻辑和需要发表见解时，"辩论"便开始了，但实际上，我们都不过是在为自己的固有观念找理由。站在局外想一想，这的确是件很可笑的事情。

20. 一只蟑螂的力量

搬家时，小王在衣箱里发现了一只小蟑螂，由于忙得焦头烂额，小王便没理它。"不就一只小小的蟑螂嘛，有什么关系呢？"他这样想。

但是搬到新家后不久，小王就发现了一个非常可怕的现象：地板上、床上、衣柜里、厨房里、卫生间里，凡是可以看得到的地方，到处都布满了蟑螂，整个新家都成了蟑螂的天下。想起蟑螂哪脏就往哪去，是传播细菌的罪魁祸首之一，小王吓坏了，他用脚踩，用水冲，用药熏，可是怎么着它们都灭绝不了，反而越来越多。

原来，蟑螂的生存能力十分惊人，几乎所有的现代化的科学方法都拿它没辙。它们不但能够很快适应新环境，还能越战越强。另外，它的繁殖能力更是可怕，只要有一点点藏身的地方，它们便可以安顿下来"结婚生子"，而且人类越是用脚踩它，它肚子里的小蟑螂便会越快地出生。

一场大病之后，小王终于无可奈何了，他不得不丢掉所有的衣服、被褥、家具等，这一下子，新家又回到他搬来之前的模样——空空如也！

大道理

"柜子里的蟑螂不会只有一只"——当一种危害可能存在时，它往往一定存在并会造成越来越大的损失。人的懒念头、懒毛病即是如此。如果开始时你不重视它、不克服它，它就会越来越强大，并不断制造坏影响，直至耗空你的人生。

21. 得与失

　　一个人辛辛苦苦做了一辈子生意，终于在白发苍苍时积累起了万贯家财，成了当地小有名气的富翁。唯一可惜的就是，当他准备安享美好生活时，他的老伴却离他而去了，所以无儿无女的他只能和一只心爱的猎狗相依为命，每天唯一的乐趣就是逗狗。

　　但是突然有一天，他早晨醒来时发现家里被洗劫了，所有的金银珠宝都被盗贼偷走了，连那只唯一能给他带来慰藉的猎狗也被绑着嘴杀死在了门外。想想自己一夜之间就由富翁变成了穷光蛋，老人顿时老泪纵横，瘫坐在地。呆呆地坐了半天之后，老人想到了自杀，反正到此为止，这世间再没有值得自己留恋的东西了。于是，他最后一次扫视了一眼周围的一切，便走出门去买绳子。

　　可是当走上大街时，他才发现整个村庄都沉浸在一片可怕的寂静当中。怎么回事？老人不由得急步向前：天哪，太可怕了！尸体，到处都是尸体，狼藉遍地！原来，整个村庄都在昨夜遭到了土匪的洗劫，所有的活口都被杀掉了。而自己呢——也许是柜子里那些金银财宝过分吸引了匪徒的眼球——竟然奇迹般地存活了下来。

　　想到这里，老人不由得心念

急转："我多么幸运啊，我竟然是这里唯一幸存的人！都说金钱买不来生命，而我居然能因此得以保全，上帝对我真是太偏爱了。"他欣慰地自言自语着，"所以，我没有理由不珍惜自己。虽然我失去了一切，但得到了最宝贵的生命，我还有什么不知足呢？"想到这里，老人立刻转身回家去了。

> ### 大道理
> 人生本来就是由一连串的失与得组成的，当你为所失去的痛苦时，其实你已经得到了更加宝贵的东西，关键就看你如何去领悟。

22. 我老了，该回家了

在南非，曼德拉既是一个传奇，也是一个永恒。

如果没有他，今天的南非是什么样的，既没有谁能想象，也没有谁敢想象。也许说"没有曼德拉，就没有新南非"有点言过其实，但至少"没有曼德拉，就不会这么快诞生新南非"这句话是毫无疑问的。

为了建立独立的新南非，曼德拉几乎耗尽了自己毕生的精力，并为之苦挨了27年的铁窗生涯。获释后，在全南非人民浩瀚如海的热情拥护中，他戴上了那顶最珍贵的领袖桂冠。但仅仅5年之后，也就是1999年，他便向全世界宣布：辞去总统一职，不再参加下一届竞选。

消息一经传出，整个世界即刻轰动。要知道，凭他的资历，只要点一下头，或者不点头而只是不表示反对，他就可以继续不受任何訾议地留在这个位置上。但是他说："不，我老了，该回家了。"

这句平静而朴实的话刚一说出，整个南非便陷入了久久的、巨大的心灵寂静之中。它感动了非洲，也感动了全世界。在这个为权力而不择手段甚至是血肉横飞的时代，若非目睹，谁会相信胜利者会主动弃职呢？但他坚持让人们相信他老了……

6月，在南非首都比勒陀利亚，人们为新旧总统举行了"欢迎姆贝基、送别曼德拉"的隆重仪式。为了向继任者表达自己的敬意和支持，当晚，曼德拉偕同夫人特意比姆贝基夫妇提前5分钟到场（要知道按南非礼仪，总统是应该最后一个入场的）。面对人们惊诧的目光，曼德拉微笑着解释道：我现在只是一名普通的百姓了，理应如此。这句投到"心灵海洋"里的重磅炸弹，立刻传遍了全场，令人们无不为之动容。相对于 5 年前的就职仪式来说，这场送别前总统的盛会显然更加深刻地镌刻在了世人的心中。

从曼德拉来看，一个人离去时的背影也许能比他走来时更辉煌、更令人震撼和激动。

大道理

同样是为众人所尊重，有些人是因为身居高位、手握大权，而有些人却是因为主动放弃高位与权力。这二者相比，后者当然更值得敬佩。

---

23. 别人的路

这是一片烂泥成堆的沼泽地，似乎从来没有谁从其中穿行过。

一天，有个人来到了沼泽旁，因为没有其他的路，他只能试探着从沼泽地里穿过去。他伸手从地上捡起一根已经干枯的荆条做"导盲棍"，然后便小心翼翼地上路了。

这沼泽地虽然看起来艰险，可是靠着手中的荆条探路，他左跳右跨，竟然也找出一段路来。可惜还不到 10 分钟，他便一不小心踏进了烂泥里，挣扎了几番，便沉了下去。

几天后，又有一个人想穿过沼泽地。正当他为从哪里走更安全些头疼时，前人的脚印提醒了他，他自言自语道："这里既然有人走过，就证明是安全的，沿着他的脚印前行，一定不会错。"

于是他用脚试探了一下。果然，脚下的路实实在在，于是他放心大胆地走了下去。自然，他跟那个"前人"一样，最后也一脚踏入了烂泥坑里，一命呜呼了。

又过了三五天，又一个人打算从沼泽地穿过。当他看到沼泽地里几乎重合的两个人的脚印时，真是喜不自禁：原以为这沼泽地里无路可寻，不想前人早已经给我们预备好了，而且看样子还不止一个人走过呢。于是他也想当然地踏着那些脚印向前走去，最后他的命运我们不用想也知道。

3 个月之后，沼泽地又迎来了它的一位新客人。这个人看起来和众多前人有些不同，只见他先观察了一番前人的脚印，然后实地走了几分钟，最后，他又转身回来了。和最初的那个人一样，他也从旁边抽了一根干荆条做向导，然后一步步地开始了探路。真没想到，幸运的他竟然成功穿越了沼泽地。

大道理

路是人走出来的，但未必走的人越多就越正确。大胆开辟一条新路，纵然可能会有危险，但总比一定有危险来得好。

24. 男子汉气概

儿子已经快 16 岁了，可他还是像几岁时那样木讷内向，一点也不像父亲所希望的那样生龙活虎。怎么把儿子培养成真正的男子汉呢？这个问题真是让父亲费尽了脑子。一天，他想到了一个好主意：把儿子送到一位拳击手那里，让他来塑造儿子的男子汉气概。要知道在他看来，拳击手可是天底下最配得上"男子汉"这个称呼的人。

当他把儿子带到拳击手面前时，拳击手对他说道："这并非不可能，但是你必须首先答应我一个条件：把儿子留在这里，半年之内不许见他。半年之后，我还你一个真正的男子汉。"

父亲高兴地答应了。

半年之后，父亲怀着殷殷之心来到了拳师这里。可是当看见男孩时，这位父亲心里很是疑惑：儿子看上去还是那么柔弱腼腆，似乎并无改变。

拳击手看到父亲的反应，坦然地一笑，对他说："我安排了一场拳击比赛来证明我这半年的训练成果，请你看好了。"

说着，拳击手便与男孩对打起来。结果，每次拳击手一出手，男孩都会被打倒在地。只不过，他总是刚刚倒下便又立即站起来。反反复复几十次之后，拳击手停下问父亲道："怎么样？你还满意吗？"

父亲满脸羞愧之色，看样子他都想立刻从房间里逃出去了："我简直无地自容，我怎么会生出这么一个儿子来呢！被您这样的大师训练了半年，没想到他还是这么不经打，一下便倒。唉，看来他这辈子没希望成为真正的男子汉了。"

"不！"拳击手很坚决地否定道，"他现在已经是一个真正的男子汉了！我很遗憾你只看到了他的倒下，而没有看到他的重新站起。要知道这种勇气和毅力，正是真正的男子汉气概。你看，我打了他几十拳，却依然没有能够把他打倒，所以，他赢了，我输了！"

看来，只要站起来的次数比倒下去的次数多一次，那就是成功。

大道理

胜负都是表面现象，摔倒了能否重新站起来才是关键所在。如果每一次摔倒后你都能再站起来，那么最后的胜利者一定会是你。

25. 王鱼

每年，到布拉特岛参观的游人都会数不胜数，其中好大一部分是耀眼的政客、战场英雄、显赫巨富或风云名人。他们之所以到这里来，并不只是为了享受布拉特岛的迷人风景，更重要的是看王鱼。

王鱼是布拉特岛独有的一种鱼。它有一种特殊的本领，就是能够吸引一些比较小的动物贴附在自己身上，然后慢慢变成自身的一种鳞片。通过不断吸住这些附属物，王鱼的身体会变得越来越大，有些甚至能超过原形体的4倍。由于身体庞大，许多小动物都会对王鱼表示敬慕畏惧，这样一来，王鱼就会一直活在一种莫名的荣耀里。可是到了中晚年时，随着它身体机能的日益退化，这些附属物会渐渐离开它，使它重新回复那个较小的形态。被剥夺了鳞之后的王鱼，哪怕不会受到外界攻击，也往往无法再适应这个世界。痛苦难堪之下，它们绝大多数都会选择自残——猛撞岩石，然后挣扎数日后死去。

数年来，王鱼惨死的情景不知道曾让多少人泪流满面。

王鱼如此，如果换成人呢？我们的一生中，总有一些诸如"名誉""高位""钱财"等的附属物会来到我们身边，成为我们的"鳞片"，让我们变成另一种模样，甚至比以往"高大"上数倍。但是几乎所有的人，又都会在某一时刻遭遇到王鱼最后的"失去"，当丢了官、失了名，美人迟暮、英雄不再，又有谁能坦然接受那种必然的返回呢?

那些因为王鱼惨死而泪如雨下的人,其中也有为自己而流泪的吧?那就借此多多地领悟、早早地准备,尽快从泥潭中拔脚而出吧!

大道理

得到时越欢欣,失去时便会越痛苦。是为了一时的欢欣忍受日后的痛苦,还是为了平静的一生而放弃眼前的诱惑,是我们最该考虑的问题。毕竟从始至终,生命和生活都是你自己的。

26. 谁最伟大

因为自己是只"人人喊打"的老鼠,阿格一直很自卑。一天,它从洞里爬出来,看着光芒四射的太阳说:"太阳公公,你真是太伟大了!如果我能像你该有多好啊!"

太阳低头看了它一眼道:"我可不伟大,乌云比我强多了。"正说着,一片乌云飘过来,把太阳盖住了。于是阿格又羡慕地对乌云道:"乌云姐姐,你可真伟大,能把太阳遮住。"

"你错了,风才伟大呢。没有它,我一步都动不了。"乌云回答道。

这时,一阵风过来了,乌云立刻被吹到了一边去。阿格一看,立刻明白了似的喊道:"风婆婆,你可真伟大,一口气就能把遮住太阳的乌云给吹跑。"

"我差远了,遇到你身后的墙,我就只能改变方向。"风说。

阿格惊讶地转过身去,对着墙说道:"墙大哥,原来这世界上你最伟大!"

"才不是呢!"墙闷闷地答道,"我马上就要倒了,因为你的兄弟们在我脚下钻了好多的洞!"

刚说到这,只听"轰隆"一声,墙坍了。墙根处,一窝小老鼠正睁着惊奇的眼睛往外看。

大道理

你可以羡慕别人,但没必要看低自己,因为每个人都是独一无二的奇迹,都是世界最伟大的造化。努力把自身的优势发挥到极致,谁都会是天生的赢家。

27. 黑人小孩和木桶

为了挣口饭吃，黑人小孩来到一家葡萄酒厂看守装酒的橡木桶。他的任务是每天晚上等工人下班后，把闲置下来的木桶擦净，然后分排整齐地放在空地上。这本不是个累人的活儿，可是令男孩烦恼的是：大部分夜晚，他原本排得好好的木桶都会被风吹得东倒西歪。

看着自己的劳动成果就这样轻而易举地被毁，想想老板横眉怒目的可怕样子，小男孩经常以泪洗面。怎么办呢？怎样才能让木桶既按要求排放又不致被吹乱呢？

小男孩坐在已经擦好排好的木桶旁想啊想啊，终于想出了一个好主意。他从旁边井里提来了一桶一桶的清水，分别倒入各个空空的橡木桶里，然后，他就忐忑不安地回去睡觉了。

第二天清晨，天刚蒙蒙亮小男孩就爬了起来，他匆匆跑到放桶的空地上一看，那些橡木桶还像昨晚一样整整齐齐，没有一个被风吹倒或吹歪的。

"看来，木桶之所以会被风吹倒，是因为太轻了。加重一点分量，它们就不会再被风吹倒了。"小男孩高兴地自言自语道。

是啊，加重了自身的分量，就不会再被风吹倒了。

大道理

任何人都注定要经受社会风浪的考验，要想不被打翻或吹歪，我们必须加重自身的重量，因为我们改变不了社会。记住：自我加重，这是一个人不被颠覆的唯一方法。

28. 保持原貌

　　笃信佛教的国王继位之后，做的第一件事便是下令把已经旧迹斑斑的皇家寺院重新修整一遍。为了把庙宇装饰得富丽庄严，国王不惜力气，找来几十位技艺高超的设计师。

　　为了判断和比较一下大家的水平，国王把这些设计师分成了两组，一组是俗家设计师，另一组是和尚设计师，然后告诉他们：每组都先装修一个房间，3 天之后，自己将前去观看效果。

　　晚上，当看到两组呈上来的所需材料清单时，国王发现了一件非常奇怪的事：俗家组向主管大臣要了上百种颜色、几十种工具，而和尚组却只要了一批抹布和水桶。"抹布和水桶有什么用呢？"国王不解地自问道，"管它呢！ 3 天后看效果时再说。"

　　3 天之后，国王到了寺院。他首先看到的是俗家组所装饰的房间，满屋金碧辉煌，颇有皇家雍容华贵的气派。国王满意地点了点头。接着，他转到了和尚组修饰的房间，刚进门，他就呆住了：只见房间之内非常干净，所有的物品都一尘不染，纷纷呈现出了它们原来的模样。地上无瑕的器具静静地反射着外界的颜色，墙上画中多变的云彩以悠闲的姿态舒展着。一切都那么静谧，那么自然，又那么庄严，令所有人都情不自禁地肃穆起来。

　　"把所有工作都交给这一组吧。"皇帝轻轻地说道，似乎很怕惊扰了房间内宁静的一切。

> ### 大道理
> 　　万事万物皆有原本的风格与特点，倘若一律施以浓墨重彩，只会让许多东西失去其固有的美好或内在的价值。生命，有时亦是如此。

29. 蚌、鹬鸟和猎人

　　晴朗的夏日傍晚，蚌正张着两扇壳在河滩上晒太阳，一只长嘴鹬鸟走了过来。蚌一看有敌人到来，赶紧合起了双壳。

　　"你不用怕，我是来跟你商量一件事的。"长嘴鹬鸟很温柔地对蚌说道。

"什么事？"蚌微微开了个小缝，从里面瞅着长嘴鹬鸟说。

"你看到那个扛着枪的猎人了吗？他就是那天打死我丈夫的家伙！"鹬鸟指着正从远方走来的猎人说，"今天我要报复他！"

"啊？你要报复他？"蚌大吃一惊道，"你这么单薄，怎么能对付得了他呢？你唯一可以指望的就是你又尖又长的嘴。可是他手里有枪，你根本就靠近不了他啊！"

"所以，我想请你帮我个忙。"长嘴鹬鸟再次很温柔地对蚌说。

"你说吧，只要我能做得到。"蚌小心翼翼地答道。

"你肯定能做得到，你只需要如此如此……"长嘴鹬鸟凑在蚌耳边交代了一番。

"可是，我帮了你，你给我什么好处呢？"蚌反问道。

"我可以答应你永远不再吃你们蚌类。"长嘴鹬鸟发誓道。

"好吧，一言为定！"蚌愉快地答应了。

等猎人离它们不到10米时，长嘴鹬鸟突然大叫了一声，随着这声长叫，蚌用两扇壳夹住了鹬鸟的长嘴。鹬鸟装成疼痛的样子来回甩了几下，蚌却依然死死地扣住它的嘴。

"啊哈，我运气可真是太好了，竟然不费吹灰之力就一下子捉俩！"猎人一边向这边跑，一边欢天喜地地喊着。

谁知等他就快抓住鹬鸟时，鹬鸟却敏捷地飞了起来。猎人见状，立刻拔腿追去。

鹬鸟先是慢慢地、低低地飞，以便引着猎人不断向前跑。然后，它渐渐地越飞越高了，而速度仍然是慢慢的。猎人一看还有希望，依然不舍不弃地向前追去。不料自己两眼光顾着看鹬鸟了，完全忘了脚下的路。等到追至悬崖边时，他来不及收脚，一下子就跌下去了。

"哇，这可真是太棒了！"蚌落到地上，松开鹬鸟的嘴说道。

"这就是贪图外财的后果！"鹬鸟轻蔑地笑了一下说，然后冷不防低头，把正在"张臂"欢呼的蚌的柔软身体啄进了嘴里。

可怜的蚌，虽然帮别人实现了计划，却连哼都没来得及哼一声就失去了生命。

大道理

天下没有免费的午餐，贪图不劳而获，终究要付出比所得大许多的代价。另外，企图以小恩小惠换得与强势敌人的相安无事，只会是白日做梦。

---

30. 骑虎难下

一个年轻人外出办事，途中需要经过一片森林。

他早就听说过这个森林中有野兽，不过他总是存在侥幸心理，所以就走进了森林，并且一边走一边想：虎啊豹啊不会光顾我的，天底下哪有这么凑巧的事。

半个小时之后，森林的尽头已经在眼前了，四周依然静悄悄的，什么事情也没有发生，于是年轻人不由得放松下来，脚步也轻快了许多。谁知正当他暗自庆幸的时候，一只老虎突然从树丛中蹿出，向他飞奔而来。顿时，他吓得魂飞魄散。好在尽管他非常害怕，临行前母亲的话还是被他想了起来：遇到野兽时不必惊慌，爬到树上，野兽便奈何不了你了。想到这里，他急忙爬上了离自己最近的那棵大树。

老虎见好不容易找到的猎物上了树，立刻愤怒地围着树咆哮了起来。年轻人正想再向上爬一爬，却被老虎突如其来的巨吼吓了一大跳，惊慌之下他一下子从树上掉到了虎背上。这下，他再也不敢松手了，只是死死地抱住虎身不放；而老虎则被从树上掉下来的这个人吓坏了，向前狂奔不止，企图把背上的人甩掉。

当虎和人一起冲出森林时，看到这一情景的路人非常羡慕地冲年轻人喊道："哎呀，我好羡慕你啊！骑着老虎多威风啊！"

而骑在虎背上的年轻人却苦笑着回答道："我还羡慕你呢！你不知道我是骑虎难下啊！也不知何时才能从虎背上下来。"

31. 我会应付过去

辛·吉尼普的父亲曾经是一位拳击手，体格相当好，可是在60岁那年，一场突如其来的大病一下子把他击倒了。在床上躺了半个月之后，他仗着自己那俄亥俄州拳击冠军的硬朗劲儿站了起来。

可是人一旦老了，不服老是不行的，硬挺了半个月之后，这位坚强的老人又倒了下去。知道自己时日不多了，有一天他吃过晚饭后把孩子们叫到病榻前，给他们上了一堂关于人生的课。他讲的是自己年轻时做拳击手的一件事：

"那是一次全州冠军的对抗赛，我的对手是个人高马大的黑人拳手。由于我个头矮小，对方可真是占尽了优势。我被他一次次击倒，连牙齿都被打出血了。休

息时，教练鼓励我说：'吉姆，你不疼！你能挺到第12局！'我说：'是的教练，我不疼，我能应付过去！'当时，我感到自己的身子就像一块石头、一块钢板，而对手的拳头则是铁锤，不断地在我身上发出空洞的响声。

"那时我想：我唯一能够战胜对方的只有意志了。于是我便告诉自己：'不管情况多么糟糕，我总能应付过去。'所以，我不断地跌倒，又不断地爬起，终于熬到了第12局。这时，对面的黑人选手已经累得全身战栗了，而我却还没有

开始打。很自然，接下来我开始反攻了，我记得我用的是自己最擅长的招数：长拳和勾拳相混合。一拳、一拳，又一记重拳打过去之后，我的血同对手的血混在了一起。顿时，我感觉眼冒金星，眼前有无数个影子晃荡起来。我咬咬牙，对准中间的那一个狠命地打了下去……对方终于倒下了，我终于挺过来了。

"哦，那是我这辈子唯一的一枚金牌……"

说到这里，父亲又剧烈地咳嗽起来，吉尼普赶紧上前握住他的手，不想父亲却苦笑着说："不要紧，才一点点痛，我能应付过去。"但是第二天一大早，他便咯血而亡了。

那段日子，正是全美经济危机、吉尼普和妻子双双失业的艰难时期，父亲的死更是令全家雪上加霜。可是每每面对妻子迷茫的眼神，吉尼普都会重复一遍父亲的那句话："不要紧，我们会应付过去的。"

如今，当国家经济形势好转，吉尼普夫妇都重新找到了薪水不错的工作，日子也越来越好过时，他们还常常会想起父亲，想起他的那句话。

> ### 大道理
> 无论今天多么艰难，一切都终会好起来。当感到生活艰苦难耐的时候，你不妨把这句话说给自己听，然后用"未来的顺达"来安慰此刻的自己，你一定会开心起来的。

32. 聪明的结果

某古董商开车去乡下收购古董家具，由于车子中途抛锚，他去求助路旁的一家农舍。

不想刚走进那座农家小院，角落里那只中世纪晚期的柜子便把他吸引住了。他一边跟主人借工具，一边不动声色地寻思着：想不到乡下还藏着这么有价值的东西，我一定要买下来。不过，我可不能出什么高价钱，反正他也不懂，否则，他就不会把这么值钱的宝贝扔在露天里了。

于是，当修好汽车归还工具时，古董家具商装出满脸感激的样子对主人说道："真是太感谢了，如果不是您的帮助，我真不知道在这乡下到哪里去找修车厂呢。为了表示对您的感激，我决定用高价收购一件您已经不用的旧家具。"

听古董商这么说，老实的屋主不好意思地搓了搓手回答道："哎呀，你不用这么客气。再说，我家里也没有什么不用的家具呀。"

这时，古董家具商故意装出寻找的样子看了屋主的小院一圈，然后伸手指着那只落满灰尘的柜子道："这只柜子你用不着吧？那干脆把它卖给我吧。"

"啊？"屋主有点窘迫地笑了笑，"这么一只又脏又破的柜子对你有什么用呢？"

"哦，"古董商想了想说道，"是这样的，我家里有一张非常特别的咖啡桌，前不久搬家时弄断了一条桌腿。您不知道，我非常爱我的这张咖啡桌，所以非常希望它能重新站起来。看到您这只衣柜，我觉得它的四条腿很适合那张桌子，所以想买回去拆下来试配一下。"

"是这样啊！"屋主恍然大悟地点了点头，"那好，那我就卖给你吧。你能给我多少钱呢？"

"100英镑。"古董商说道，这是他把本来应付的价格压低数十倍之后的数字。

这个价格顿时把屋主吓了一跳，他从来没想过这么破旧的衣柜居然还会有人用这么贵的价格来买，于是非常高兴地应了下来。

古董商付过钱后，出去开他停得有些远的汽车。

小院里，屋主已经高兴得大叫起来。笑过之后，他突然想到，如果古董商的车很小的话，就会装不下这只衣柜。这样一来，说不定这笔买卖就做不成了。于是他连忙喊来自己的儿子，把衣柜的四条腿先锯了下来——反正做咖啡桌的腿也是要锯的嘛。然后，他们又把那既笨重又宽大的柜身锯成了好几大块。

古董商回来一看父子俩的"杰作"，心疼得眼泪都快掉下来了。可是，为了不让对方知道自己刚才的阴谋，他只好认了这个哑巴亏。

大道理

聪明固然是好事，但一旦变了质，其结果也就会变质。须知，愚蠢的本质也是一种自以为有足够蒙骗他人的聪明。

---

33. 皇帝还是平民

多年前，某地出了一位"假皇帝"。之所以说他"假"，是因为他的习惯、做派像皇帝，而身份并不是皇帝。他只是一个很普通的人，出生于一个普通的小农场主家庭，有着一份普通的职业，娶了一位普通的妻子，生了一个普通的儿子。总之，有关于他的一切都很普通。只有一件事，算是他一生中的特别事件。可正是这个特别事件，害了他的后半生。

那时候他还年轻。某天早晨，他正预备去工厂开始那周而复始的一天时，意外地碰到了一群剧组人员。为首的导演一看见他便大叫了起来："天哪，这不正是我苦苦寻找的××（古代的一位皇帝）吗？快快快，咱们来商量一下薪酬，你一定要扮演××。"

最后，在高薪的诱惑下，他向工厂请了长假，开始做起了"皇帝"。

可是太难了！由于根本没有经验，导演总是说他这不像那不行，弄得他不得不绞尽脑汁把所有有关那位皇帝的资料全找了来，夜以继日地琢磨、琢磨、再琢磨……

当镜头再次对准他时，导演、摄影师似乎更挑剔了，于是一遍、两遍……将近100遍时，导演才终于说了一声"好"。然后，这位普通平民便一下子被搬上银幕，成了那位掌握任何人生死大权的皇帝。

看着镜头上威严睿智、气度非凡的自己，他忽然觉得自己本来就应该是那位皇帝，而不应该是现实中平凡庸碌的这个人，虽然在整部影片中自己只是一个没有几分钟戏的小配角。于是从此之后，他便开始以皇帝的身份要求妻子、儿子，命令他们的行为、气质向着王公贵族的方向发展，否则就声色俱厉地要"问斩"，气得妻子三天一小场、五天一大场地跟他闹，原本平静的家庭生活一下子全乱了。

可是他并没有就此罢休，而是像上了瘾似的见人就颐指气使，动不动就以"寡人"自称。时间一长，大家都把他当成了疯子，他因此失去了工作，不久妻子也带着儿子回了娘家。

一无所有时，他再也不能做皇帝梦了，于是他开始反省，每天早晨起来第一件事就是告诉自己：你已经不是皇帝了。

不过说这话时，他的口气依然像个"皇帝"。

大道理

"假作真时真亦假"，扮演某个角色惯了，我们就会真的变成自己所扮演的那个人。这也许并不坏，但关键是：你失去了自己，并且还可能失去更多。

第三章
意志与信念

人类最伟大的力量并非是从拳头迸发而出的力道，也不是冷热兵器的侵袭，而是信念与意志。怀着这两样精神，人便会走得更远。

1. 坚持，你能吗？

苏格拉底是古希腊著名的大哲学家和大教育家，他教学生的方法总是别出心裁。

开学第一天，他对学生们说："今天，我们只学一样东西，就是把胳膊尽量往前抬，然后再尽量往后甩。"他示范了一下，结果，所有学生都笑了。

"老师，这还用学吗？"一个学生打趣道。

"当然，"苏拉格底很严肃地回答道，"你不要觉得这是件很简单的事，其实它很困难的。"听到这话，学生们笑得更厉害了。

苏格拉底一点也不生气，他宣布说："这堂课我就教大家好好学这个动作。学会以后，从今天开始，每天你们都要把它做 100 遍。"

10 天之后，苏格拉底问："谁还在坚持做那个甩手动作？"大约 80% 的学生举起了手。

20 天之后，苏格拉底又问："谁还在坚持做那个甩手动作？"大约 50% 的学生举起了手。

3 个月之后，苏格拉底又问道："那个最简单的甩手动作，有谁在坚持做？"这一次，只有一位学生举起了手。他，就是后来成为古希腊另一位大哲学家、大思想家的柏拉图。

大道理

坚持是世界上最简单同时也是最困难的事情，因为人人都能做到，却未必人人都做得到。只有那种即便一件简单事都能坚持做到底的人，才可能有所成就。

2. 从音乐盲到小提琴师

自从偶然听到那位小提琴大师的独奏，这位青年便疯狂迷恋上了小提琴，他希望有一天自己也能够拉出那么动听迷人的曲子。

于是他倾其所有，买了一把非常名贵的小提琴，每天都起大早到公园里练琴。晨练的人们听了他的琴声，都哈哈大笑，讥讽他是个音乐盲，拉出的声音就像青蛙叫。在人们不断的嘲笑声里，青年越来越灰心，几乎就要放弃自己的梦想了。

有一天，他刚练完琴，就听身后有位老太太对他说："孩子，你的小提琴拉得可真好，我非常喜欢，你能每天都拉给我听吗？"这一下子，青年信心大增：原来，还有人这么喜欢我的琴声啊！从此之后，青年天天满怀信心地给那位老人拉琴听；但老太太从来都只是微笑着听，一句话都不跟他交流。

不知不觉中，几年过去了，青年的琴艺大长，最后竟在全国比赛中获得了一等奖。青年激动极了，他在公园里跑来跑去，到处寻找着老人，想告诉她这个好消息。忽听有人对他说："你在找那个聋老太太吧？她昨天犯心脏病去世了。"

聋老太太？！青年一下子呆在了原地。

大道理

并不是因为事情难做，我们才失去自信；而是因为我们失去了自信，事情才变得难做——自信是成功的第一秘诀，只有首先相信自己能行，才可能取得最后的成功。

3. 放大你的优点

他是一位穷困潦倒的青年，很久以前就失业了，可因为一无所长，他一直找不到合适的工作。

这天，他怀着殷切的希望来到了巴黎，找到父亲的一位旧日好友，希望他能帮自己找份谋生的差事。当时的他并没有意识到，对方帮他谋到的这份"差事"，居然成了他辉煌一生的起点。以下就是那个下午他与父亲的朋友之间的对话：

"你数学怎么样？精通吗？"父亲的朋友问。

青年摇摇头，表现出很难堪的样子。

"历史怎么样？"对方又问道。

青年依旧不好意思地摇了摇头。

"法律呢？法律你懂不懂？"对方口气中的希望依旧不减。

青年的回答还是否定的。

……

接连问了七八个"怎么样""懂不懂"之后，父亲的朋友也得到了同样多的回答，但都是否定的。

"那你说说自己有什么优点吧。"对面的长者也许觉得再这么问下去也没有什么意义了，于是就换了一种方式。哪知青年依旧摇摇头，很腼腆地回答道："我，没什么优点。"

"唉，"父亲的朋友轻轻叹了一口气，"那你就先把自己的住址写下来吧，有了差事我好通知你。"

青年开始在纸上写自己的地址，写好后把纸条交给对方，那位老人便惊喜地拉住青年道："哎呀，你还说自己没什么优点，你的字写得很漂亮嘛！"

"这也算优点？"青年的眼中闪过一丝疑问，但很快，他就从对方的眼中得到了肯定的答案。

"你不应该只满足于找一份糊口的差事，"父亲的朋友语重心长地说，"既然你能把字写这么漂亮，你就能把文章写得漂亮；既然你能把文章写得漂亮，你就能写书；既然你能写书，你就能……"

顺着老人的指点，青年的思路扩展了，一点点放大了自己的优点。

多年之后，这位"一无所长"的青年果然由字到文章，写出了享誉世界的经典作品。他，就是家喻户晓的法国大作家大仲马。

大道理

成功人生的诀窍在于发现并且不断放大自身的优点，因为只有经营自己的长处，人生才可能无限增值；反之，则只会贬值。

4. 竞争足球队员

某中学 3 年一次的足球队员竞争赛开始了，场上的这几十名选手，最终跑到前 11 位的才能赢得这个资格。

3 圈之后，有一个小男孩突然摔倒在地上，看样子是他的腿抽筋了。但是他揉了自己的腿 10 来秒之后，又爬起来去追前面的选手了。

5 圈之后，刚摔倒的那个孩子又不行了，只见他捂着胃"哗哗"大吐起来。但是出人意料的是，吐完之后，他竟然一抹嘴又接着跑了。

10 圈之后，这个虽然不太快但一直坚持的孩子已经进入了前 20 名。意外在这时又一次发生了，他扶着操场边的一棵大树大喘起来，似乎快晕倒了。可是只几秒钟，他便又回到了跑道上。

最后，这位小男孩终于以第 10 名的成绩如愿以偿。

这么差的身体素质，何以到最后竞争成功了呢？要知道那些败下阵去的选手，几乎都比他的身体好得多。面对众人的疑惑，小男孩说："因为我只有这一次机会，我的家族有一种遗传的腿病，到了十六七岁便会发作。如果这次我失败的话，我就没有下一次机会了。"

哦，原来那些身体不错的人之所以失败，是因为他们知道还可以有下一次。

大道理

投入做事是成功的前提，切断后路又是投入的前提。倘若事先存下"这次不行，下次再来"的心思，人就不可能全力以赴，失败的可能也便会随之增大。

---

5. 谁是最优秀的人

大哲学家已是风烛残年，知道自己时日不多了，他便喊来自己平常看好的一位弟子，对他说："我的蜡烛所剩不多了，得找另一根蜡烛接着点下去，你明白我的意思吗？"

弟子点点头，立刻说："我明白，老师，您的光辉思想应该很好地继承下去……"

"可是，"哲学家若有所思地说，"我需要的这位继承者不但要有相当的智慧，还必须有充分的信心和非凡的勇气……这样的人到目前为止我还未曾见过，你能帮我寻找和发掘一位吗？"

"当然可以。"弟子很温顺又很恭敬地答道，"我一定会竭尽全力，不辜负老师的栽培和信任。"

听到弟子这么回答，哲学家淡淡一笑，挥手让弟子出去了。

接下来，那位忠诚又认真的弟子便开始不辞辛劳地四处寻找了。可是不知为何，无论他领来谁，哲学家都会婉言谢绝。终于有一天，无计可施的他开口道："老师，我实在找不到合适的人了。请您准许我出趟远门吧，我将到五湖四海为老师寻找这位最优秀的人才。"

"其实……"刚说到这里，已经病入膏肓的哲学家便剧烈地咳嗽起来，慌得弟子赶紧上前扶住他，稍稍平静之后，他又接着说了下去，"你找来的那些人，都还不如你……"

听闻此言，弟子立刻羞愧地低下了头："老师，我真对不起您，让您失望了。"

看弟子还不开窍，哲学家大失所望地摇了摇头："孩子，你为什么还不明白？失望的是我，被耽误的却是你自己啊！我告诉你，每个人都是最优秀的，差别就在于是否自信，只有信心十足的人，才可能懂得认识自己、发掘自己和重视自己……所以，最优秀的人不是别人，而是你自己。可你为什么总是不自信呢？"话刚说到这里，一代哲人便在遗憾中溘然长逝了。

"最优秀的人是我自己？"弟子长跪在老师床前，惊愕之后开始泪流满面。

从那以后，这位有才华却一直自卑的弟子一改从前，变得积极自信起来。多年之后，他不但继承了老师的遗志，还发展了老师的思想。而这，可是他原来从未想过也不敢想的。

大道理

每个人都是一座富有的矿山，自信是开凿这座矿山的斧头。只有拥有十分的信心，我们才能迈出挖掘自己潜能的步子，由平凡到辉煌，最终超越生命的底线。

6. 心境的魔力

维克多·弗兰克是奥地利历史上著名的精神病学博士。身为治疗精神病的医生，弗兰克对精神的力量有独到的理解，这既源于他的知识，也源于他的经历。

第二次世界大战期间，和许多不幸的人一样，弗兰克也被关入了纳粹集中营，饱受了纳粹分子的凌辱。在那段生不如死的日子里，他几乎每天都要看着那些野兽般的人物不眨眼地屠杀妇女、儿童。空气里到处充斥着血腥之气，每个人都活得心惊胆战，不知道下一个倒下去的会不会是自己。对死亡的恐惧显然给所有人都带来了巨大的精神压力，因此集中营里每天都会有疯了的人。

丰富的知识和经验告诉弗兰克，如果控制不好，自己也将难逃精神失常的厄运。所以即便不停地产生死亡的幻觉，他依然强迫自己笑起来，强迫自己幻想正在宽敞明亮的研究室里照顾病人，或者正走在前往演讲的路上，精神饱满、斗志昂扬。在那个没有人性的魔窟中，弗兰克一直用这种方法保持着精神上的清醒。

多年后，当他被释放时，他的朋友几乎不敢相信这个精神状态极佳的人是刚刚从集中营里走出来的。

这，便是心境的魔力。

大道理

精神是最有力的胜利武器。从某种意义上说，人不是活在物质里，而是活在自己的精神里的。只要精神不垮，人便能击败许多厄运；一旦精神垮掉，谁都将无法拯救你。

---

7. 黄蜂飞舞的秘密

"看来，这个说法是完全没有问题的：凡是会飞的动物，它的形体构造必然是身躯轻巧而双翼修长的，比如麻雀、燕子、蜻蜓……"几位动物学家正在探讨动物飞翔的原理，作为主任，张教授最后总结发言道。可是不等他说完，一只大黄蜂就冲着研究室窗台上的花盆飞过来了，弄得数位专家顿时面面相觑、尴尬无比。是啊，为何大黄蜂如此短小、薄弱的翅膀能够带动起它相对来说极为肥胖、粗笨的躯体呢？

带着这个疑问，几位动物学家带着大黄蜂来到了某著名物理学家的实验室。物理学家仔细观察了半天，又埋头计算了半天，结果还是困惑地摇了摇头：这真是不可思议，它简直就是所有能飞的物种里的一个另类。因为根据流体力学的原理，它应该是根本飞不起来的。如果今天不是亲眼所见，我真不敢相信这是事实。

无奈之下，几位专家又把大黄蜂摆在了一位社会学家的办公桌上。没想到不等他们说完，社会学家便哈哈大笑起来："这么简单的问题还用得着问吗？""简单？！"几位动物学家异口同声，个个大跌眼镜。"当然简单，因为答案只有一句话：今生，它必须飞起来，否则，它只有死路一条！"社会学家大声说道。

没错，当只有死路一条时，不仅仅大黄蜂，我们人类更是能突破所谓的极限，创造出在此之前想都不敢想的奇迹来。社会学家不曾深入地研究过动物，也不懂什么流体力学，但是他却破解了黄蜂飞舞的秘密。感谢他，否则，大黄蜂也许再也不敢、不能飞起来了。

大道理

阻碍我们前进的，往往不是未知而是已知。其实，生命永远蕴含着无限希望和可能性，当陷入绝境时，我们需要做的，只是向旧日的自己突围。

---

8. 驴子的智慧

农夫牵着驴子去赶集，一不小心，驴子掉进了村口的井里。农夫急坏了，他绞尽脑汁想办法，可还是没办法把驴子救上来。

半天过去了，井底的驴子绝望地哀嚎着，它似乎也意识到了自己的处境：虽然井水不太深，不至于把自己淹死，但是时间长了，一定会被活活饿死。

想想驴子多年来与自己相依为命的感情，农夫心如刀绞，他实在不愿意看着心爱的驴子遭受这种折磨，便狠狠心，拿来

一把铁锹打算早点结束这种局面。于是他开始一铲铲地往井里填土，井底的驴子好像意识到了什么，更加凄惨地叫了起来，叫得农夫心里好生难受，不得不加快了填土的速度。

但是不一会儿，驴子竟然不叫了。"这么快就死了？不可能吧！"农夫很奇怪地往井底看去，结果，下面的情景让他大吃一惊：只见驴子正拼命地抖着落在身上的土，把它们填在脚下，然后再站上去，借此一点一点地靠近井口。农夫大喜过望，更加卖力地往井里填起土来。还不到一小时，驴子便"得意扬扬"地叫着上升到了井口。

大道理

人生总有偶尔陷入"死角"的时候，能否走出来，就看你如何对待这不断下落的重负。如果你将之当成负担，它早晚会置你于死地；如果你勇敢地抖落，它就能成为你崛起的垫脚石。

9. 初中时的作文

罗伯兹的牧马场开业了，他正在场中的豪宅里宴请宾客。席间，他给大家讲了一个故事：

"我之所以要开牧马场，跟一个初中小男孩的作文有关。小男孩的父亲是个马术师，经常带着他四处跑，因此在他小时候的记忆里都是马。

"初二那年，老师让他们写一篇题为《我的梦想》的作文。小男孩洋洋洒洒地写了七八页，将他的宏伟理想描述得甚为详细。文中说，他最大的梦想就是拥有一座属于自己的牧马场，甚至把自己设计的牧马场图也画了上去。图中很详细地标注着每一个马厩与跑道的位置，还有一座看起来相当大的豪宅在其中。

"但是当男孩满心欢喜地把作文教给老师时，老师却把他狠狠地批了一顿，说他好高骛远，净做白日梦，并命他重新写一篇，否则不给他及格。但男孩却拒绝了，他固执地守着他的白日梦。

"现在我要告诉大家的是：你们正坐在文中所描绘的那片牧马场的豪宅里欢声笑语，我就是那个小男孩。"

最后一句话一出，全场立刻响起了热烈的掌声。

"你现在最想说的是什么？"有人不失时机地问。

"幸亏我不是个好学生，没有听老师的话。"罗伯兹微笑着说。

大道理

因为别人的否定而放弃梦想，这是愚者的行为。坚守住自己的热望，适时关闭耳朵走路，你才可能奋斗到梦想实现的那一天。

10. 谁能帮你东山再起

他原本是位大农业主，可是一场突如其来的灾难却让他失去了一切——土地、存粮、钱财，甚至妻子儿女。他成了一个彻底的、一文不名的流浪汉。

正当他越来越难过、越来越绝望，像个行尸走肉一样不能再思考，成天只想着怎么早点结束自己的生命时，他偶然听人说起附近有位哲学家，于是他忙不迭地去找那位哲学家。

不料哲学家听完他的哭诉后，竟然满脸冷漠地说道："别指望我给你提供任何帮助，因为我根本没有任何能力帮助你。"

流浪汉一听，眼睛里的希望之火立刻熄灭了，死亡的念头再次涌上心头。可是正当他转身欲走时，哲学家却叫住了他："不过，我可以给你介绍一个人，他一定能帮你，而且是这个世界上唯一能帮你的人。"

"谁？"他猛地转过身来，再次点燃了希望之火。

"跟我来，"哲学家说着，便把流浪汉带到了自己家的镜子前面，指着镜子里的人说，"他。"

"我？"流浪汉看着镜子里狼狈不堪的自己，既惊讶又羞愧地反问了一句。

"是的，这个人正是你自己。"哲学家肯定地说道，"整个世界上，唯一能帮你东山再起的，就是镜子里的这个人。不过在此之前，他要首先坐下来，仔仔细细地认清自己。否则，他将只是一具空壳。现在，我请你再靠近镜子一些，好好想想这个人原来的样子，我想，这一点你最清楚不过了。"

流浪汉慢慢地走近镜子，用手梳理着自己乱蓬蓬的头发，开始想象自己原来意气风发的样子。渐渐地，镜子里那张脏兮兮的脸微笑起来了。

"我知道了，谢谢你！"流浪汉突然说了一句话，然后转身跑了。

几年之后，当流浪汉再次来找哲学家时，哲学家根本认不出他来了。因为他现在衣装整齐、自信心很强，全无当年落魄的样子。

他拿出一张支票："这是一张空白支票，数额是应该由你来填的，我实在不知道你当时给我的东西值多少钱，因为它买到了我想要的一切——我现在已经是一家大公司的总经理了，并且已经找到妻子儿女，安了新家，最重要的是，我找到了我自己。"

大道理

自信心不仅是一个人成功做事的前提，更是一个人活下去的支撑力量。没有了它，人就相当于给自己判了死刑，在进行一种慢性自杀。

11. 寻找金表

一个农场主巡视谷仓时不小心遗失了腕上名贵的金表，他找遍整个谷仓也没有找到，便贴出了一张告示：如果谁能帮我找到金表，我就给谁100美元作为酬劳。

面对重赏，人们纷纷四处翻找，但谷仓内谷粒成山，还有一堆堆的稻草，想要在其中寻找一块小小的金表，简直就像大海捞针。

等到太阳快下山时，人们还没有找到金表，于是他们开始抱怨，或者埋怨金表太小了，或者埋怨谷仓太大、里面杂物太多了。终于，大家一个接一个地放弃了那100美元的重赏，沮丧地回家了。最后，谷仓内只剩下一个穷人家的小男孩，由于太穷，他已经整整一天没有吃上饭了。现在，他很希望能把表找到，以解决一家人的吃饭问题。

天越来越黑，小男孩依然在谷仓里摸来摸去。夜晚来临了，喧嚣的谷仓渐渐静了下来。突然，他听到了金表发出的轻轻的"嘀嗒、嘀嗒"声。喜出望外的小男孩努力屏住呼吸，顺着这种声音摸了下去。终于，他找到了那块金表，获得了100美元的重赏。

小男孩并没有大人的智慧和力气，但却做到了大人做不到的事。只因为，他比大人们多坚持了一会儿。

大道理

成功的法则中，最简单的一个叫执着。有时，成功并不需要我们拥有超于常人的志向与智慧，而只需要我们坚持去做。只要不放弃，你早晚会听到成功发出的"嘀嗒"声，最终走向胜利。

12. 最后一片树叶

珍妮得了绝症，医生确诊她不会再活过一年。由于病体动不动就钻心地疼痛，家人不得不把她送到医院。

春天过去了，夏天也过去了，秋天静悄悄地来临了。看着窗前那棵树的叶子渐渐由绿变黄，进而一片片凋落，珍妮的心也越来越绝望。"当树上的叶子全落光时，就是我死去的时候了。"她这样自言自语着。

这句话正好被一个从窗前走过的画家听到了，画家决心尽自己所能拯救这个小女孩。于是他便画了一片栩栩如生的绿叶，趁珍妮熟睡时挂在了那棵树的最顶端。

一个月过去了，病入膏肓的珍妮已经起不来了，她躺在小小的病床上，眼睛一直盯着窗前那棵树，感觉生命力正从自己的肉体里一点点地溜走，就像树上的叶子越落越少。"等到那片叶子也落了的时候，我就闭上眼睛，永远不再醒来。"珍妮盯着最顶端的那片绿叶对自己说。

接下来的日子，那片绿叶就成了承载珍妮生命希望的唯一载体。每天早晨，她睁开眼睛后的第一件事就是看那片叶子有什么变化。可是真奇怪，所有的叶子都落光了，那片叶子还是那么绿，那么坚定地挂在枝头，一点也没有变黄凋零的迹象。

"难道，难道上帝知道我是个好孩子，所以不想让我死？"珍妮这样想着，眼睛里便闪出了一丝希望之光。

寒冷的冬天终于过去了，像那片永不凋零的叶子一样，珍妮奇迹般地活了下来，并最终健康地走出了医院。而同时，在她隔壁的病房里，那位老画家却闭上了双眼。

> **大道理**
>
> 我们可以失去一切，唯独不能失去希望，它是人类生命与快乐的源泉。有了它，生命才能焕发勃勃生机；没了它，生命只会日渐萎缩。

13. 老人与黑人小孩

晴朗的阳春三月天，一位卖气球的老人推着货车走进了公园。五颜六色的气球立刻吸引了公园里的孩子们，他们一窝蜂似的跑了上去。不一会儿，公园里到

处都是拿着气球的小孩了。

一个黑人孩子静悄悄地站在公园一角看着那些白人小孩，脸上写满了羡慕之色。终于，他鼓起勇气走到了老人的货车旁，怯生生地问道："爷爷，你可以卖给我一个气球吗？"

老人微笑着蹲下身去，摩挲着黑人孩子的小脸，很和蔼地说："当然，为什么不能呢？你想要什么颜色的？"

黑人孩子一听，立刻欢欣雀跃起来："我想要一个黑色的，可以吗？"

"当然。"老人一边说，一边从架子上拿下了一个黑色的气球，递给孩子。

黑人孩子高兴地拿着气球跳啊跳啊，不一会儿，他小手一松，气球在微风中冉冉升起了。孩子顿时惊讶地大叫道："爷爷，快看啊，黑色气球也能飞起来。"

老人看看上升的气球，用手轻轻地拍了拍孩子的脑袋："当然了，孩子，气球能不能飞起来，不在于它的颜色，而在于它里面充满了氢气。"说到这里，老人加重语气说了一句，"记住，人也一样！"

黑人小孩眼睛忽闪着，似乎有所领悟。

大道理

成就高低与出身、相貌等都无关，这个世界是被自信和努力创造出来的。有了自信，人就会有登上成功山顶的力量；有了努力，人就会身处通向成功山顶的途中。

14. 信念的力量

这对双胞胎兄弟从小就生活在一个很不幸的环境中，这一切都跟他们的父亲有关。那个不负责任的父亲整天一副冷酷无情的样子，兜里有一点钱便会拿去买酒喝。后来，他又沾上了毒品，由于毒瘾发作，他没有钱买毒品，狂躁之下扎死了这对兄弟的母亲。为此，他被判了终身监禁。那一年，这对兄弟还不到5岁。

可怜的兄弟无计可施，只好流落街头以乞讨为生，年龄稍稍大一点后又到工地上给人做帮工。可是谁都想不到，多年之后，曾经极为相似的他们会有如此大的差别：

哥哥同父亲一样，嗜酒如命，毒瘾很深，而且偷窃、敲诈，无恶不作，最后因杀人罪入狱。

弟弟却滴酒不沾，且从未吸毒。他是一家大公司的部门经理，有一个美满幸福的家庭。

当记者分别采访这两位兄弟时，万万没想到他们的开头语一模一样："有这样的老子，我还能有什么办法！"只不过这句话后面的解释不同。

哥哥说："……我的身上天生就带了嗜酒、吸毒、杀人、放火的种子，这些东西是我所无法控制的。"

弟弟则说："……我已经无所指望，我只能靠我自己打拼。否则我也会走向同一条路的。"

大道理

决定你命运的不是你生活的环境，也不是你的遭遇。同种条件下，你将走出什么样的路，关键在于你持有什么样的信念。

15. 摔倒了？爬起来！

美国总统林肯，在任期间政绩辉煌，但他战胜人生灾难的成绩实际上比政绩更辉煌。

1809 年，林肯出生在一个一贫如洗的伐木工人家庭。

7 岁时，因为太穷，他们全家被赶出了原居住地，林肯从那时便承担起了贴补家庭的重任。

9 岁时，慈爱的母亲去世，林肯受到了巨大的精神打击。

22 岁时，第一次经商失败，生活陷入艰难。

23 岁时，竞选州议员落选。

同年，失业。

同年，争取进入法学院，失败。

24 岁时，再次经商失败，欠下巨额债务，16 年后才全部还清。

25 岁时，再次竞选州议员，终于赢了，这多多少少让他饱经沧桑的心得到了些许安慰。

26 岁时，订婚后正准备结婚，未婚妻却突然死亡。

27 岁时，精神完全崩溃，卧床半年之久。

29 岁时，竞选州议员发言人失败。

31 岁时，争取成为选举人失败。

34 岁时，参加国会大选落选。

39 岁时，寻求国会议员连任失败。

40 岁时，争取自己所在州的土地局局长职位失败。

45 岁时，竞选美国参议员落选。

47 岁时，在共和党的全国代表大会上争取副总统职位提名，支持票数还不到 100 张。

49 岁时，再度竞选美国参议员落选。

51 岁时，当选美国总统。

他一生都被忧郁症所折磨，并且，婚姻生活很不幸。

如果问林肯是如何走过这一路艰辛的，他会略表惊讶又很无所谓地回答你："这很奇怪吗？那些都只不过是滑一跤，又不是死去爬不起来。"

大道理

成功，就是爬起来的次数比跌倒的次数多一次。困苦磨难本身从来不是魔鬼，面对它时你所表现出的萎靡和屈服才是最大的灾难。如果每次跌倒之后都能爬起来，成功早晚会属于你。

---

16. 风雪里的一课

接连下了三天的大雪，天气总算放晴了。可是"下雪不冷化雪冷"，前三天都如冰窖般的教室现在更像冷库般令人难以忍受了，几十个十几岁的穷孩子齐刷刷地傻站着——这样似乎比坐着要暖和一些，而且大家也更容易挤得紧一些。

满屋的跺脚声随着杨老师的进入停止了，这位老师向来以严肃冷酷著称，同学们可不敢招惹他。但是即使大家都小心翼翼的，杨老师还是从学生的脸上看出了两个字：我冷。

"大家都站起来。"杨老师命令一般地喊道。

同学们惶惑不安地都站了起来。

"到外面排好队，我们去操场上上这一课。"杨老师又接着说道。

"哟，"同学们都倒吸了一口凉气，"什么？去操场上上课？在这样的天气里？"

但是不管怎样，最后，杨老师躲在镜片后面的严厉的眼睛依然将大家一个接

一个地逼出了教室。

操场上，大雪早已将一切都连成了一个整体，偶尔有些空隙，雪化之后露出了下面白白的地皮。穷孩子们厚实的土布棉袄这时似乎失去了它的作用，弄得他们个个像冻结的冰凌一般。

看看大家已经排好队，杨老师面对学生们站定，然后脱下了身上那件黑色棉衣。同学们还未来得及惊呼，他又开始脱里面的毛衣。最后，瘦削的他只穿着一件单薄衬衫给同学们讲起了"课"：

"如果不出来，大家肯定以为自己是敌不过风雪寒冷的，可是事实上，现在大家站在这里，没有任何人会倒下去，包括我，对不对？所以同学们，从苦日子里长大，没有什么苦是我们受不了的，只要你敢伸出手去迎接，敢抬起头去面对！我希望你们能够永远记住这句话，以后的人生中也一样，在苦难面前只要你敢于正视，你就会发现，其实一切，都不——过——如——此！"杨老师最后拉长了语调说道。

的确，那一天直到最后，也没有谁支撑不下去。

大道理

生命中有许多伤痛并非我们想象的那么严重，而人之所以觉得不能承受，是因为过分畏惧或者正在用放大镜观察它。甩掉畏难情绪，奋力一搏，你就会发现：其实一切，都不过如此。

17. 没有不受伤的船

在西班牙港口城市巴塞罗那，有一家大型的造船厂，该厂有一间陈列室，是专门用来陈列该厂出产的船只模型的。由于造船历史悠久，该陈列室至今已经陈列了近10万只船舶模型。

据说，所有走进这间陈列室的人都会被深深震撼，并从中得到深刻的启迪。这倒不是因为它的超大规模或者千姿百态的船舶模型，而是因为每一个模型上雕刻的文字——关于本船的航行历史。比如，那艘名为"西班牙公主"的船上这样记录着：本船1984年下水，共计航海50年。在这50年间，它曾经138次遭遇冰川、116次触礁、27次被海上风暴扭断桅杆、21次因为故障抛锚搁浅、13次遭海盗抢劫、9次与其他船舶相撞，但是，它却一直没有沉没。

另外，在该陈列馆最里面的墙上还有这样的文字记录：该厂成立几百年来，共出厂近10万只船舶。在这10万只船舶中，有6000只在大海中沉没，有9000只因受伤严重不能再进行修复航行，有6万只遭遇过20次以上的灾难……最后的结论是：凡是下过水，没有一只船不曾有过受伤的经历。

我们的人生，不也如此吗？

大道理

在海上航行，没有不受伤的船；在人世间行走，也不会有一帆风顺的人生。而不管遭遇什么样的风雨伤痛，都坚强勇敢、百折不挠地前进，这便是成功的秘诀。

18. 胡皮·戈德堡

胡皮·戈德堡是美国著名的黑人女演员，由她主演的《修女也疯狂》注定是一部要载入艺术史册的经典影片。她在其中扮演了一位很另类的修女，但是了解戈德堡的所有人都说，这位修女其实并非她"扮演"的，而是就是她自己。

的确，戈德堡在日常生活中就是一位非常另类的女性，她的许多风格都跟周围人格格不入，并且，尽管为此深受打击与讽刺，她依然装聋作哑地不改初衷。

据戈德堡自己说，她的另类和个性得益于她母亲的教诲。

她说："自从出生到长大，我一直居住在环境复杂的纽约市劳工区切尔西。我成长的时期正值嬉皮士时代，而我是一个很喜欢追随潮流的人。于是那时，我经常身穿大喇叭裤，头发梳成阿福柔犬般的蓬蓬头，脸上也常涂满五颜六色的彩妆。为此，我常常遭到附近各类人士的批评。

"我至今仍然对一件事记忆深刻，那是一个晚上，我约邻居友人一起去看电影。约会时间刚刚到，我便穿着一件扯烂的吊带裤、一件绑衬衫去赴约了。结果，当我出现在朋友面前时，她非常不满地对我说道：'你必须换一套衣服。'

"'为什么？'我不解地问道。

"'你装扮成这个样子，要我怎么跟你出门呢？'她生气了。

"这下，我也生起气来，于是我回应道：'要换你换！'就这样，她赌着气走了。

"我并不知道，当我跟朋友争吵时，母亲就在一旁看着。我永远也忘不了母亲当时告诉我的话，因为那些话成了我此后一生的座右铭。母亲说：'你可以去换一套衣服，变得跟其他人一样，也可以继续这样下去。但是，如果你选择后者的话，你必须坚强到可以承受住外界任何嘲笑的程度，因为你一定会因此引来批评。这，便是与众不同者的不容易。'

"说实话，当时我受到了极大震撼。但正是从那一刻开始，我注定了一生都不能再摆脱与众不一致的话题。

"我成名之后，也曾经听到很多人议论我：'她怎么会在这种场合穿运动鞋呢？''她为什么不穿礼服出场，难道不应该这样吗？'……但是最后，因为受我的吸引，她们纷纷学起了我的样子，比如绑细辫子头。"

说到这里，戈德堡使劲摇了摇她那绑满细辫子的头，然后得意地笑了起来。

大道理

你可以与众无异，也可以与众不同。如果选择后者，你必须坚强到可以承受住外界任何批评的程度，因为这注定是一条漫长而艰辛的道路。

19. 活着出去

　　还不到20岁的罗杰尔由于参加一个抢劫团伙被捕入狱了，审判结果是判处他90年有期徒刑。这个结果一传开，所有人都认为罗杰尔这一生算完了——90年有期徒刑，即便他能活着出来，到时候也会是100多岁的老人了，还有什么用呢？

　　可是偏偏罗杰尔不这么想。长长的狱中岁月让他想明白了很多问题，他觉得假如自己就这么活一辈子实在是太冤了。他还不满20岁，真正的人生还没有展开，他还没有娶过老婆、没建立过家庭、没有过孩子。"不，"罗杰尔非常坚定地告诉自己，"我一定会好好地活下去，我要活着出去，我还要建立自己的家庭。"

　　在此后漫长无比的几十年中，看着身边的狱友们一个接一个地出狱或死去，罗杰尔几度走到了精神崩溃的边缘，可每一次，最初的那个信念都把他支撑住了。

　　最后，他竟然真的活着走出了监狱，并且娶了一位已经年过八旬但精神矍铄的老寡妇为妻，还收养了一位孤儿做孩子。

　　也许，这就是信念的力量。

大道理

　　信念，是任何人都不可或缺的一种精神法宝，它的力量是无比巨大的。有了它的支撑，死神和失败都会为你让路。

20. 家传宝箭

　　春秋时期，一位将军带他的儿子出征打仗。为了把还是马前卒的儿子培养成大将之才，父亲决定给他个锻炼的机会。

　　于是，在又一阵号角吹响、战鼓雷鸣时，父亲唤过儿子，郑重其事地交给他一个箭囊，然后指着囊中露出一截的箭说："这是你做卫国大将军的祖父传下来的，可谓是家袭宝箭。把它佩带在身边，你就会力量无穷、百战百胜，但是切记一点，千万不可以把它抽出来，以免影响它的神力。"

儿子接过箭囊一看，整个囊都由厚厚的牛皮打制而成，还镶着幽幽泛光的铜边儿，再看那露出一截的箭尾，分明是用人人惊羡的上等孔雀羽制作的。儿子喜出望外，连忙把箭囊佩带在腰间，顿时，他感觉一阵威气袭来，整个人都为之一震。他仿佛看到了祖父当年征战沙场、所向披靡的场面，耳旁"嗖嗖"的箭声一阵紧似一阵，敌方的主帅应声落马而毙……

果然，佩带着家传宝箭的儿子英勇非凡、所向无敌，把敌人打得落花流水。当听到鸣金收兵的号角吹响时，意气风发的儿子禁不住得胜的豪气，托起那个箭囊细细地抚摸着。忽然，他的好奇心来了，非常想看看到底是什么样的奇异宝箭能够让人如此虎虎生威。于是，他慢慢地抽出了宝箭。但是骤然间，他惊呆了：一支断箭！箭囊里装着的竟然是一支折断的箭，而且分明就是最普通、最常见的那种箭！

"天哪，原来我一直挎着一支断箭打仗！"儿子傻了似的喃喃自语着。他想起了刚才与敌方主帅誓死拼杀的场面，立刻犹如失去支柱的房子一般，轰然坍塌了。

将军父亲站在城楼上看得清楚，不由得深深叹息道："孺子不可教也！不相信自己的意志，永远也做不成将军！"

大道理

意志和信念是一个人有所成就的前提，但这前提是：它们必须从自己内心而起，倘若寄托在他人或他物上，非但愚蠢而且极其脆弱。

21. 狼与老太婆

饿了几天的狼出去找食物，转了半天却一无所获。正当它懊悔不已、不知如何是好时，忽听不远处的农家传来了孩子的哭声。它赶紧循着哭声跑了过去，不想那家却门窗紧闭，无机可乘。

无奈之下，饿狼只好转身回去，不想这时那个哄孩子的老太婆忽然说了一句："还哭，还哭，你再哭我就把你丢出去喂狼！"

饿狼一听大喜，赶紧在附近找了个隐蔽的地方躲了起来，然后眼睛直直地盯着那家大门。谁知一等再等，半天过去了，老太婆依然没有把孩子丢出来。看看太阳就快落山了，等得不耐烦的饿狼"嗖嗖"几下蹿到了那家窗户底下。看样子，它是想质问一下那个老太婆为什么说话不算数。

不料它刚刚张开嘴，便听见老太婆又在里面说道："宝宝乖，不哭了。如果狼来了，阿婆就把它宰了给宝宝煮肉吃。"

饿狼一听，吓得魂飞魄散，赶紧玩儿命似的往回跑。半路上，一只狐狸看见饿狼的慌张样儿感觉很奇怪，于是便问它发生了什么事。

"别提了，"饿狼惊魂未定地说道，"那边农家的老太婆说话不算数，害我饿了半天不说，反过来还要杀我煮肉吃。幸好我跑得快，不然早就成了她锅里的晚餐了。"

大道理

别人信口开河，你就信以为真，这相当于把自己的命运交给别人把握。坚持主见、稳住阵脚，你才能保证自己正常的生活秩序不被打扰。

---

22. 一句话的价值

皮尔·保罗是一所贫民窟小学的校长。

相对于出身富贵却迷惘的白人孩子，这些出身穷苦的黑人小孩似乎更加无所事事，旷课、斗殴几乎是他们学习生活的全部。有时，一些学生甚至会砸烂学校的黑板，弄得老师连课也没法上。为此，保罗校长一直头疼不已。

某天，他经过一间教室时，一个名叫罗杰的小家伙正要从窗台上跳下来。看见校长经过，小罗杰吃惊之下一下子从窗台上掉了下来。保罗一看，赶紧伸手把他接住。当孩子黑黑的小手在他的大手里发抖时，他忽然灵机一动说了这么一句："一看你这根修长的小拇指我就知道，你将来是纽约州的州长。"然后，他就冲着瞪大眼睛愣在原地的罗杰笑了笑，转身走开了。

这是一件小事，所以保罗校长没过几天就忘记了。如果不是几十年后的那则新闻，他恐怕永远不会再想起这件事来。

那是 40 多年后的一个下午，已经白发苍苍的保罗正在关注纽约州州长竞选的最新消息。刚刚竞选成功的罗杰·罗尔斯州长正在接受记者的采访。当记者问到他的过去时，这位新州长对自己的奋斗史只字不提，而只是说出了一个大家都非常陌生的名字——皮尔·保罗。他讲了小时候的那件事，然后他说道："40 多年来，我没有一天忘记过这件事，'纽约州州长'这几个字就像一面旗帜，无时无刻不在我的心中飘扬着，它不但激励着我前进，还激励着我时刻用州长的身份要求自己。终于，在今年我已经 51 岁时，我成功了……我知道，像我这样出身糟糕的黑人孩子，很少能够有人获得一份体面的工作，但今天，我非常欣慰地看到了我多年努力的结果……"

面对着这位纽约历史上第一位黑人州长，双鬓花白的老校长保罗流下了眼泪。

大道理

命运的转折点并不总是惊心动魄的大事情，一句涤荡灵魂的话、一个表示关心的动作都可能促成一个人的转变。既然如此，我们何必吝惜自己出于善意的一言一行？

23. 自杀的优秀者

松下电器正在招收一批基层管理人员。经过笔试和面试双重考核后，几百位报名者只剩下了十位优胜者，其中一位叫神田三郎的优秀青年给老板松下幸之助留下了深刻印象。神田三郎才华突出、口才一流而且品貌俱佳，真可谓是十位优胜者中的优胜者。

第三天，当助手把录取名单送到松下幸之助的办公室时，松下意外地发现"神田三郎"竟然并没有在名单之内。

"为什么没有那个叫神田三郎的小伙子呢？我看他很不错啊。"松下问助手。

助手一愣，立刻回到办公桌前去查。哦，原来是电脑出了故障，把录用者的名字跟分数排错了。按照老板的指示，助手马上给神田三郎下发了录用通知书。

不想一天、两天……一周时间过去了，神田三郎始终没有来报到。怎么回事？难道松下公司不符合他的要求吗？多少感觉有些不可思议的松下派助手亲去请。

下午时分，助手回来了，他带来了一个惊人的消息：由于未能被松下公司录用，踌躇满志的神田三郎经不起打击，已于一周以前跳楼自杀了。

听到这个消息，松下立刻陷入了沉默之中。为了缓和气氛，助手轻声说道："真是可惜啊！如此才华出众的青年，我们竟然没有录用他。"

"不！"松下立刻否定道，"你应该说：幸亏我们公司没有录用他！如此不坚强的人，我们能指望他干什么呢？"

大道理

真正的强者不是屡战屡胜者，而是屡败屡战者。任何人的一生都难免遭受挫折打击，意志薄弱之人，非但干不成大事，还有可能成为别人的累赘。

---

24. 一个墓志铭能带来什么

第二次世界大战时期，英国小说家西雪尔·罗伯斯到郊外的一处墓地拜祭一位英年早逝的朋友。拜祭完毕之后，罗伯斯正转身欲走，忽然瞥见朋友墓碑旁边有一块新立的墓碑，上面有一句这样的墓志铭：

全世界的黑暗也不能使一支小蜡烛失去光辉！

立刻，罗伯斯感觉到了一种莫名的震撼，只见他迅速从衣兜里掏出钢笔，把这句话抄了下来。

"这到底是哪部书上的呢？还是哪位名家的名言？"回到办公室之后，罗伯斯一边自言自语着，一边逐册逐页地翻阅着书籍，显然，他是想找出这句话的出处。可惜的是，找了许久，他依然未能找到。

第二天，罗伯斯又回到了墓地，他从墓地管理员那里得知：长眠于那个墓碑之下的是一名年仅10岁的小男孩，前几天，当德军空袭伦敦时，男孩不幸被炸弹炸死了。鉴于他生前的热情明朗、积极乐观，也为了表达自身奋斗不息、誓死保卫国家的志向，当地的人们为他立下了这块墓碑。

听完管理员的解释，罗伯斯再一次被深深地感动了。很快，一篇感人至深的文章便面世了。文章中所写的故事迅速流传开来，犹如希望的火种一般，时刻鼓舞着人们为胜利而战、为国家而战。

许多年后，还在读大学的布雷克于偶然之间读到了这篇文章，志向远大的他也立刻被感动了。于是大学毕业后，他放弃了几家企业的高薪聘请，毅然决定随同一个科技普及小组去非洲扶贫。当时，布雷克的这一决定遭到了家人的强烈反对。他的父母软硬兼施，想尽一切办法阻止儿子的远行。可是最终，布雷克还是以一句话坚定地拒绝了亲朋好友们的好意，他说："如果黑暗笼罩了我，我绝不害怕，我会点亮自己的蜡烛。"

就这样，布雷克踏上了非洲扶贫之路，为第三世界的和平与发展添上了一笔壮丽的墨彩。

这仅仅是我们所知道的两个小故事，而未曾流传开来的、被那句话或者那篇文章感动，以至于做出影响一生的重大决定的人，又会有多少呢？

大道理

蜡烛虽纤弱，却能燃烧自己散射出熠熠之火，全世界的黑暗也不能使它失去光辉；个人虽渺小，一旦点亮心烛，也必能驱走眼前的黑暗。如果时刻都能走好脚下的路，走好一生还会困难吗？

25. 信念的力量

美国成功学大师拿破仑·希尔的小儿子一生下来就没有双耳，也就是说，这个孩子将终生无法听到声音，因而也无法学会说话。但一直向别人灌输"成功信念"的拿破仑就是不信这个邪，他不愿意放弃，他相信信念的力量。因此，当婴儿还在襁褓中时，他便每夜都在儿子双耳的位置不断地激励他，告诉他：你是最棒的，是宇宙当中别出心裁、独一无二的。不管孩子能否听得见，作为父亲，作为成功学大师，拿破仑·希尔一直都在为儿子输入正面积极的信念与讯息。除此之外，他还要求全家人都不要拿这个孩子当残障者看待，而应该用一切对待正常人的态度来与他相处。

到了儿子上小学时，拿破仑·希尔又力排众议，不让他进入特殊教育班级，而是坚持让他与普通的小朋友共同学习。

可想而知，拿破仑·希尔的一意孤行给这个孩子带来了多少学习和生活上的困难。为了克服这种种不可能克服的障碍，他每天都不间断地陪伴着孩子复习功课，磨炼着孩子"听"、说的能力。多年之后，他的耐心和信念终于迎来了不可思议的曙光——孩子居然克服了种种困难，能够顺利地听课、学习和与人交流了。最后，这个身残志坚的男孩还考上了大学。

大道理

正确的信念能引导出正确的行动，正确的行动能带来最后的成功，生活就是这么简单。因此，如果不断为自己或他人输入正面的、积极的信息，世界上便不会再有"不可能"。

26. 盲人如何跳伞

今天是星期天，天气十分晴朗，这十几个穿戴整齐的人正站在机场上等待迎接跳伞挑战。忽然，在一只导盲犬的引领下，一位盲人也背着降落伞走来了。

"你也是来参加跳伞训练的吗？"有人小心地问道。

"是的！"盲人以洪亮的声音答道。

"呵——"人们顿时发出了一声轻轻的惊呼。

"我知道，你们是在想我一个瞎子怎么跳伞吧？"盲人很开朗地大笑道，看起来他一点也不觉得"看不见"是一件烦恼的事。

"是啊是啊，你怎么跳啊？"看到盲人如此爽朗，众人立刻七嘴八舌地问了起来。

"那有什么困难的，我跟你们一样就行了啊。"盲人以一副"理所当然"的口气说道。

"可是，你怎么知道什么时候开始跳呢？"有人问。

"哈哈，我虽然看不见，可是我能听见啊！开始跳伞的警告广播一响起，我就抱着我的导盲犬跟你们一起排队往下跳呗。"盲人答。

"那……你怎么知道什么时候该拉开降落伞呢？"又有人问。

"教练不是说了吗？从跳下的一刻开始数，数到'5'时拉开就可以了啊。"盲人答。

"但是，落地的时候呢？你怎么知道何时落地啊？那可是跳伞最危险的一刻。"还有一人问。

"这个更简单，当我的导盲犬吓得歇斯底里地乱叫，同时我手中的绳索变轻时，我就做好标准的落地动作，一切不就都解决了吗？"

众人你看我，我看你，全都哑口无言了。那天的挑战完毕后，教练对大家说："在这次训练中，动作最标准、最从容不迫，因此得分最高的人，是张荣。"

"张荣是谁？"大家不约而同地问。

"他。"教练指了指年轻的盲人说。

大道理

那些看起来无法克服的障碍，往往是虚张声势的假象；最难以突破的局限，永远在我们的心里。战胜"我不能"的潜意识，任何人都可以做到无往不胜。

27. 唯一的法宝

在远征波斯之前，亚历山大大帝决定"破釜沉舟"——他投入了全部，把所有的财产都分给了臣下。所以，当必须购买种种军需品和粮食时，身无分文的他宣布轻松上阵，让士兵们什么都别想而只是立刻上路。

这可怎么办？将士们面面相觑、议论纷纷。

一位叫庞尔狄迦斯的大臣忍不住站出来问道："陛下，如此漫长的征途，您难道不应该带点什么启程吗？"

"我已经带好了。"亚历山大目光坚毅地直视着前方说道。

"已经带好了？"群臣大惑不解地重复着，然后禁不住异口同声地问了出来，"是什么？"

"我带了一个举世无双的法宝，它的名字叫'希望'！"亚历山大回答道。

听到这句话，庞尔狄迦斯大为震撼，只见他立刻说道："那么，请允许我们也来分享它吧！"然后，他便宣布拒绝皇帝分给他的财产。紧接着，在场的许多大臣都效仿了庞尔狄迦斯的做法。

带着"希望"法宝远征的亚历山大大帝，不久之后便成功征服了希腊那片神奇的土地，给希腊以及东方世界带来了文化的融合。

大道理

希望是力量之源，无坚不摧；希望也是成功的首要因素，攻无不克。无论何时都满怀希望并且积极行动，成功必然会离我们越来越近。

28. 1 美元的别墅

某天，彼特从《大众报》看到一则售房广告："1 美元购买一幢豪华别墅，有意者请到××大街××号找罗丝夫人联系。"

彼特被这个笑话逗得乐了起来。"上帝也不敢开这样的玩笑!"他自言自语道,"今天又不是愚人节!"然后他又突然想到:没准儿这是个犯罪团伙,把人吸引到那里去以后伺机诈骗或勒索。可是这骗子也太傻了点,谁会相信这种鬼话呢?这样想着,彼特便摇摇头把报纸扔到了一边。

一周以后,彼特的好朋友杰瑞打来电话,请他过去帮忙搬家。

"哦?你买新房子了?"彼特很惊讶地问道,心想对方可只是位不起眼的小公司职员啊。

"是啊,这一定是上帝派天使送给我的礼物。"杰瑞在那头兴高采烈地说道。

"为什么要这么说呢?"彼特奇怪地反问道。

"你不知道,这幢200多平方米的复式别墅我只花了1美元!"杰瑞的声音从那端传了过来,"我是从昨天的《大众报》上看到这个消息的,看到后我立刻驱车去了那里。我开始还以为那位美丽的夫人是开玩笑呢,没想到竟然是真的!她说这幢房子本来是她丈夫在遗言中留给情妇的财产,不过把拍卖权留给了她。因为她恨那个女人,所以就把这幢带小花园的豪华别墅以一美元出售了。哈哈,你说我是不是太幸运了,啊?"

……

"喂?喂?彼特你在听吗?"杰瑞听这头半天没反应,赶紧问道。

"我——在——听,"彼特以非常奇怪的语调一字一顿地说道,"只是我想告诉你,这个消息我一周以前就看到了!"

杰瑞听完这速度极快的后半句话之后,接着就听到了"咣"的一声,不知道是彼特把电话摔了还是自己晕倒在了地上。

大道理

世界之大，什么事情都有可能发生。如果根本不相信有奇迹，你当然更不可能创造或收获奇迹。改变这一点的方法其实很简单：试试再说。

29. 成败实验

某教授带领他的 10 名学生进入一间漆黑无比的小房子，然后告诉大家："今天，我们要在这间房子里做一个实验。首先，请在我的引导下走到房间的那一边。"

说完，教授便拉起了排头学生的手，然后小心翼翼地向前走去，后面的学生也一个拉一个，依次走了过去。等大家都成功到达房间的另一侧之后，教授打开了房间的一盏灯。顿时，所有人都倒吸了一口冷气，几个胆小的学生更是吓得叫了起来。原来，这间房子的地面居然是一个大坑，坑里养着无数条形态各异的毒蛇，一条条目光如炬，有些还时不时向坑外的人吐着信子。大坑上方搭着一座扁扁的独木桥，刚才他们就是从这座独木桥上走过来的。

"现在，你们当中有谁愿意再走一遍？"教授转身问学生。没有人回答。过了很久，有两个胆大的站了出来。第一个小心翼翼地走了过去，速度比第一次慢了许多。随后，第二个也颤颤巍巍地踏上了独木桥，但走到一半时深感恐惧，最后，不得不趴在小桥上爬了过去。

两人都到达对面之后，教授又打开了房内的另外几盏灯，灯光把房间照得如同白昼。直到这时，学生们才发现：独木桥的下方装有一张非常细密的安全网，只是由于网线颜色极浅，他们才没看见。

"现在，又有哪位愿意再通过一次这座小木桥呢？"教授又问道。

没过多久，3 个人便站了出来。

"你们呢？"教授问剩下的 5 个人，"你们为什么还不愿意呢？"

"这张网能确保我们的安全吗？"那几个人异口同声地问。

大道理

失败，固然与能力不足、力量薄弱不无关系，但首要的原因多为信心不足，以至于还没有上场，就因为内心的恐惧或顾虑败下阵来。

30. 勇气制胜

年轻人在这家大公司里工作已经有一段时间了。虽然他很努力，上司也认为他很不错，但他很想知道公司对自己的真正评价，于是，他偷偷给公司总裁写了一封信。

在信中，他描绘了自己现在所做的工作，并把自己的成绩也做了比较详细的陈述。然后，他问了总裁几个问题，其中最重要的一个是："我能否在更重要的位置上干更重要的工作？"

寄出这封信之后没多久，年轻人就把这件事忘得一干二净了，因为他觉得，总裁是肯定不会理睬他这种小角色的。

哪知几天后，他竟然意外地收到了公司总裁的回信。在信中，总裁对他提出的几个问题进行了回答，最后还说："公司正准备建一个新厂，就由你来负责监督新厂的机器安装吧。"然后，几张关于机器安装的图纸从信封里掉了出来。

他并没有学过这方面的知识，也不曾有过任何相关的训练，但总裁却要求他在短时间内完成任务，这分明是在为难他嘛。可想到这其实也是一个难得的机会，他便真的投入到了对图纸的研究中，遇到不懂的问题他就向有关人员虚心请教。结果，身为门外汉的他，最终居然很出色地完成了任务。

当他应总裁之召，兴冲冲来到那间豪华的大办公室时，总裁正微笑着等待他的到来。只听总裁对他说："现在，我正式聘任你为新厂的总经理。你的年薪，将会比原来提高 10 倍。"

他听呆了，忙问原因。

总裁解释说："据我所知，你原本对那张图纸一无所知……不想你却具备如此快速接受新知识的能力，而且还有相当出色的领导才能。其实，当你在信中向我要求更重要的职位和更高的薪水时，我就发现你的与众不同了。你是一个很有勇气的年轻人，而新公司正打算物色一位这样的总经理，所以，你是最好的人选，我祝你好运。"

大道理

有勇气的人，心中才会充满信念；有信念的人，行动起来才会有动力。很多时候，我们之所以不能成功，并不是因为缺乏才能和机遇，而是因为缺乏大胆尝试的勇气。

31. 等待的考验

这 3 个人都是大好人，因为他们做了许多善事，先知决定给他们每人一个发财的好机会。

先知是这样告诉这 3 个人的："沙漠的深处有一个地方埋藏着宝藏，你们去等吧。等到第九九八十一天时，宝藏会自动从地下长出来。"

三人一听，喜出望外，立刻朝沙漠奔去。

那个做善事最多的人首先来到了沙漠里。当来到先知所预告的地点时，他发现那里除了一片黄沙和一眼泉水之外，什么都没有。一天之后，喜欢与人交流的他感觉有些寂寞。三天之后，他开始孤独地唱歌给自己听。一个星期之后，他开始有些恼怒地自言自语起来。两个星期之后，他的自言自语已经变成了抱怨。最后，一个月还未满，他便大吼大叫着从沙漠里跑了出来，边跑边大喊道："这简直就是要命！我受不了了！"

第二个到达沙漠的人是做善事较多的那位。他很聪明，知道这么长时间自己一定会感觉寂寞难耐，所以随身带了许多书籍和信件。一到达先知所说的地点，他便开始埋头读书、读信，并强迫自己不去想已经过了多少天。很快，他带来的书和信读完了，可是宝藏还没有长出来。没办法，他只好又读了一遍。谁知一直等到读完第三遍时，宝藏依然无影无踪。终于，这个人也烦了。他疯了似的诅咒着这无聊的生活，然后便宣布放弃了。

最后一个，也就是 3 个人当中做善事最少的那一位来了。和第一个人一样，他也什么都没带，一到达目的地，看了看周围便坐了下来。然后，他开始设想奇迹出现会是什么样子，他穷尽自己的想象力，把宝藏形成、生长、出现的过程都想了个遍。第一个月在他无休止的想象中慢悠悠地过去了。想够了宝藏之后，他又开始想自己从小到大的人生历程，童年、少年、青年、中年，每一件小事他都试图想起来，并用语言描述出其详细的情节来。无数次心花怒放和无数次痛心疾首之后，第二个月也过去了。这时，他已经忘记了时间，而是完全沉浸在了对人生真谛、喜怒哀乐的感悟之中。正当他准备再回忆一遍自己的人生时，沙漠忽然开裂，宝藏涌了出来。

大道理

成功路上难免遇到种种困境，要想安全度过，我们必须付出耐心。如果一个人没有耐心去等待成功的到来，那他就只好用一生的耐心去面对永远的失败。

32. 杂技高手

他是一名杂技高手。那次，他表演的是在两座山之间的一条钢丝上行走，这场演出吸引了成千上万的观众。

演出开始，他走到悬于山间的钢丝的一端，眼睛注视着前方的目标，伸开双臂，慢慢地、一步一步地走到了对面的山上。顿时，围观的观众给予了热烈的掌声和欢呼声。

"如果把我的手绑上，你们还相信我能走过去吗？"他问观众。

其实，有些人是不相信的，但为了知道结果，他们还是大声起哄道："我们相信你。"于是，他让工作人员用绳子绑住他的双手，然后从容地走了过去。

他又环视了一遍所有的观众道："如果绑住我的双手，再把我的眼睛蒙上，你们还相信我能走过去吗？"这次人们连犹豫都没有犹豫便脱口而出："我们相信你。"

就这样，工作人员用一块黑布蒙住了他的眼睛。只见他用脚慢慢地摸索到钢丝上，一点一点地往前挪着。这次，他又走过去了。

全场人欢呼起来。

接着，他拉过了一个孩子，问所有的人道："如果把他放到我的肩膀上，同样还是绑住双手蒙住眼睛，你们还相信我能走过去吗？"

所有的人想都没想便回答道："我们相信你。"

"真的相信我吗？"他反问观众。

"真的相信你。"观众异口同声。

"我再问一次，你们真的相信我吗？"

"相信，绝对相信你！"

于是他扫视了一下全场说："那好，既然你们都这么相信我，那就用你们的孩子换下我的这个孩子吧，有谁愿意？"杂技高手说。

一下子，全场鸦雀无声，再也没有谁说话了。这种尴尬的寂静整整持续了10分钟。

10分钟之后，杂技高手什么也没说，只是把孩子架在脖子上，沿着钢丝走了过去。当然，这次他还是成功了。

> **大道理**
>
> 面临与自己利益无关的事情时，人们往往能轻松而迅速地做出判断，而一旦陷入其中，多数人都会"当局者迷"。只有那些真正自信的人，才会在任何时候都清醒自如。

33. 儿子的"先见之明"

这座小城的中心设有美食一条街，街上有很多卖小吃的人。他摆的是一个炸臭豆腐干的摊子，因为做得好，很多人都喜欢吃他炸的臭豆腐，所以他的收入一直很不错。

快过年时，上大学的儿子放假回家了。一来到父亲的摊前，儿子便被摊子上摆着的一摞一摞的臭豆腐震住了。只听他吃惊地问父亲道："爸爸，现在经济这么不景气，你批发这么多的臭豆腐干吗？如果卖不掉的话，那可真的要成臭豆腐了。"

不识几个大字，又从来没有关心过什么经济、政治的父亲一听，立刻琢磨了起来：儿子说的有道理呀，要是卖不掉那可怎么办啊？嗯，还是读过书的人眼光长远，看来自己辛辛苦苦地供他上大学真没有白费。

于是，从第二天开始，这位父亲便减少了臭豆腐的进货量。随后，他的吆喝声也变小了，炸豆腐干的心思也分散了，连对客人的态度也开始变得不耐烦了。

一段时间之后，果真像儿子所预言的那样，摊前吃臭豆腐的人越来越少，他的收入也越来越少，于是他摇头长叹道："唉，读书跟不读书就是不一样，还是儿子有先见之明啊！"

"嘀咕什么呢你？"不远处一个同行问他。

"我在说'经济'问题呢。"他有点得意地回答道。接着，他便把当前经济形势正在走下坡路，所以臭豆腐生意会受到影响这件"大事"分析了一遍。当然，那全是他自己的理解。

"我怎么没感觉呢？"他刚说完，同行便反问道，"好像没有啥影响吧？你不知道最近一段时间我的生意越来越好了，现在我每天的进货量都比以前多一倍呢。"

"多一倍？"他吃惊地睁大了眼睛，"你就不怕卖不掉吗？"

"卖不掉？"同伴摸了摸后脑勺，"这我倒没想过，我光琢磨怎么卖掉了。"

大道理

做事的结果往往与你最初的意念相符。如果你觉得自己可能会失败，那么你就必然会失败；只有一直充满信心的人，成功的机会才会不断增大。

第四章

苦难与机遇

　　人生在世，总会遭受不同程度的苦难，世上并无绝对的幸运儿。同样，人的一生也会遇到各种机遇。也许，困难中还会蕴含着机遇，机遇中隐藏着苦难。任何人，想要从苦难和机遇中获得人生启迪，都不会缺少机会和材料。

1. 帕格尼尼的一生

凡是对音乐稍有了解的人，就不会不知道天才小提琴家帕格尼尼的名字。这四个字常常与"伟大""超级""顶尖"等字眼并列在一起。

12岁那年，帕格尼尼便举办了首次个人音乐会，用他的琴声征服了在场的所有人。一时间，他的名字响彻了整个意大利。在随后的几十年中，他不断创作出震惊世人的天籁之音，如《随想曲》《无穷动》《水妖舞》等，最有名的6部小提琴协奏曲更是让他的名字传播到了世界的各个角落。

但是外人看到的只是帕格尼尼的成就，无人知晓他的痛苦。4岁那年，他得了麻疹和强制性昏厥症。7岁那年，他又患上了严重肺炎……46岁时，由于牙齿化脓，牙医不得不拔掉他所有的牙齿。47岁，他得了眼疾。50岁之后，关节炎、肠道炎、喉结核等不断向他袭来，最后他几乎丧失了说话能力。58岁时，严重的肺结核终于要了他的命，而临终时，只有14岁的儿子阿奇勒陪伴着他。

这位伟大的"操琴弓的魔术师"、能够"在琴上展示火一样的灵魂"的天才，就这样在痛苦中度过了他短暂的一生。临终之前，上苍还让他饱尝了孤独的滋味。

> **大道理**
>
> 不幸犹如空气，是人世间最常见的一种元素，但它既可以把人刺伤，也可以为人所用，关键就在于你选择握住刀刃还是刀柄。

2. 老鹰重生

一只刚练硬翅膀的小鹰兴奋地飞到了悬崖顶上，在那里，它看到了一个鹰巢。鹰巢前，有只已经很老的鹰正在费力地拔着自己的指甲，弄得两只爪子血淋淋的。

"天哪，老鹰前辈，你这是怎么了？是受伤了吗？"小鹰急忙上前问道。

老鹰停了下来："没有，我在重生。"

"重生？"小鹰的眼睛里闪过一丝迷惑。

"是啊，孩子，你可能还不知道吧，在鸟类中，我们鹰可谓是长寿之王。据说，年龄最大的鹰前辈可以活到 70 岁。可是活那么久，40 岁时，我们必须做出一个十分艰难却又极为重要的决定。"

要想

"什么决定？你快说。"小鹰急切地问道。

"是等死，还是更新自己。"老鹰沉沉地回答道，"40 岁时，我们的爪子就已经老化了，无法再有效地抓住猎物；而我们的喙也会变得又长又弯，几乎碰到胸膛，不再像以前那么尖锐；还有翅膀，也会因为羽毛太浓太厚而变得非常沉重，再不能支撑我们自由地飞翔。这时候，我们只能在等死和更新自己中选择一样。"

"那你现在选择的，就是后者了？"小鹰略有疑惑地问道。

"是的，我选择了更新自己，虽然这个过程非常痛苦，而且要历经 150 天漫长的操练。"老鹰很坚定地答道。

"150 天？要那么久？！"小鹰吃惊地问道。

"是啊，我们首先要很努力地飞到山顶，在悬崖上筑巢，以便保证自己的安全。然后便要停留在巢附近，不得飞翔。接下来要做的首先是用喙击打岩石，以让它们完全脱落，而后再静静地等候长出新的喙来。第二步是用新长出的喙把老化的指甲一根一根地拔出来。第三步是等新的指甲长出来后，再把羽毛一根一根地拔掉。等到这些工作全都做完时，你就必须等待羽毛生长了——大概 5 个月之后，我们便又可以恢复原来勇猛无比的样子，继续翱翔于蓝天了。"老鹰说道。

大道理

人活一世，总有面对艰难选择的时刻。怀有自我更新的勇气与再生的决心，把旧的习惯与传统抛弃掉，新的机会与技能才可能发展起来。

3. 废墟上的宣言

1912 年的一天，世界发明大王爱迪生正在工作室里为无声电影试制镍铁电池，一不小心，引发了火灾。熊熊的大火很快就无法控制了，实验室渐渐被烧成了一片瓦砾。虽然200万美元的损失算不得什么，但爱迪生研究有声电影的所有资料和样板也都被烧成了灰烬，几乎一生的心血都因此付之一炬了。

爱迪生的儿子查里斯为自己的父亲在实验室里抢救那些宝贵的研究成果，担心得不得了。但是当一圈又一圈地寻找之后仍然没什么结果时，查里斯却意外地听到了父亲的呼唤。只见他站在浓烟和废墟里，声调极其平静地说道："查里斯，快把你的母亲找来，这样的大火，百年难得一见，不看一看太可惜了。"

当看到现场的狼藉之后，爱迪生的老伴难过地哭了起来。没想到这时候爱迪生依然非常平静地说道："灾难自有灾难的价值，我所有的谬误和过失都被大火烧得一干二净了。"然后他高高地举起双手宣言道："我又可以重新开始了。"

第二天，他就召集职工宣布："我们重建！"新的实验室很快就建起来了。而这场大火，显然激发了爱迪生更旺盛的斗志。三个月之后，他便推出了人类历史上的第一部留声机。

大道理

如果灾难不能把人打倒，那么它就会助人成功，因此幸与不幸总会紧密相连。至于你能得到什么，就看你是否坚持站着。

4. 优势的产物

三个伙伴外出旅游时同住一家旅店。因为天气不是很好，所以他们出门时一个人带了伞，一个人拿了拐杖，还有一个人什么都没带。

刚出门不久，天空中便下起了瓢泼大雨，一直快到傍晚时，雨才停了下来。于是带伞的人想，拿拐杖的人一定淋湿了但没摔跤，什么都没带的人一定不但淋湿了还摔得满身是泥。带拐杖的人想，带伞的人一定摔跤了但没淋湿，什么都没带的人一定淋湿了也摔了跤。而什么都没带的人想，他们肯定都没事。

结果，三个人都猜错了：带伞的人淋了满身湿，带拐杖的人摔了满身泥，什么都没带的人反倒既没摔着也没淋着。这是怎么回事呢？

带伞的人说："因为有伞，所以我放心地在雨里走，结果衣服反倒被淋湿了；因为没拐杖，每走一步我都十分小心，所以没摔着。"

带拐杖的人说："因为没伞，我专挑能躲雨的地方走，所以没淋着；因为有拐杖，我没注意脚下，所以摔跤了。"

而什么都没带的人说："我专拣能躲雨的地方走，而且非常注意脚下，所以既没淋着也没摔着。"

这个故事讲得不正是人生中的顺境和逆境吗？

5. 价值不变

这是一次很特别的演讲，场中的一个镜头震撼了每一个人，足够他们用一生去记忆，尤其当他们遭遇挫折艰难时。

据说，这位演说家经历过无数磨难，当人们问起他是怎么走过来的时候，他伸手从兜里掏出了 100 块钱，环顾了一下在场的观众后问道："我想把这 100 块钱送给你们当中的某一位，有谁想要？"

下面的观众一下子都举起了手。

演说家把那一百块钱揉了揉，攥成一团，又问道："现在有谁还想要？"

观众们再一次举起了手，看样子，人数一点也没变。

这时候，演说家把那个钱团扔在地上，使劲儿踩了一脚，然后捡起来问："现在呢？还有谁想要？"

观众依然高高地举着手。

接下来，演说家说了一段意味深长的话："我知道，无论我怎么对待这张钞票，只要它还能花得出去，举手的人就不会少。因为，虽然它皱了、脏了，价值却一点不变，还是 100 块钱。我们人不也一样吗？无论挫折还是灾难，都只会改变我们的表面，而不会改变我们的实质。只要你能挺得住，不趴下，你就还是你，你的价值就永远不会变。"

场内立刻响起了热烈的掌声。

大道理

决定你价值的，是你自己而非周围环境，岁月和遭遇只会影响人的表面。无论遭遇什么，只要内心坚定不移，生命价值就不会改变。

6. 趴着比坐着高

约翰真是不幸极了，他出生时比正常的婴儿小好几倍，而且两腿畸形，根本无法站立。妇产医生当时就断言，这个孩子活不过半年。但是约翰不但活了下来，还活得快乐开朗。只不过，他站不起来，只能趴在滑板上走路。

很明显，像他这样的孩子是需要去残疾学校就读的。可是约翰的父亲偏偏不听这一套，他很固执地把约翰送入了普通的学校。

确实，对约翰这种"不同寻常"的孩子来说，外面的世界是残酷的。他不能像正常人那样被亲人照顾，也无法和正常人一样去自由活动，哪怕一件小事，他都要付出比别人多几倍的工夫来完成。但是好在他是个坚强的孩子，他一直咬着牙坚持着，渡过了一个又一个难关。

大学毕业后，由于找工作处处碰壁，约翰便走上了文学创作之路。这样一来，他的故事便在当地迅速流传开了，各种机构、学校纷纷请他前去演讲。为了让听讲的人看到他，他不得不请人帮忙把他抱到讲桌上去。这时候，他总会努力直起尚能自由活动的上身幽默一下："你们看，虽然我趴着，却比坐着演讲的人还高。"而下面的听众，也总会因此而热泪盈眶。

大道理

不管基点如何，只要精神不倒，生命高度便不会低。记住：除了自己，没有任何人、任何苦难或者武器能够打倒一个人。只要你奋斗不息，你便能超越原本的生命高度。

7. 挫折的意义

由于整天吊儿郎当，男孩被挡在了大学的门槛之外。后来，他参了军。从部队退伍后，他找了家印刷厂做送货员。

某天，他去给一所大学的某教研室送书，不想在乘电梯时遇到了麻烦。由于普通电梯正在暂停修理，他准备从贵宾电梯上去。但当他在电梯口等待时，一位保安走过来请他走人："这贵宾电梯是专门给教授、老师搭乘的，其他人一律不准乘坐。请你走楼梯！"

男孩一听，立即向保安解释："我不是学生，我是来送书的。"

保安瞥了一眼他那脏兮兮的工作服说："那更不行了，瞧你这身衣服，会把我们的贵宾电梯弄脏的。"

他几乎火了似的冲保安吼道："我要送一整车书去九楼，一共有六七十包，如果爬楼梯的话，我累死也送不完！"

没想到保安不但无动于衷，还略带嘲讽地回复道："那是你的事，管电梯是我的事。你既不是教授也不是老师，甚至连个大学生都不是，我就是不准你搭乘这架电梯。"

就这样，两个人你一言我一句，吵了有将近一刻钟。最后，男孩一气之下把所有的书都堆在了教学楼的大厅里，然后头也不回地走了。

后来，虽然印刷厂老板谅解了他的行为，但他却再也不肯待下去了。他选择了辞职，并立即购买了全套的高中教材和参考书，他咬牙发誓：一定要考上大学、考上研究生，一直考到那所大学里去做老师，每天都搭乘那架电梯上上下下，看那个保安还敢不敢瞧不起他！

10年后，已经不再年轻的他终于实现了自己的梦想，但奚落那位保安的心思却再也没有了，取而代之的是一份深深的感激——如果没有他当年的无理刁难与歧视，我怎么会有今天呢？如此看来，他不正是自己一生的恩人吗？他想。

大道理

生命中的每次挫折、伤痛与打击，都必有其深意。如果运用得当，你早晚会明白，它们是命运送给我们最好的礼物，是成就我们人生的重要因素。

8. 坚硬的木结

虽然生在深山，长在深山，从小到大没有见过什么世面，但在别人眼中，他却是最幸福的——因为是独生子，所以一直被父母视为宝贝；因为学习非常好，所以一直被老师看重，同学嫉妒；眼看着就要成为村里的第一个大学生，众乡亲们的羡慕眼光又来了……一切看起来都是那么完美。但是人这一生总有不如意的事吧，所以出乎意料地，次次考试名列第一的他高考却落榜了。他一下子从云端跌入了地狱……

看着整日萎靡不振的儿子，父亲一言不发地把他拉到村后的山上伐树。锯断一棵棵的大树之后，父亲便让他去清理那些枝枝杈杈，结果他手里的斧头陷在了一个木结处，好不容易才拔出来。

"爸爸，这个木结怎么这么硬，我的斧头刚才都卡住了。"他说。

"哦，因为那里受过伤。"父亲回答道。

"哦？"他有点发愣。

"树受了伤，就会在受伤的地方结成木结，这木结往往要比其他地方坚硬许多。"父亲顿了一顿又说，"人也一样，多摔几跤才能变得坚强。"

父亲的这句话如同闪电一般一下照亮了他的心，他顿时愣住了，自言自语地说道："我不能被这个木结卡住前进的脚步。"

大道理

苦难能让人更坚强。苦难从来都不会毫无意义，它或者毁灭人，或者成就人。至于你属于哪一类，就看你能否抬脚挣出苦难的限制。

9. 水果糖

20世纪60年代初，正是中国闹大饥荒的时期。那时候，村子里常会有人饿晕、病倒或饿死。阿强刚6岁的妹妹阿月就是在那个时候病倒的，因为穷，也因为村里根本就缺衣少药，一家人只能眼睁睁地看着阿月等死。

一天，一个远房亲戚来看病中的阿月，并带来了一袋在那时可谓罕见的水果糖。可是阿月已水米不进，根本吃不进任何东西了。母亲便把那袋糖拴起来，吊在堂屋的屋顶上。

从此，9岁的阿强就有了寄托，他常常抬头看着屋顶的袋子，一动不动。终于有一天，他趁父母都不在家，而妹妹又在昏迷中，搬只凳子够下几粒糖吃。再后来，这样的事经常重复起来。

秋天，苦挨了几个月的妹妹终于要走了，回光返照之际，妹妹想起了那袋水果糖。当母亲从屋顶摘下那个空空的袋子时，哭得背过了气去。

母亲的哭声震得他无处藏身，他发誓此生再也不让母亲流泪。后来，他参了军，考上了军校，成了军官。

现在，每逢过年过节回家，他总会捎回一个大包，如果问他是什么，他会说："是水果糖。"

而他自己，从那年以后，就再也没有吃过水果糖。

> **大道理**
>
> 苦与甜在某种情况下是可以互相转换的，只不过，相对于甜来说，那些苦涩的日子和疼痛的记忆更能催人向上。

10. 冬天不要砍树

冬天来了，院子里的几棵无花果树纷纷凋零进入了睡眠状态。

一个小男孩拉着父亲来到无花果树下，指着其中一棵说道："爸爸，就是它呀。"原来他在玩耍中发现这棵无花果树已经死掉了，遂告诉父亲把它砍掉。

父亲蹲下身去观察了一下，发现这棵树的树皮已经剥落，枝干也不再呈青灰色，而是完全枯黄了。他伸出手去碰了碰树上的一个细枝，只听"咔吧"一声，细枝便折断了。这时，他转头对儿子说道："也许它的确是死了，但我们最好还是等明年开春再砍它。因为，它也许正在养精蓄锐，冬天过去会继续萌芽抽枝呢。孩子你记住，冬天不要砍树。"

果然不出父亲所料，第二年春天，这棵无花果树竟然由黄转绿，重新萌发新芽。秋天时，它也和其他几棵一样硕果累累。原来，这棵树真正死去的只是几根枝杈，春天一到，它就又能枝繁叶茂、绿荫宜人了。

这件事在小男孩的心里留下了深刻的印象。随着年龄的增长，他越来越深刻地领悟到了其中的道理。而身为教师，往日学生们的成长经历也一次又一次地证明了他的感悟。比如，那个叫李倩的小女生，上小学时是个打死也不开口的"小哑巴"，可是十年后，她居然在某个大都市里做起了律师，听说还做得不错。再如那个门门功课都不及格的淘气包李涛，自费上了高中以后竟然奋发图强，成了那所高中有史以来的第一位考上清华的学生，后来，他又成功考过了托福。还有……

其实最不可思议的是自己，要知道，当他指着那棵死去的无花果树给父亲看时，还不到十岁的他，右腋窝底下已经架了一支拐杖。但是正因为父亲懂得"冬天不要砍树"的道理，才使他一直像个正常孩子一样生活着，并最终像正常人一样成了有用之材。

今天，当他再次站在课堂上给学生们讲这个小故事时，已经年过不惑的他总爱说："只要不轻易放弃，凡事都将有转机。"

大道理

只要你坚持到底，凡事都将有转机。面对困难与挫折，只要你坚强地挺过去，你就能重新见到光明。

11. 时运不济

王军真是倒霉透了。

考上高中那年，恰逢县一中涨学费，他一下子多拿了将近 300 块钱。这在别人眼里虽然不是什么大数，但对他那个四壁空空的家来说却是一个沉重的负担。

考上大学时，又正好赶上国家试行大学收费制，他要比上一届学生多掏 5000 多块。为了不失学，他只得一边打工一边读书。

好不容易挨过了四年，他还没毕业，国家就开始试行取消分配制，毕业后就失业的他好不容易才找到了工作。

勤勤恳恳地工作了半年之后，由于国家实施机关单位大裁员，他又下岗了。

为了活出个样子给笑话自己的人看，王军一狠心根据自己的专业做起花农来。没想到，他竟然因此一下子成了远近闻名的大明星——那种蓝色玫瑰花成了畅销各大城市的稀罕品种。一年下来，他光毛收入就将近 10 万元，比在原来那个机关单位挣得还多！

看来，"三十年河东，三十年河西"这句话说得真没错，但我们应该明白的是：由河东转到河西这个过程绝对不是等来的。如果怨天尤人、自甘堕落，你将永远不会再有奋起的机会。只有像王军这样，审时度势、奋斗不息，才有可能给自己开辟出一条通往罗马的宽广大道。

> **大道理**
>
> 俗话说"否极泰来"，如果你站的是人生的最低谷，只要抬脚，你就是在往高处走；但如果你躺下，那里就将成为你的坟墓。

12. 劣势与优势

不幸的小男孩在车祸中失去了左臂，成了残疾人，但是他很想学连健全人都很难学好的柔道。

四处求学之后，终于有位柔道大师接纳了他。可是在入学之后的 3 个月里，师傅却只肯反复地教小男孩一招。终于，小男孩忍不住问道："老师，这招我已经练了几个月了，是不是应该再学其他招数？"没想到老师立即摇了摇头："不，你只需要把这一招练好就够了。"小男孩感觉很委屈，但由于很相信师傅，他还是听话地继续练了下去。

3 年后，师傅带小男孩去参加比赛，看到对手又高大又强壮，瘦弱且残疾的小男孩很是害怕。这时师傅鼓励他道："不要怕，你一定会成功，师傅对你有信心。"但是不管怎么样，小男孩还是顾虑重重。

出乎人们意料的是，最后的冠军竟然真的是这个没有左臂而且只会一招的小男孩，这个结果让小男孩自己都很惊讶。

"这是为什么，老师？"小男孩问师傅。

看着他迷惑不解的样子，师傅解释道："有两个原因。一、这是柔道中最难的一招，你用了几年时间去练它，几乎已经完全掌握了它的要领。二、就我所知，对付这一招唯一的办法就是抓住你的左臂。"

大道理

劣势不一定在任何情况下都是劣势，尽可能扬长避短，或者创造机会变劣为优，我们便能够因为劣势脱颖而出。

---

13. 花生的寓意

一个胸怀大志的青年决定打拼出一片宽广的天地，可是命运似乎在跟他作对，让他接二连三地受到打击。看着自己的血汗一次又一次付诸东流，他都快崩溃了。

偶然一天，他见到了当地赫赫有名的智者，于是忙不迭地向他请教："大师，我一心想有所成就，可不知为何总是遭遇挫败，我就快无法承受了。请您告诉我，怎样才能成功呢？"

智者想了想，便从桌上拿起一粒花生递到他的手中："你现在就是这粒花生，你的手就相当于命运。"

青年听了，大惑不解地望着智者，只听智者接着说道："请你使劲儿捏一捏它。"

青年使劲一捏，花生壳碎掉了，露出了里面红红的花生仁。

"你再使劲儿揉揉它。"智者又吩咐道。

青年照做了，结果，花生仁的红皮被他捻掉了，露出了里面白白的果实。

"现在，请你再捏一捏它或者揉一揉它。"智者再次说道。

这回，无论青年怎么用力地捏或揉，都无法再毁坏那粒白色的种子了。

"看见了吗？屡遭挫折，内心却依然坚强，最终命运也无法再把你怎样。到那时，你还会不成功吗？"智者微笑着点题道。

青年蓦然醒悟了。

大道理

每个人都有弱点，而它们正是你成功的绊脚石。冷静乐观地面对种种遭遇，借此克服自身的种种缺憾，困难和苦难都能够克服。

---

14. 有裂缝的水罐

夜深了，主人放在墙角的两只水罐开始对话。

完好无损的那只水罐嘲笑另一只道："你和我同时来到主人家，我到现在还完完整整的，你看你，都满身裂缝了。"

身上有裂缝的那只水罐反驳道："这也不能怨我啊，是小主人不小心摔了我一下，我才变成这样的。"

完整的水罐又道："不管怎么说，反正我比你强。你看，每次劳动时，我都能把水从远远的小溪边满满地运回主人的家里，而你呢？每次到家就只剩下半罐水了。"

有裂缝的水罐被说得哑口无言，委屈地哭了起来。刚刚入睡的主人听见哭声，急忙起身寻找声音来源。找来找去，发现竟然是自己挑水用的罐子。于是他俯下身去问："小水罐，你怎么哭了。"

小水罐回答说："我很惭愧，很难过。"

主人问："你为什么会感到惭愧和难过呢？"

"因为在过去的两年中，每当你用我挑水时，水就会从我的裂缝里渗出，到家时只剩下半罐了。你尽了你自己的全力，我却没能让你得到足够的回报。"水罐答道。

听到这里，主人哈哈大笑起来："小水罐，你怎么会这么想呢？你知不知道，在我的心中，你与它是一样的，甚至比它还讨我喜欢。"主人一边说，一边用手指了指旁边那个完整的水罐。

这下，小水罐惊讶地睁大了眼睛："什么？不可能吧？请问这是为什么？"

主人起身从桌上拿来一瓶鲜花，让小水罐闻了闻，然后问它道："香不香？"

"香！"小水罐愉快地回答。

"可是如果没有你，它们就不会这么香。"主人说。

"因为我？"小水罐糊涂了。

"是啊，难道你没有注意到吗？在咱们从小溪运水到家的小路两旁，长满了各色的鲜花。那些鲜花，正是由于你漏掉的水才得以生长、盛开的啊。这两年来，我一直从路边摘花来装饰我的家，这不全是你的功劳吗？"主人笑眯眯地说道。

小水罐听了这番话，心里一下子充满了喜悦。

从此之后，每逢主人挑水，小水罐都会细心地观察着路旁的鲜花青草，感觉无比的自豪——虽然我并不健全，可是我照样有用！

大道理

世间万事万物都不会完美无缺，但"存在即为合理"，我们总有我们存在的理由与价值。把眼睛从自身的弱处转移开去，你就会发现，缺陷有时也是一种优势。

15. 幸运的不幸

在一次战争中，年轻人所在的战舰被敌军击沉了，全船战士遇难，但幸运的是，他活了下来。

他攀着一截枯木随波逐流，最后漂到了一个荒无人烟的孤岛上。在当时的他看来，流落到这个孤岛上其实和遇难并没有什么两样。在求生欲望的支持下，他采拾水果，并开始狩猎，过起了野人的生活。但不管怎么说，他毕竟活了下来。后来，他还建了一间能够遮风避雨的茅草屋。

不知不觉中，他已经在这个孤岛上过了五六年。他是多么希望能早日回到家人身边啊，可数年来，一直没有从这个岛边经过的船只。一直听天由命的他感觉越来越无望了。

一天，当他在那个茅草屋里煮食物时，一不小心引燃了茅屋。由于岛上的风很大，火借风势，不一会儿，他辛辛苦苦搭成的茅屋便付之一炬了。想想雨季马上就要来了，上天却把他的茅草屋夺去，难道他真的注定该命绝于此吗？

正当他绝望无助的时候，一艘路过此地的轮船出现了。原来，船上的人看到孤岛上的浓烟，便明白这个岛上肯定有落难的人，所以立即到小岛上查看。就这样，他得救了。

大道理

塞翁失马，焉知非福，幸与不幸并没有绝对的界限和区别。那些我们最难接受的苦难，时常会是上天的奇妙安排，所以，你无须为自己的任何不幸而怨天尤人，只需寻找对自己有利之处。

16. 莉蒂雅

莉蒂雅是意大利人，她出生在很久以前的庞贝古城。虽然自打出生就双目失明，但是莉蒂雅从来没有怨天尤人或者垂头丧气过。她非常热爱生活，对一切都充满了信心和希望。

稍稍长大一点后，她拒绝家人过分地呵护和别人出于同情而给予的帮助，坚持要像个正常人一样参加劳动，靠卖花自食其力。

几年后，维苏威火山大爆发，庞贝古城一下子陷入空前的灾难中，整座城市都被浓烟尘埃笼罩了。浓密的火山灰，遮住了太阳、月亮和星星，使整个大地一片漆黑。黑暗中，恐惧至极的居民惊慌失措地乱跑着，可是每个人都像走进了地狱一般，无论如何也找不到出路。

这时候，莉蒂雅出现了，她靠着自己多年来走街串巷卖花积累的经验，熟练地为大家指引着方向，并凭借自己异常灵敏的嗅觉与听觉引领大家避开各种危险。

最终，这位向来被大家认为"不中用"的盲女孩，拯救了成千上万的市民。后来，感激不已的市民们将她的名字写入了传记和小说中，并一直流传到现在。

大道理

没有永远的不幸，也没有永远的幸运，公平的上苍一直在遵守这个原则：为你关闭一扇门的同时，也为你开启一扇窗。

17. 老鼠父子

两只老鼠——鼠爸爸和它的儿子，一起掉进了一桶牛奶里。为了求生，它们拼命地挣扎着、游着，但游了好久还是看不到希望。

体力不支的鼠爸爸气喘吁吁地对儿子说："我不行了，我已经太累了，看样子是没希望了，我们还是等着被淹死吧。"

鼠儿子努力鼓励着老爸："不要，继续游，继续游啊！坚持住，奇迹一定会出现的，我们都要有信心。"

可是半个钟头后，鼠爸爸的动作还是慢了下来，最后，他停住了，任凭疲倦至极的身体向牛奶桶底沉去。而鼠儿子依然咬紧牙关坚持了下去，一小时、两小时……慢慢地，被搅拌个不停的牛奶形成了一个黄油球。再过一会儿，黄油球变硬了，鼠儿子将这个"球"当作平台，拼尽最后的力气使劲一跃，它竟然跳出了那个牛奶桶！

"幸好我多坚持了一会儿！"鼠儿子回头望望差点儿置自己于死地的牛奶桶，感慨万千地说。

> **大道理**
>
> 危机，就是"危险"加"机遇"，每一个危险的背后，都会跟随着某种机会。只要你愿意，任何一个障碍，都能成为你超越自我的契机。

18. "天使"男孩的感悟

一个患有先天性心脏病的小男孩，由于动手术时背上留下了一个好长的伤疤，他始终非常沮丧、烦恼，认为是老天在惩罚他。直到有一天，幼儿园的老师当着全班小朋友的面对他说："你一定是上帝派来的天使，你看你背上的伤痕，就是传说中天使翅膀的痕迹！"小男孩信以为真，才重新欢快起来。

出于对"自己曾经是天使"的信任，小男孩始终保持着他善良仁爱、宽宏大度的性情。长大后，他创办了当地第一家慈善协会。

固然，懂事以后，男孩不会再相信那个关于天使的传说，但是这句给了他无穷力量并改变他一生的话，他却始终不能忘记。并且，他体悟到了人生苦难的另一番境界：

上帝是个精明的生意人，每给我们一分天才，就会搭配以几倍于天才的苦难，所以，每个人都会或多或少地有所缺失。当遇到这些不如意时，最重要的不是怨天尤人或自暴自弃，而是找出一个合适的"理由"来自励自慰。比如，就像另一位老师说给一位因为天生双目失明而郁郁寡欢的孩子的话："每个人都是上帝咬过一口的苹果，因为我们太芬芳，所以上帝咬我们的一口大了些。"

19. 屋梁松

屋梁松因最适合做房屋的栋梁而得名，它是美国黄石公园分布最广的一种松树。这种松树有一个特点：它的松塔鳞片极为紧密，即便是被打落在地或者饱受狂风烈日的考验也不会张开。只有在一种情况下，这些鳞片才可能释放出种子，那就是在强烈的高温作用下。

想想看，如果你是一颗屋梁松的种子，当春暖花开，别的种子都在生根发芽，准备成长成参天大树，而自己却依然被迫过着暗无天日、与世隔绝的生活时，你会不会因命运的不公而落寞甚至是愤怒呢？

也许你会，也许你不会，但是不管怎样，我们都不能否定：大自然的安排是有其深意的。一旦闹起干旱，夏末秋初时，森林中发生火灾的可能性就会极大。当山火来临，大片大片的树木被烈火吞噬时，屋梁松的鳞片却会如鱼得水，迅速打开自己，释放出储备已久的种子。

由于有坚固的种皮保护，屋梁松的种子完全可以平安度过火灾，所以，成功逃出"牢笼"的它们只需要欣然地等待大火熄灭。大火熄灭后，被烧成灰烬的动植物会为土壤补充丰富的养分。有了这些养料，再加上没有其他树木的竞争和遮蔽，屋梁松生长所需要的空气、阳光、水分、食物等都会异常充分，结果自然，它们会破土而出，随意生长了！而由于黄石公园里树林遍布，发生火灾的概率很高，所以久而久之，屋梁松成了公园中分布最广的树种之一。

别忘了，火灾只是个条件，最大的功臣是把种子深锁在黑暗中的松塔。

20. 灾难与奇迹

1933 年初，资本主义世界经济危机尚未停止疯狂蔓延时，美国哈理逊纺织公司遭遇了一场灭顶之灾——大火把厂房、设备、存货等一切都化为了灰烬。

3000 余名员工在突如其来的灾难面前目瞪口呆，他们一个个悲观无比地回到家中，绝望地等待着董事长宣布破产和失业的来临。但出乎他们意料的是，经过漫长的等待，董事会居然给每个人寄来了一封这样的信：向全公司所有员工继续支付一个月薪水。

一个月后，正当大家再次为以后的生活陷入忧愁时，董事会的信又来了：向全公司所有员工再支付一个月薪水。

如果说接到第一封信让几千名员工感觉意外和惊喜的话，那么这第二封信简直让他们热泪盈眶。确实，在失业席卷全国、人人生计无着落之际，能得到如此照顾，谁会不感动万分呢？

结果正像董事长所期望的那样，上千名员工在收到第二封信的当天，便纷纷涌向公司，积极清理起废墟、收拾起残局来，甚至还有人主动到南方联络被中断的货源。

3 个月后，新的哈理逊公司重新出现了，几千名员工无一因为经济危机而受到损失。

今天，哈理逊公司已经成了全美国最大的纺织品公司，其分公司遍布五大洲的 50 多个国家。

大道理

世界上任何形式的灾难，其核心都是人，想办法把人类精神上的灾难化解掉，希望和奇迹也就会出现了。要想做到这一点，理解、爱心与智慧都是不可或缺的。

21. 丑陋的大象

在造大象时，上帝走了神，一不小心把大象的鼻子捏得又长又大。懊恼的上帝原本想再为大象捏一个鼻子，可是不知道又因为什么事耽误了。于是，大象便带着这副"失败的形象"来到了地球上。顿时，所有遇到它的动物都惊叫着躲开了，以为自己碰到了怪物。对于这种情景，大象真是百思不得其解：自己虽然体态庞大，可是性情善良温和，而且又是食草动物，这些小伙伴们怎么会这么害怕自己呢？

某天，大象去湖边喝水，清澈的湖水一下子把它的形象清清楚楚地映了出来。"啊？"大象看清自己的模样，也不觉吓了一大跳，它这才明白了其他动物为什么躲着自己。"上帝为什么给别的动物都捏上漂亮的五官，而偏偏给我一个奇丑无比的鼻子！"大象边哭边抱怨道。

哭过了之后，心胸开阔的大象开始冷静地思索起来：既然事情已经这样，我再怨天尤人也是无益的，不如想办法用这个大鼻子来做点事情。

于是，它首先学会了用鼻子吸水，因为它短短的嘴喝起水来很不方便。然后，它开始练习用长鼻子卷较高处的树枝作为自己的食物。接下来，它又试着用鼻子拔出很粗的树根。

由于总能得到很多很好的食物和水，大象的身体变得越来越强壮，最后成了陆地上最强大的动物。另外，由于它的和善，那些小动物们渐渐不再怕它，而是和它做起朋友来。忠厚朴实的大象很喜欢自己的这些朋友，所以总是尽可能地发挥自己的长处，把更高处也更好的食物够下来给它们吃，使双方的友谊更进一步。这样一来，长鼻子给大象带来了数不清的好处。

有一天，上帝忽然想起了大象，内疚不已的他决定把大象召回，重新给它造个最漂亮的鼻子，不想大象却摇摇头拒绝了。上帝感到不可思议，便从天上往下观察它。只看了一眼上帝便惊呼起来："天哪，大象可真是一个聪明的动物！它把自己的丑陋变成了一种力量，一种生存的法宝和强大的武器。看来我没有必要再改造它了。我需要做的，只是让其他所有动物包括人类都学会大象的精神！"

> **大道理**
>
> 　　丑陋也能成为你成功的原因。拥有丑陋的外表，自惭形秽是于事无补的，最明智的选择就是将之作为奋斗不息的动力。当你变得强大并展现出内在的美好时，外表的丑陋就会被忽略了。

22. 希尔顿饭店的来历

　　世界著名的希尔顿饭店，是它的开创者希尔顿以自己的名字命名的。

　　希尔顿是个孤儿，年幼时又正遇到美国历史上最严重的经济大恐慌，他只好四处流浪，靠乞讨为生。

　　一次，小希尔顿流浪到了一座城市，接连几个晚上，他都躲在一间大饭店门廊的角落里过夜。但是某天半夜时分，他突然被一阵疼痛弄醒了，睁开眼睛一看，原来是饭店的门童正带着满脸的不屑使劲踢他。他刚一反抗，那个身型健壮的大男孩便把他拎起来扔到了距离饭店 10 米外的雪地上，并对他大肆辱骂，说："明天一大早，我们饭店集团的老板要来视察工作，你这个又脏又下贱的乞丐怎么可以待在这里过夜，简直就是给我们丢人！像你这种人应该钻进垃圾筒里去睡觉，这种高级的地方你做梦都不配梦到！"

　　听闻此言，希尔顿真是愤怒极了，他咬着牙，握着拳头，真想冲上去揍那个门童一顿。但是"好汉不吃眼前亏"，他显然没必要再给自己找麻烦，于是他指着对方大声说道："等着瞧，早晚有一天，我会开一家比你们饭店更大、更豪华的酒店，记住我现在所说的话！"不想门童却嘲讽地吹了一声口哨，这声口哨更是激起了小希尔顿奋斗的决心。

　　那夜之后，他历尽艰难找到了一家肯雇用童工的工厂，拼命地工作，并存下自己所赚的每一分钱。辗转数年之后，希尔顿终于破茧而出，创立了第一家"希尔顿大饭店"，并迅速扩充成全世界最大的饭店集团之———希尔顿饭店集团。

> **大道理**
>
> 　　你不必报复给自己带来屈辱的人，只需要让自己活得更好，因为你的优秀是对他最大的报复。另外，要善于利用自己的愤怒，它是你开创伟大事业的最佳动力。

23. 从穷人到富翁

1929 年时，美国正处于经济大萧条时期。那个时候，约翰·梅瑞特还是个穷光蛋。迫于生计，他与妻子来到了旧金山，因为在他看来，旧金山和纽约一样是一个淘金的好地方。

经过多次考察，他在一个看似不起眼的角落里开起了一家冷饮店，但因为资金不足，夫妻俩只能卖廉价的汽水。只不过，由于那个时候的旧金山并不像他们所想象的那么繁荣，而且正赶上经济危机，所以没过多久，他们的小冷饮店就被迫关门了。

迫不得已之下，约翰·梅瑞特只好选择了另一个地方居住，并把冷饮店也搬到了那里。谁知不久，这个冷饮店也被迫停业了。也许做生意做久了，就会对市场有一种特殊的敏感，约翰·梅瑞特感觉这个位置将来一定能成为旧金山的繁荣区，所以他们并没有离开这里，而是照样付着房租，维持着使用权。当看到妻子半是埋怨半是怀疑的眼神时，约翰安慰妻子说，他觉得将来不管做什么生意，这里都会是一个很理想的位置。

事实证明，约翰·梅瑞特的判断是正确的。几个月后，当他发现隔壁面包店的生意变得非常好时，便与妻子商量着开了一家快餐店，并借钱推出了一系列食品，而这些食品正好迎合了当时人们的饮食需要。就这样，他的店迅速火了起来。

眼看着生意越来越兴隆，约翰·梅瑞特开始着手准备扩展计划。1932 年时，他和妻子所经营的小吃店已经增加到了 7 家。而到了 1962 年左右，约翰·梅瑞特已经拥有大小餐馆近千家，年营业额在 4 亿美元左右。

大道理

命运至少有一半掌握在我们自己的手中，如果你是强者，你必将能把这一半扩张到全部。因此，如果你正身处逆境，请抓紧所拥有的那半命运；如果你已身处顺境，请及时扩张手中的"资本"。

24. 人生亦会柳暗花明

克里斯托弗·里夫，在美国乃至全世界都是一位风云人物。自从出演电影《超人》的主角后，这位原本名不见经传的演员迅速走红，成为家喻户晓的大牌明星。

但是包括里夫自己在内的任何人都没想到，在 1995 年 5 月，这位正在好莱坞红极一时、风光无限的明星居然会因为一场飞来横祸而遭遇人生的巨变。在那个黑色的五月，正在参加激烈马术比赛的里夫突然意外坠地、昏迷不醒。

当他终于睁开眼睛时，这位世人心目中的"超人"已经成了永远只能固定在轮椅上的高位截瘫者。痛不欲生的里夫沉默许久，对家人说出了一句话："让我早日解脱吧！"但至亲们并没有给他发生"意外"的机会，而是时时刻刻看护着他、陪伴着他，并经常推着轮椅让他外出散心和旅行，以便平缓他精神及肉体上的伤痛。

这天，家人们又开着车把里夫带到了山中散心。当汽车在蜿蜒曲折的公路上前进时，里夫静静地望着窗外。忽然，他饶有兴趣地观察起每一次转弯的情景来。每当前方即将无路时，路边都会出现一块交通指示牌："前方转弯，小心慢行！""急转弯，请注意！"……而拐过弯之后，原本穷途末路的山路就会再次柳暗花明、豁然开朗。"前方转弯、前方转弯……"里夫喃喃地念着这几个字，忽然，心明眼亮的他冲妻子喊了一声："快回去！我还有路要走！"

从此，里夫便以轮椅代步，当起了导演，同时又开始了文学创作的历程。后来，他还创立了一家瘫痪病人教育资源中心，专门为各种瘫痪患者提供服务。此外，他还四处奔走，举办数次演讲会，为残障人的福利事业筹集善款，成了一位著名的社会活动家。

现在，意气风发的里夫最想告诉大家的就是："当不幸降临的时候，并不表示路已经到了尽头，它只是在提醒你：你该转弯了。"

大道理

人生之路亦有峰回路转、柳暗花明的时刻，种种挫折与危机即是"回转"的暗示。所以，无路可走时，别忘了你还可以转弯。

25. 生命的两极

从前有一位农夫，他有一块农田。由于农田十分贫瘠，他每年的收成都不是很好，所以他经常抱怨："如果神让我来掌控天气，一切事情将会变得更好一些，因为我自己是农夫，我比神更懂得怎么种庄稼，更懂得庄稼需要什么样的天气。"

不想他的这些话刚好被路过此地的天神听到了，于是天神便对他说道："从现在开始，我把一年的时间送给你，由你来指挥风雨雷电，最后看看你的庄稼会长

成什么样吧。"

　　农夫一听大喜，马上试探着喊道："晴天。"顿时乌云密布的天云开雾散。他欣喜不已，又喊道："下雨。"声音刚落，空中立刻阴云四起，不一会儿，瓢泼大雨就下来了。

　　就这样，在接下来的一年中，他的命令总是在晴天和下雨之间转换着。

　　眼看着种子越长越大，长成庄

稼，农夫心里得意极了。然后，他就看到了从来不曾见过的大叶子，还有令人难以置信的碧绿色。再然后，收获的季节到了。

农夫背上筐子，带上镰刀，去地里收割他的庄稼，但是他的心忽然沉到了谷底，那看上去茁壮无比的庄稼上面居然一粒粮食也没长。

农夫不解，伤心地大哭起来，他的哭声引来了天神。

"你的农作物怎么样了？"天神问道。

农夫指指颗粒无收的庄稼，一句话也说不出来。

"你不是如愿以偿地控制了天气吗？"天神又问道。

"是的。这正是我困惑的地方，我得到了我想要的阳光和雨水，可庄稼居然没有收成。"农夫终于开口说道。

"那是因为你从来没有要求过风、暴雨、冰雪以及任何一件能净化空气和让根更坚硬、更有抵抗力的东西，没有足够发达的根，庄稼当然长不出什么果实来。"神厉声说道。

原来，只有经历挑战才可能有生命的果实。农夫明白了这个道理之后，乞求神收回了自己控制天气的权力。

此后，虽然风霜雷雨不断，但毕竟，庄稼又可以结果了。

大道理

在舒适和一帆风顺的环境中成长，最后收获的只会是浅薄与脆弱。适当的困苦折磨和逆境锤炼，不但有助于人坚韧强大，还可以带来厚重扎实的人生。

26. 修车工人与汽车大王

十几年前，亨利还是一家修理厂的修车工人。那时候的他虽然薪水菲薄，却常常在闲暇时凝望工厂对面的五星级餐厅，渴望有朝一日能够坐在那里面大吃一顿。

某个月底，刚刚领到薪水的亨利鼓起勇气走进了那家富丽堂皇的高级餐厅。不想仅一会儿工夫，他的兴致便被一盆冷水浇熄了——在他呆坐了差不多15分钟之后，居然还没有一个服务生过来招呼他。没办法，他只好伸手示意要点餐。直到这时，一个小个子服务生才勉强走到他桌边，然后不耐烦地把菜单扔在了他面前。

亨利打开菜单仔细看起来。刚看了几行，旁边站着的服务生便以一种轻蔑的语气说道："你只适合看右边的部分（意思是价格），左边的部分（意思是菜肴），你就不必费神了！"亨利惊愕地抬起头来，双眼愤怒地盯着服务生那带着不屑表情的脸，他真想把攥得紧紧的拳头砸向那个扁扁的脑袋，可一想到自己口袋里那点可怜的薪水，他的怒气就化成了泄气。

"一个汉堡。"亨利有气无力地说道，以此结束了这场尴尬的僵局。

服务员轻哼一声转身走了。

吃着那个比快餐店贵出四倍价钱的汉堡，亨利的心里充满了悲哀。但是不久之后，他便渐渐冷静下来，不再生气，而是开始鼓气——他立志要成为上流社会的人物，要成为国家顶尖的富翁，永远不再遭受今天的羞辱。

从那以后，他开始坚持不懈地朝着梦想前进。十几年过去了，他已经由一个平凡的修车工人，成为了叱咤风云的汽车大王。他的名字叫亨利·福特，你一定知道这个名字吧？

大道理

相对来说，一件不幸的事情背后，总会隐藏着更大利益的种子。把这粒种子埋入你充满潜能的沃土中并悉心照料，早晚有一天，它会成长为参天大树。

27. 上帝为什么要跟企鹅过不去

企鹅，南极的主人，人见人爱的天使。但是对于这群天使，上帝却显示出了它最残忍的一面：从出生、成长到作为父母孵化新一代儿女，企鹅无一不受到上帝严酷的考验。

有食物的地方不宜养育后代，要想养育后代的话，它们只能到什么吃的也没有的地方去——在企鹅降临到地球之前，上帝就给它们做了如此荒唐而残酷的预设。但坚强且勇敢的企鹅们并没有因此被吓退，它们淡然地活着，坚定地养育着后代，尽管为了完成这一任务，它们必须首先完成另一项几乎不可能的任务——在将近四个月的时间内不吃不喝不休息。

来看看这个不可思议的过程吧：

每年冬天，从南极大陆的北侧到寒冷的南部，成群结队的企鹅总会络绎不绝。它们是去那个叫"奥亚摩克"的地方，因为只有在那个没有任何食物可寻的不毛之地，它们才能完成自己作为成年企鹅的使命：交配与生育。它们遵循着大自然的规律，遵守着上帝残忍的法则，既不规避，也不抱怨，只是艰难地、蹒跚地移动着步子，实在走不动时，就趴在冰上向前滑行。它们必须到达那个冰天雪地的世界，这是传统，也是作为企鹅的命运。

当母企鹅产下卵时，企鹅父母的命运就会更加悲惨——为了让卵有足够的温度孵化，它们必须轮流把蛋放在自己的脚掌上，用羽毛盖住，然后一连几个月不吃不喝，以免寒风侵入自己未来儿女的温巢中。

有时候，饥饿至极的母企鹅会不顾一切地爬向海边补充食物，而正在孵化儿女的公企鹅则仍然饿着肚子。不知道有多少小企鹅会在出壳之时看不到妈妈，更不知道有多少小企鹅未等到妈妈回来就饿死了。可是不管怎么样，当一批接一批的小企鹅出世时，南极的夏天已经悄悄到来了。那时，天气转暖、食物丰盈，整个企鹅家族发展下去的希望越来越大了。

一年又一年，一代又一代，企鹅们始终不曾松懈地完成着自己的使命。而且，即使每次都会有企鹅因为坚持不住而死去，活下来的企鹅们仍然会在第二年冬天继续勇往直前。

企鹅，是上帝残忍的产物，但是它们却活得津津有味，而且没有丝毫怨言。这种精神，是不是值得生活在"上帝残忍"中的人借鉴一下呢？

大道理

没有谁要跟你过不去，除了你自己。在严酷的命运与现实面前保持安然淡定的态度，坚持完成自己应尽的职责，你的春天就快到来了。

28. 罗伯特 · 巴拉尼

罗伯特 · 巴拉尼是一位非常有名的医学研究者，说来令人难以置信，他的巨大成就居然源于他的身体残疾。

巴拉尼出生于奥地利，年幼时患了骨结核病，由一个健康活泼的孩童变成了膝关节永久性僵硬、无法再自由屈伸的重度残疾人。因为儿子的腿病，巴拉尼的父母一直深感愧疚。为了解除父母的心病，巴拉尼从小就暗下决心：要以实际行动来宽慰父母，改变他们的看法。

上天是公平的，小巴拉尼的努力有了明显的回报，以至于所有认识他的人都不得不承认他简直就是天才：上小学、中学时，他的成绩一直非常优异；进入维也纳大学医学院以后，他更是比同班同学早很长时间获得博士学位。

大学毕业时，由于巴拉尼表现突出，母校维也纳大学把他留在了校医院的耳科诊所工作。当时著名的医生亚当·波利兹认识他之后，更是对他大加赞赏。1905 年，巴拉尼完成了题为《热眼球震颤的观察》的研究论文，此论文一经发表，立刻被全奥地利的医学界关注。

1909 年，亚当·波利兹医生把原本由自己主持的耳科研究所事务交给了巴拉尼，同时，维也纳大学也发出了让他担任耳科医学教学工作的邀请。对于一个重度残疾患者来说，这双重职务的压力真是太大了，可是巴拉尼不畏劳苦，极其出色地完成了这些工作，而且还发表了两本著作。

鉴于巴拉尼对世界医学的重大贡献，1914 年，诺贝尔奖委员会为他颁发了诺贝尔生理学以及医学奖金。

大道理

身体的残疾并不会阻碍一个人的成功，只要他能保持住健全的心灵。须知相比于身体，后者是成功的更大保障。有了它，人才可能超越身体的限制，加速前进的脚步。

29. 傻子与天才

由于智商偏低，他 16 岁升入高中二年级那年，成绩与同学们拉开了很大的距离。所以，尽管他很努力，校方最后还是没有同意让他再留在学校里。

那个下午，他带着深深的失望走出了学校的门。"难道我真的一无是处吗？"他一边想一边走进一个公园，坐在长椅上，任凭失落感袭上心头。

正在这时，一位白发苍苍的老者走到了他面前。看见他一副无精打采的样子，老者问他："年轻人，怎么了？遇到什么难事了吗？"

听到问话，他抬眼一看，这位老者装着一条假腿，少了一只胳膊，还瞎了一只眼睛。好可怜的人啊，比我还可怜，他心想。接着，他把自己的痛苦说给了老者。他满以为老者会安慰他几句，或者是反过来诉说自己的苦楚，不想老者却只是看了看他，一句话不说吹起了口哨。老者的口哨声真是太动听了，10分钟以后，许多鸟儿都被吸引过来，落到了附近的树上……良久，老人停了下来说："虽然我们有很多方面比不上别人，但只要我们有一样比别人强就行了。"

听了这句话，他变得积极起来。

半年后，他找到了一份替人整建园圃、修剪花草的活儿。虽然这份工作在别人看来非常简单，但他却非常勤勉用心地做着。

某天，他路过一块满是污泥浊水和垃圾的场地，而这块肮脏场地的旁边就是已经绿化的美景。多么不协调啊！于是他决定把这里改造成一个美丽的花园。经过他的努力，不久以后，这块泥泞的污秽场地便有了绿茸茸的草坪、幽幽的小径，真的成为了一个美丽的花园。

到这里，该告诉大家他的名字了，他叫琼尼·马汶，是加拿大著名的风景园艺家。

大道理

奇迹多是伴着厄运出现的，所以，什么时候都不要看低自己。要知道"天生我材必有用"，无论你怎么样，只要坚持活着，世界就会有你的一席之地。

第五章

努力与收获

　　"天下没有免费的午餐"，只有努力付出，才会有相应的回报。有时候，你努力了，短时间内不一定会有所获，但是如果不努力，肯定将一无所获。本章收录的关于努力与收获的小故事，故事简短，意味隽永。

1. 我要吃多少鱼

美国著名作家马克·吐温由商人转向文学创作之后，才华迅速展露了出来，并因一本《跳蛙》而声名鹊起，一下子由原来的穷困潦倒变成了腰缠万贯。这不但刺激了大量热爱写作的人更加坚守自己的梦想，还吸引了一些无所事事但自以为是的青年投入写作，罗杰尔就是后者当中的一个。

不得不说，罗杰尔真是没有写作的天分，但是他却一直自信满满，认为自己天生就是当作家的料。在遭遇出版社一次又一次的退稿之后，骄傲的罗杰尔自视其作品为无人理解的阳春白雪，便把他的退稿连同一封信一起寄给了马克·吐温，并在信的末端写了这么一段话："听说，磷质非常有益于大脑，而鱼骨是含磷最丰富的东西，所以我天天都吃鱼，以便能够早日成为像您那样的大作家。请问您吃过多少鱼？吃的是哪一种呢？"

马克·吐温看过这个青年的稿子又看过这个青年的信之后，感到哭笑不得，于是便提笔给这位青年回了一封极短的信："照你的稿子看，你得吃一对鲸鱼才行。"

大道理

除了一直努力，成功别无捷径。如果放弃努力，转而苦苦寻觅成功的捷径，不但本末倒置，而且愚昧无知。想想看，假如吃补品就能成为天才，那世界上还会有庸人吗？

2. 普希金与纨绔子弟

俄国著名诗人普希金很有钱，但是他一直保持着朴素的生活作风。看到他总是穿洗得发白或早已过时的衣装，大部分不了解的人都会认为他的财富不过是徒有虚名，而他也不过是个穷困潦倒的诗人而已。

这一天，衣着简朴的普希金在一家饭馆里吃饭，一位衣饰豪华的贵族子弟认出了他，便嬉皮笑脸地上前羞辱他道：

"亲爱的普希金先生，一看您的打扮，我就知道您的腰包里必然装满大额的钞票。"

普希金轻蔑地瞥了他一眼，不紧不慢地答道："当然，我要比你阔气一些。"

听了这话，那位纨绔子弟很神气地打开钱袋，亮出他厚厚的现金："这不过是些零钱而已，每个月我尊贵的父亲都会汇很大一笔钱给我！"

"所以，"普希金笑了笑，接着他的话说道，"如果哪月你不小心提前花完了汇款，你就会闹饥荒，会挨饿对吗？而我不会，因为我有永久的进款……"

"什么？永久的进款？我记得你的父母不是……"纨绔子弟有点迷惑。

"我跟你不一样，我不是靠父母，我是靠那33个俄文字母。"普希金幽默地回答道。

大道理

贫穷和富有是有"真假"之分的，区分的标准就在于其财富的来源。一个寄生虫绝不可能成为真正的富翁，因为会坐吃山空；而靠双手生活的人不会贫穷，因为创造能使财富源源不断。

---

3. 宝石与麦子

一位农民偶然来到了这个原始的部落，看到部落里的人们以打渔采集为生，难以维持温饱，这位好心的农民便把自己随身带着的麦种留下了，并手把手地教会了他们如何种植。

部落里的人们过上了安定温饱的生活，感激之余他们送给这位农民许多珍贵的特产宝石。

一位商人得知了这件事以后，嫉妒不已。他想：那群原始人真是傻瓜，给他们一些不值钱的麦种都能得到他们珍贵的宝石，那我要是把一些普通的宝石带过去，他们肯定会给我数倍价值的特等宝石了。

想到这里，他忙不迭地向农民打听了原始部落的详细位置，骑上马带着一箱宝石寻找那个地方去了。

十几天后，他到了原始部落。部落里的人看到他带来了他们从未见过的宝石，高兴得不得了，连忙把他带到了部落首领那里。于是部落首领问他需要什么回报才能留下这些宝石。商人满怀希望地答道：这些宝石一直是敝人极为珍贵的收藏，我希望您也能以同样珍贵的东西来换取。

首领与旁边的人商量了一下，然后十分庄重地说道："我们当然也会以极为珍贵的东西来换取，所以我决定送您一口袋麦种。"

> **大道理**
>
> 善良真诚的助人行为，与贪婪算计的牟利行为总会得到不同的回报。即便后者能够收获一时之利或获得成功，也往往经受不住时间的考验。

4. 永远不晚

暑假到了，某大学打出了一则广告：本处招收补习基础英语的学生。也许是学不好英语的人太多了吧，这个班异常火爆。

在报名现场，一位中年人被人挤来挤去，好不容易才挤到了报名台前。

"年龄？"接待小姐问。

"43。"中年人回答。

"哦，我是问您入班孩子的年龄。"接待小姐说道。

"不是我孩子学，是我学。"中年人答道。

"哦？"接待小姐惊讶地抬起头来，"再过两年您都45岁了，还学这些基础英语干吗？"

"如果我不学，再过两年难道会是41岁吗？"中年人微笑着反问道。

接待小姐无言了。

就这样，这位先生加入了这个补习班。每天晚上和周末，他都会准时来到这里，与那群稚气未脱的孩子们一块儿读单词、背课文。不知道是学上瘾了还是怎么的，这位先生竟然一直学了下去，从初级到最高级。后来，凭着这两年补习班的基础，他竟然考上了某大学的成人班，最后拿到了这所大学英语专业的自考本科证书。

赶巧的是，他的单位当时正好在招一位翻译，因为有扎实的英语基础，又是内部人员，他以绝对的优势争取到了这个职位，从而让薪水轻松地翻了一倍。

> **大道理**
>
> 知识没有没用之说，学习没有年龄之分。即使已经步入老年，今天的所学也有可能给未来的我们换得巨大的成功。

5. 装杯子

学生时代马上要结束了，同学们个个眉开眼笑。看着大家浮躁的劲儿，教授决定给学生们上最后一堂课，一堂比较特殊的课。

看到教授手里拿着这么多东西，同学们意识到这将是一堂与众不同的课，所以都安安静静地坐下来，等着著名教授最后的教诲。

教授把手里的东西一一放在讲桌上，包括一只大敞口杯、一瓶水、一袋石子、一袋沙子。然后他便开始往敞口杯里放石子，等到石子都堆出杯口时，他问大家："杯子满了吗？"

"满了。"大家异口同声地答道。

这时，教授抓起细沙，小心翼翼地往装着石子的杯子里填着，几分钟之后，那一小捧沙子都被装进了杯子。

"杯子满了吗？"教授又问。

"满了。"回答的人只剩下一半了。

于是，教授又拿起水往杯子里倒，渐渐地，水开始往外溢。

"杯子满了吗？"教授再次问道。

下面一片沉寂，谁都不敢再说话了。

"这回杯子才确实是满了。"教授说道，"看到了吗？当你们说'满'的时候，杯子总是不满的，而当杯子真满了的时候，你们就会不再说'满'了。"

同学们心有所悟，不约而同地鼓起掌来。

大道理

真正出色的人，往往认为自己并不足够好。因为，阅历让他们知道自己总有不足之处，而不怎么出色的人自以为了不起正是因为从未有过这种阅历。

6. 最后一周

由于效益严重下滑，公司决定裁员。在财务室的 8 个人中，王燕和谢丽同时被列入被裁名单，被告之一周后离岗。接到这个消息之后，其他 6 个人都开始小心翼翼起来，生怕惹着了她俩，要知道这种时候人的心理是非常脆弱的。

的确，王燕的情绪非常激动，想想自己辛苦了 3 年，到最后竟然是这个结果，她愈发觉得不公平，所以干脆啥都不干了，整天在办公室里拿那些桌椅板凳文件撒气。路过财务室的人都知道，里面时不时会传出"砰、砰、砰""乒、乒、乒"的声音。

而谢丽恰恰相反，也许是跟她刚来不久有关吧，她没有像"劳苦功高"的王燕那样"嚣张"，而是像往常一样忙里忙外。工作上她还是那么兢兢业业，甚至把本该由王燕做的工作都接了过来——没办法，王燕不干，上面又等着要，其他同事都有各自的活儿，就她一个新来的还没有什么具体任务。

周末到了，谢丽正打算收拾东西走人时，老总进来了。他当众宣布撤销对谢丽的裁员通知。"现在公司处于困难时期，需要的正是你这样的员工啊。"老总说。

大道理

当不如意的境遇落到自己身上时，与其暴跳如雷、怨天尤人，不如平静以待，继续做自己该做的事。虽然这样不见得有用，但至少不会像前者那样让情况变得更糟。

---

7. 富翁与青年

有一个富翁特别小气，甚至对自己的子女都非常吝啬。儿女们因为受不了他的刻薄，纷纷离家不再管他。

渐渐地，富翁年纪大了，身体越来越不好，一场大病之后，他终于瘫痪在床，再也动不了了。看着孩子们都装成不知道这件事的样子，富翁只好再想别的招儿，他想呀想呀，终于想到了一个不用掏钱也能得到照顾的两全其美的办法：利用镇上那个无所事事的青年。

那个年轻人其实是个二流子，自己没什么本事，还成天想着发财。富翁看准了这一点，于是对这个小伙子道：我的子女都不管我，所以我不准备把财产留给他们。你来照顾我吧，等我死了，这里所有的财产都归你。

碰上这种好事，这个年轻人差点乐坏了。自此以后，无论富翁吩咐什么，他都会照办，就像照顾亲生父亲那样照顾富翁。

几年后，富翁终于死了。小伙子迫不及待地赶到银行，银行职员却告诉他：为了建造一个富丽堂皇的墓园，富翁的财产早就花得一分不剩了，连他的房子都抵押给银行了。

年轻人一下子呆在了原地：白白浪费了几年好青春，除了大家的嘲笑和鄙视之外，自己竟一无所获。

大道理

天下没有免费的午餐，也不会有天上掉馅饼的好事。妄想不劳而获的人，只会付出沉重的代价，甚至落个"劳也不获"的下场。

8. 鲤鱼跳龙门

一年一度的跳龙门大节又到了，众鲤鱼纷纷来到龙门处。它们都争着抢个好位置，要知道，只要跳过龙门，自己可就是万人崇拜的龙了。

可是一次又一次，众鲤鱼们还是没能够跳过那高高的龙门。于是它们开始抱怨："这叫怎么一回事，玉皇大帝告诉咱们跳过龙门就变龙，可是却把龙门设这么高，这不明摆着骗咱们嘛！""就是就是，算上今年我都跳了12年了，再等两年我会老得连跳都跳不起来了！"……

怎么办呢？众鲤鱼想啊想啊，终于想出了一个好办法：把龙门降低一些！这个妙计顿时让它们兴奋不已，于是它们开始忙碌。几个月过去了，新建的龙门果然够低，连那些小鲤鱼们都能轻松地跃过去。所以，不一会儿，所有的鲤鱼便都变成了龙。

可是没过多久，它们就发现了问题：大家都变成了龙，跟没变成龙时似乎没什么两样。而且由于龙成了处处可见的动物，人们对龙的崇拜之感一扫而空，甚至开始反感它们日夜不休地戏水。

带着疑惑，众"龙"们来找玉皇大帝商量对策，没想到玉皇大帝听后哈哈大笑："要想找到龙的真正感觉，你们就得把龙门恢复到原来的高度才行！"

大道理

为了尽快成功而降低成功的标准，却不去努力提升自身能力，这无异于掩耳盗铃，即便能骗过自己，也骗不了别人。

9. 曾国藩与小偷

曾国藩小时候天赋一点也不高，甚至经常被人耻笑为"愚蠢之辈"。据说，哪怕一篇很短的文章，他也要念上几十遍才能念熟。好在他是个勤奋好学的孩子，从来都不认为读书是份苦差事。

这天晚上，曾国藩又在家读起了书，一篇不到300字的小文章，他念了不下20遍还没有背下来。这时他家来了一个贼，躲在他家的屋檐下向屋里偷窥，想等这个读书人睡觉之后捞点值钱的东西走。可是这贼等啊等啊，曾国藩就是不睡觉，约莫一个时辰之后，他还在翻来覆去地读那篇文章。终于，那贼受不了了，他霍地跳下来，冲曾国藩大怒道："像你这种笨人还读什么书！"然后将那篇文章一字不落地背诵了一遍，扬长而去！

看到这里，我们不得不感叹这贼人的聪明，曾国藩对着课本念几十遍都背不下来的文章，他仅是听几遍便能一字不落地背诵了。但与此同时，我们恐怕也得感叹另一点：虽然他如此聪明，却只不过是个贼，而天性愚钝的曾国藩，却因为"天道酬勤"而成为在中国历史上极有影响的大人物。

大道理

努力与收获是成正比的，伟大的成功可以通过辛勤的劳动换得。即便天生愚钝，只要不懈不怠，日积月累，奇迹早晚也会被创造出来。

10. 镜片里的天堂

　　他叫列文虎克，初中毕业以后，来到了这个小镇，找了一份替镇政府看门的工作，从此一待便是 60 年。

　　这样一位普通到像小草一般的小人物，有什么本事让全世界的人记住他呢？原来，他是靠"磨镜片"出的名。那时候，他年轻力壮、精力旺盛，工作又相当清闲，所以不得不另外找点活来打发多余的精力。他选择了磨镜片，这个活又费时又费工，足够他打发时间了。他磨呀磨呀，一直磨了 60 年。他的锲而不舍使他的技术渐渐超过了专业磨镜师。他磨出的镜片，放大倍数远远超过了当时的时代。这么高的放大倍数能干什么呢？他无聊地把镜片贴到眼睛上：啊！他顿时倒吸了一口气——一个惊人的微生物世界出现了！

　　显微镜就这样发明了！列文虎克被授予巴黎科学院院士的头衔，并得到了英国女王的接见。

> **大道理**
>
> 　　勿以善小而不为，人生的每一件大事不都是由无数件小事组成的吗？如果能执着地把手上的每一件小事都做到完美无缺，上帝早晚会派成功使者光顾你的小屋。

11. 好运气

　　寒冷的冬日里，两只饥肠辘辘的鹰在空中久久地盘旋着，它们很想找到一只兔子或者一只山鸡。但是，视野里一片白茫茫，它们什么猎物也看不到，甚至连只老鼠的影子也没有看到。

　　饥寒交迫与疲惫不堪之下，一只老鹰实在是忍耐不下去了，它给同伴打了声招呼便落到了山崖上，找了个背风的地方缩着脖子打起瞌睡来。

　　另一只老鹰淡淡地笑笑，继续在空中盘旋着，一圈又一圈。忽然，它发现枯草丛中有一个褐色的小点，在雪白的背景下甚是醒目，它立刻以迅雷不及掩耳之势向下冲去——很明显，那是一只野兔子。

　　当捉到兔子的老鹰落到同伴身边，大吃新鲜的战利品时，同伴咽着就快流下来的口水，充满羡慕地对它说道："我发现你的运气真好，比我好得多！"

吃兔子的山鹰一边大嚼，一边若有所思地回答道："是吗？也许是吧。不过我发现，运气好像比较喜欢不辞辛劳、有耐心的鹰。"

大道理

运气是个哑巴，如果它到来时你的门是关着的，它便会悄悄离开，而不是开口叫门。所以说，好运并非都是偶然的，至少你要先准备好一扇开着的门。

---

12. 画凤凰

这位画家以画水彩画著名，人们都称赞他画的花能散发香气，他画的鸟能开口鸣叫。

国王听了此事，便专程去拜访那位画家。"请你为我画一只凤凰吧，此生我最想见的鸟就是凤凰了。"国王对他说。画家答应了国王，并告诉他一年后才能来取。

一年之后，国王如约登门来访。一进门他便问道："我的凤凰呢？你可为我画好了？"

"陛下请稍等一下，您的凤凰马上就来。"画家边行礼边回答道，然后便不紧不慢地铺了画纸，润湿了画笔，当着国王的面挥笔如飞起来。不一会儿，一只美丽鲜艳、情态动人的凤凰出现了，国王连连叫好，可是画家叫出的价格却把他着实吓了一跳。

"什么？价格是300万？"国王睁大了眼睛，"就这么一小会儿工夫，而且看起来你毫不费力、易如反掌地就画成了，竟要这么高的价钱，你这简直就是欺君罔上！"

"陛下请息怒，在您接受这个价格之前，我请您先看看我的画室。"说完，画家便领着国王走遍了他的院子。

国王看到，画家小院的每个房间里都堆着满屋的画纸，展开来看，原来每张纸上画的都是凤凰。

"我希望您觉得这个价格是公道的，因为这件看起来毫不费力、易如反掌的事，花费了我多半的时间与精力。为了在这一会儿工夫里给您画出这只凤凰，我已经准备了整整一年的时间！"画家说道。

> **大道理**
>
> 没有谁能够不劳而获，巨大的成功背后必然隐藏着辛勤艰苦的劳动。所以，在评价或是羡慕别人的成就之前，请先想想他为此付出的血汗与努力。

13. "空想家"小狮子

看到身为森林之王的父亲威风凛凛地发号施令，下面众兽无一敢不服，小狮子心里真是热血沸腾。它心想：长大了我也一定要干出一番大事业来，就像父亲那样，受百兽的尊重和崇拜。

从此，小狮子便一门心思地考虑起如何才能做成大事来，以至于妈妈或同伴让它帮点小忙时，它从来都摇头拒绝："我生下来是干大事的，像这种小事我才不干呢，简直就是埋没我嘛！"久而久之，百兽背地里都讥笑起它来，还给它起了个外号叫"空想家"。

这天，小狮子闲来无事到山下去逛，遇到了一匹老马。老马见它无所事事，便忍不住教训了它几句。

没想到小狮子立刻反驳道："我不是不想干事，我只不过是想干大事罢了。我想出人头地，只有大事才能让我出人头地，不是吗？"

老马想了想，便把小狮子带回了家中，从抽屉里拿出一包花种："这是我们整座大山上最名贵的花，如果它开放，全山的野兽们都能被它的香气所迷醉，这可谓是惊天动地了吧？现在，你想个办法让它早点抽枝、长叶、开花吧。"

"这还不简单，把它埋进土里，浇上点水，它自然就会生根发芽，到秋天开出美丽的花朵了嘛。"小狮子得意地回答道。

"可是这样做岂不是首先埋没了它们吗？"老马笑着问道。

"不先埋下它们，它们怎么会发芽和开花呢？"

"哦，看来你早就知道出人头地的正确方法啊，孩子。"老马乘机说道。

"啊，这……"小狮子立刻脸红了。

> **大道理**
>
> 要想出头，必须先埋头。只有首先埋头做事，日后才可能有所作为。如果心浮气躁，急于出人头地，除了自寻烦恼和被人耻笑外，我们什么也得不到。

14. 残疾女孩与诺贝尔文学奖

1858年，瑞典某富豪欢天喜地地迎来了他的第一个女儿。然而没过几年，这个不幸的小女孩便染上了一种无法解释的瘫痪症，从此失去了站立和走路的能力。

几年之后，已经10来岁的女孩和家人一起乘船去旅行。船长太太喜欢这位金发碧眼的小宝贝儿，于是便抱着她给她讲起故事来。女孩很快就被她故事里那只美丽无比又无所不能的天堂鸟迷住了。

"天堂鸟在哪里？我们能不能看到它？"船长太太刚讲完，小女孩便迫不及待地问道。

"能啊，如果我们一直站在甲板上的话。"船长太太哄她说。

"那你快带我去，我要看天堂鸟。"女孩兴奋地大喊道。

无奈，船长太太只好站起来带她出去，由于忘记了女孩的腿不能走路，她便像拉正常的孩子那样拉着女孩往外走。结果，奇迹出现了，由于极度渴望看到天堂鸟，孩子竟然忘我地拉住船长太太的手，慢慢地走了起来。从此，她的病痊愈了。

也许这件事给女孩造成了太深的影响吧，长大后的女孩一直相信一点：只要忘我地投入进去，什么事情都能做到。在以后的文学创作中，她依然对此深信不疑。最后，她竟然成了世界上第一位荣获诺贝尔文学奖的女性——塞尔玛·拉格萝芙。

> **大道理**
>
> 忘我精神是走向成功的一条捷径，只有沉浸于这种状态中，人们才可能超越自身条件的束缚，于不知不觉中释放出惊人的能量来。

15. 山谷里的百合花

这是一片高耸入云的断崖，在崖底的山谷中，盛开着无数不知名的杂草。不知道是风姑娘的怜悯，还是飞鸟的疏忽，一颗百合的种子被留在了这里。

第二年春天，小小的百合使劲儿钻出了地面，和郁郁葱葱的杂草混长在一起，看上去，它跟大家一模一样。

"嗨，老兄，去年我好像没有看见你啊。"一棵杂草冲小百合喊道。

"哦，我是去年秋天才来到这里的，"小百合快乐地答道，"能和这么多种类不同的兄弟姐妹在一起，我真是太开心了。"

"哦？"杂草惊讶地问道，"不同种类？你不也是一棵草吗？"

"不，我是一种花，我的名字叫百合。"小百合天真地答道。

"哈哈哈……"小百合的回答引来了它周围无数杂草的哄笑。接着，大家就你一言我一句地讽刺起它来："明明是棵草，还以为自己有多高贵呢！""恐怕你还没从冬梦里醒过来吧！"……

大家的讽刺令小百合很是伤心，但是它越解释，大家的冷嘲热讽就越厉害。干脆，小百合闭上嘴巴不说话了，"等夏天吧，等到那时我开了花，你们就会知道我跟你们不一样了。"它心想。

从此，小百合就非常认真地成长起来，它一直恬然隐忍着，等待花开的时节。

初夏时分，在大家不屑的眼神和嘲讽中，年轻的百合花忽然在一日之间开出了晶莹剔透的白花。野草们目瞪口呆，从此再也不敢嘲笑它了。

此后的数年中，百合一直努力地开花、结籽，并让它的种子随着风，散落到山谷的各处。几十年后，原本杂草丛生的山谷，已经成了百合花的天下。

不管别人怎么看待，新生的百合都始终谨记第一株百合的教导："闭上耳朵和眼睛，全心全意默默地开花，以证明你的不同与存在。"

大道理

讥笑冬树的光秃，不是树的悲哀，而是你的愚蠢——有些时候你之所以不相信别人的选择，只是因为他无法在那一刻证明自己。

16. 差距

每年9月，草原上的马都会参加马家族所举行的金秋赛马大会，希望能够成为最终的优胜者，获得那笔丰厚的奖金。

今年，赛马会照常举行。经过多轮比赛后，名叫波斯和罗德的两匹马脱颖而出了。截止到此刻，波斯和罗德在各次比赛中的总得分恰好相同。因此，究竟谁

赢谁输，关键就看最后一次比赛，也就是总决赛了。

裁判马的长鸣一响，站在起跑线上的十几匹马立刻奋力向前冲去。很快，凭着超水平的实力，波斯和罗德就把其他的马甩下了，现在，它们齐头并进，不相上下。作为啦啦队的小马和老马们夹在跑道两边，不停地为波斯或者罗德加油助威。两匹争气的马果然没有辜负大家的期望，它们自始至终都保持着难解难分的战局，眼看就要到终点了，波斯和罗德都奋蹄加速，拼命争先起来……

最后，电子记录显示，波斯获胜，它的鼻尖到达终点线的时间比罗德提前了 0.001 秒。结果一出，罗德立刻失望地大叫了一声。它知道：作为第一名，波斯将获得 50 万美元的奖励，而由于它的总成绩也排在第一位，它还将获得 100 万美元的奖金。也就是说，通过这场比赛，波斯总共会拿到 150 万美元。而自己，由于这次比赛和总成绩都是第二名，一共只能拿到 5 万美元的奖金，与波斯整整相差 30 倍。而如此巨大的差距，都是源于那 0.001 秒的微小差距！

这就是我们常说的微小边缘原理。也许，罗德提前再多一丁点儿训练，赛场上再多一丁点儿奋争，技巧方法上再多一丁点儿优势，那 150 万美元的巨额奖金就是它的了。可是，就因为少了这几个"一丁点儿"，罗德便与波斯拉开了令人难以置信的悬殊差距。

值得庆幸的是，不管怎么样，赛马大会都是一场游戏，其主角不过是几匹马。只是，如果罗德和波斯都是人呢？当罗德就是你呢？

大道理

　　人与人之间的许多大差距，都是由微小的差距一点一点积累成的。注意细微的边缘之处，不放过诸多小细节，你终将成为幸运的成功者。

17. 暴风雨之夜，你可能安睡？

　　农场主戈尔在大西洋岸边新开了一片农场，本想招募几个可心的帮手，不想大家都因为大西洋风暴常起，庄稼牲畜不好管理而拒绝受雇。怎么办呢？一筹莫展的戈尔想了许久，决定在电视台上登个招聘启事，以便在更广的范围内寻找雇工。一个星期后，一个矮墩墩的男人终于前来应聘了。

　　"你干活没问题吧？"看着对方既不高大也不怎么壮实的身体，戈尔略带怀疑地问道。

　　"没问题的，你完全可以相信我。"对方以一种戈尔不怎么喜欢的语调回答道，"告诉你吧，即使是飓风来了，我都照样能够安睡。"

　　戈尔很不喜欢应征者得意张狂的样子，但由于新农场太需要帮手了，所以他不得不退一步考虑，把这个人留了下来。

　　半个月过去了，看这位工人每天都手脚勤快，把四处打理得井井有条，戈尔渐渐放下了心。

　　第一个月即将结束时，戈尔已经打算正式雇用这个人了，但同时心里又想，对方还应该再经历一次暴风雨的考验。不想这个念头刚冒出来，那天晚上大西洋里便狂风四起、酝酿着一场罕见的暴风骤雨了。

　　当看到飓风就要席卷农场，而那位长工依然无动于衷时，戈尔急了。他怒气冲冲地踹开了长工的门，冲他大吼道："快起来！难道你听不到外面的风声吗？在它卷走一切之前快把东西都拴好去！"

　　呼呼大睡的长工被雇主这声怒吼惊醒了，他猛地坐起来，然后又忽地躺了下去，梦呓一般地说道："先生，把声音放低点。我告诉过你的，即使是飓风之夜，我也照样能安睡！"随后他又打起了呼噜。

　　戈尔当时险些背过气去，但是情况危急，已经容不得再拖延了，所以他只好一个人跑了出去。当他强压怒火跑进牲畜棚时，眼前的情景让他愣住了：马和牛都在棚子里，每只都拴得好好的；羊全部进了羊圈，圈门处还严严实实地压了一大块油毡纸；另一间屋子里小山似的干草堆早就盖上了厚厚的防水布；每一道房门、每一扇窗户都已经用粗绳子绑得结结实实了。看样子，没有任何东西可能被大风吹走。

戈尔愣过之后，哈哈大笑了起来。"加薪，一定要给他加薪！"他一边念叨着，一边往屋里走去。

> **大道理**
>
> 　　在人生当中，各种暴风骤雨都可能出现，但如果你在心理、身体、知识等各方面都提前做好了准备的话，那就再没有什么东西可以令你忧虑了。

18. 1885 次拒绝

　　他是一位穷困潦倒的小伙子，口袋里仅揣有 100 美元，来好莱坞的目的是希望从这里起步成为一名电影明星。他太喜欢当演员了。而之所以开着这辆又旧又破的金龟车来，是因为对于他来说，好莱坞的旅馆实在是太贵了，自己口袋里的钱根本用不了几天，而睡在车里呢，既省了房租，又减少了交通花费。为了让这仅有的 100 美元每一分都花得有价值，这个穷小子常常把车停在 24 小时营业的超市门口，因为那里的车位是不用付钱的。

　　自打来到这座城市的第二天，他就开始挨家挨户地敲电影制片公司的门了。不想全城 500 余家电影公司，居然无一想录用他。面对 500 次冷酷无情的拒绝，这位小伙子毫不灰心，他决定从头再来——再挨家挨户地敲一遍。这一次的结果怎么样呢？答案还是 500 次拒绝。

　　为了鼓励自己坚持下去，这位穷小子把"1000 次拒绝"当成了"绝佳经验"，然后又从第一家公司开始挨个自荐了。不过这一次，他在争取演出机会的同时，还向对方努力推荐着自己苦心撰写的剧本。

　　第三轮拜访完毕之后，这位可怜的青年已经遭到 1500 次拒绝了。怎么办？在这种情况下，任何人恐怕都会退缩了，

但是固执的他却依然选择了"再来一遍"。

在总共经历了 1885 次严苛的拒绝、无数的冷嘲热讽之后，终于有一家电影公司愿意采用他的剧本了，并且答应让他出演其中的男主角。这部影片的名字叫《洛基》，其中的男主角扮演者，也就是我们这个故事的主人公，名叫席维斯·史泰龙，也就是后来轰动全世界的好莱坞动作巨星。

借助"坚强的意志"和"不懈的努力"这两个法宝，史泰龙完成了从身上仅有 100 美元的寻梦穷小子到每部影片片酬超过 2000 万美元的超级巨星的蜕变。

大道理

百折不挠后之所以能够成功，是因为这"百折"是上帝训练你的过程，而"不挠"是你取得"毕业证"的先决条件，即成功的条件。

19. 善行筑成的天梯

这家餐馆的规模不大，因此很不起眼，作为其中的服务生之一，还不满 16 岁的他更加不起眼。

他之所以能够坚持下来，完全是因为那场革命让他失去了曾经富庶无比的家园。饿肚子是大事情，没有多少力气的他只能如此。好在他是个勤快好学且不计报酬的孩子，这使得老板很快就喜欢上了他。

为了让他学好英语，更方便与客人交流，老板甚至把他带到家里，让他跟自己的几个孩子一起玩耍。

一天，老板告诉他，某食品公司正在招聘营销人员，而自己跟那里的经理关系不错，如果他喜欢，自己可以帮忙引荐一下。就这样，他顺理成章地进入了那家大公司，负责推销和送货。

上班的前一天晚上，父亲把他叫到跟前："我们的祖辈之所以能够成就那么大的家业，全得益于一个遗训，叫'日行一善'。我希望你在外面闯荡的时候，也能够时刻记住这四个字。"

他没有辜负父亲的期望，真的记住了那四个字。当挨街挨巷给各商店送燕麦片时，他总是不忘帮店主捎一封信给某人，或者让放学的孩子顺便搭一下他的便车。而且，他是微笑着做这一切的。

5 年后，他接到总部的一份通知，通知上说他将被派往墨西哥，统管整个拉美的营销业务，因为在过去的几年中，他一个人的推销量占到了佛罗里达州总销量的 40%，公司由此认定他是个能力非凡的人。

到了派驻地以后，"日行一善"又帮助他成功打开了拉丁美洲的市场。而后，加拿大和亚太地区也被他拿下了。1999 年，他被召回了美国，因为总部有个适合他的职位空缺——年薪 740 万美元的首席执行官。

说到这里，该告诉大家他的名字了，他叫卡罗斯·古铁雷斯。也许你觉得这几个字有点眼熟，没错，无论在美国还是在全世界，这个名字都被当成"奇迹"的代名词广泛传播着——当他被美国猎头公司列入可口可乐、高露洁等数家国际大公司的首席执行官候选人时，当年的美国总统布什在竞选连任成功后宣布，提名他出任下一届政府的商务部部长。

别忘了，如此辉煌的成就，都来源于那不起眼的四个字："日行一善"。

大道理

改变一个人命运的，并非都是些惊天动地的大事情，更多时候这取决于人在日常生活中的一些小举动。日行一善，即可视为改变命运的最简单武器，因为凡是真心助人者，最后必然会帮到自己。

20. 好大的 "一点点"

有两个下岗女工，都在自己家附近的街边上摆了一个早餐点，都是卖包子和油茶。结果一个月后，一家生意日益兴隆，一家却关门大吉，怎么回事呢？原来一切都起因于一个鸡蛋。

生意日渐兴隆的那家，在顾客点油茶时，总会询问"打一个鸡蛋还是打两个鸡蛋"；而关门大吉的那家，问的则是"打不打鸡蛋"。两种略有差别的问法，总使得第一家比第二家每天多出二三十块钱的收入。这样一来，前者负担各种费用就相对轻松一些，所以生意就做了下去；而后者呢，由于越来越不堪重负，最后只好收摊走人。又因为两家相距不太远，第二家垮掉以后，她的顾客都跑到第一家这边来了，这就更让第一家的生意再上一层楼了。

据说，在可口可乐的配方中，99% 是水、糖、碳酸和咖啡因，这一点与世界上所有饮料的构成都差不多，它们的区别仅仅在于剩下的那 1%。这个在其他饮料中绝对不存在的 1%，让可口可乐每年都有逾 4 亿的纯利润收入，也让它有能力长年雄居饮料业的霸坛。

看来，世界上的成与败之间，距离有时就那么"一点点"。也许，它仅仅等于一个鸡蛋，也许，它仅仅等于1%的其他成分，但所谓的成功秘诀，往往也就在于这宝贵至极的"一点点"。不知道有多少人，用多少次失败才能换来这秘密的"一点点"，然后走向成功。

所以，无论何时，我们都不要轻视一件小事，忽略一个细节。要知道，如果你最后是成功的，这"一点点"也许微不足道，但如果你是失败的，这"一点点"会放大成你全部的教训与遗憾，让你后悔不迭！

大道理

每个人的手中都握着一副上帝发的牌，这些牌本无所谓好坏，这其中很关键的差别，就是那"一点点"。凡事多思考一点点、多坚持一点点，你的人生就会发生质的变化。

---

21. 苍蝇的方法

美国康奈尔大学的生物学教授威克，曾经用蜜蜂和苍蝇做过一个寓意深刻的实验：

实验之初，他首先把一只敞口玻璃瓶横放在架子上，然后在瓶底处打上一束光。之后，他便把几只蜜蜂放进了玻璃瓶中。

1分钟后，蜜蜂们发现了自身所处的困境，于是纷纷行动起来，寻找出口。很自然地，它们冲着瓶底有光的方向飞去，尽管一次又一次碰壁，固执的它们依然不顾死活地猛撞向明亮的"出口处"。半小时过去了，当威克教授再次回到实验台前时，发现玻璃瓶中的蜜蜂们都聚集在瓶底处，一只一只半张着翅膀，均已奄奄一息。

看到这里，威克教授释放了这些可怜的"囚徒"们，把实验对象换成了几只苍蝇。和蜜蜂一样，发现了危险之后，苍蝇们也立刻行动起来，冲光亮的瓶底冲去。只不过，在一次又一次的碰壁之后，聪明的苍蝇开始尝试着撞击其他地方。它们向上冲、向下冲、向右冲，就是不再选择明亮的方向。

3分钟之后，已经有一只苍蝇成功"脱险"了，又过了10分钟，六七只苍蝇皆成功逃出了玻璃瓶，重获了自由。

"看来，横冲直撞比坐以待毙要高明得多啊。"威克教授十分感慨地总结。

> **大道理**
>
> 　行动起来固然有可能不成功，但不行动却必然会失败。另外，向着既定目标坚持不懈固然很重要，而随机应变更重要。

22. 把帽子扔过墙去

　　事业刚起步不久，施耐德就遇到了不小的困难。背负着巨大的精神压力，他来找父亲，希望父亲能够给他一点鼓励。傍晚离去时，施耐德的心里已经豁然开朗并且勇气十足了。

　　父亲给他讲了自己小时候的故事。父亲说："小时候，我是一个很调皮的孩子，经常跑进你祖父的果园里偷吃还未成熟的瓜果。后来，你祖父迫不得已在果园四周围上了高高的篱笆，然后把看护小屋建在了篱笆墙唯一的入口处。但是尽管如此，他依然没能阻止得了我，因为不管怎么着，我总会想出办法钻进去。我的秘诀就在于，一旦觉得钻不过去，我就毫不犹豫地把帽子扔进园子里。这样一来，我无路可退，必须想方设法地翻过去，结果每次我都能成功。

　　"长大以后，我不再重复那种恶作剧，但是一个信念却因此形成了——面对一堵难以逾越的高墙时，如果你迟疑不决，那就赶快把后路切断。这样，你的思维就会全部集中在'如何成功'而非'可能失败'上。只有在这种情况下，你才可能想出办法来。

　　"就是靠着这个信念，我才孤身一人从老家来到了芝加哥，克服了没有钱、没有亲友、没有工作的种种困境，成功打拼下了今天的事业，使全家人过上了富裕的生活。"

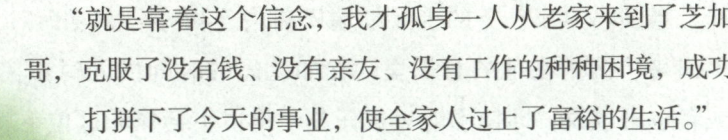

原来，一旦把帽子扔到高墙那边，人就会打消一切疑虑，全力以赴地攀墙而过，也可以说，只有把帽子扔到障碍那边，人才可能绞尽脑汁地想办法穿越障碍。所以，当一项任务看上去艰巨得难以完成时，你不妨把帽子扔过墙去试试看。

大道理

绝境，往往能唤发出我们自身巨大的潜力。既然如此，遇到难以解决的问题时，主动把后路截断，不啻为"强迫"自己成功的前提。

---

23. 没有任何借口

《没有任何借口》中，有一个这样的小故事：

莱瑞·杜瑞松在第一次奉命前去某外地服役的时候，接到了连长指派给他的一个任务，这个任务包括这样几件事：去见一些人；请示上级一些事；申请一种东西，其中包括地图和当时严重缺货的醋酸盐等。

接到委派，杜瑞松立刻向连长保证，他会把七件事情都完成，虽然他还没有时间思索应该怎么去做。

果然，像连长所担心的那样，各件事情都不算顺利，其中最关键的环节就是醋酸盐的申请。为了兑现自己的承诺，杜瑞松滔滔不绝地向负责补给的中士说明理由，希望他能够从仅有的存货中拨出一点给自己。看中士就是不同意，杜瑞松就一直缠着他讲了下去，最后，不知道是从杜瑞松的讲述中得知了醋酸盐的重要性，还是实在被搞烦了，中士终于批准了他的请求。

当圆满完成任务的士兵杜瑞松前去连长办公室复命时，连长居然一句话也说不出来。因为在他的意识里，在如此短的时间内同时做完那七件事是不可能的。或者也可以说，即使不能完成任务，他也不会怪罪这位下属，时间问题倒是其次，关键是申请醋酸盐几乎是不可能的。要知道在此之前，已经有不计其数的申请者"惨败而归"了。

"你是怎么做到的？难道你就没想到不可能吗？"愣了半天之后，连长终于问道。

"不可能？怎么会不可能呢？这是你交给我的任务啊？而且我也已经向您保证了会完成。"杜瑞松回答道。

"我知道这件事很难办，所以早就准备好了听你的任何借口，不想……"

"借口？"不等连长说完，杜瑞松很惊讶地重复道，"我没有想过要找什么借口，我只想怎么把醋酸盐要来。"说到最后，杜瑞松几乎在自言自语了。

"我知道了！"连长忽然明白了什么似的说道，"正因为你没有想过找借口，你才办到了这件事！"

后来，从不为失败找借口的莱瑞·杜瑞松一直升到了上校。

大道理

不要把宝贵的时间和精力浪费在寻找合适的借口上，借口再好，也改变不了你"没有成功"的结局，而且一旦养成习惯，你就难免会一事无成。

---

24. 居里夫人和镭

居里夫人从理论上推测到了新元素镭的存在，但是巴黎大学的董事会却拒绝为她提供她所需要的实验室、实验设备和助理人员，因为她无法用事实来证明这一点。无奈之下，坚强不屈的居里夫人只好把校内一个无人使用、四面透风漏雨的破棚子当成"实验室"。然后，她把从矿上收集到的沥青矿渣用大麻袋运回，便开始了伟大的发现之旅。

当然了，实验室里的"设备"简陋得无与伦比，一口煮饭用的大铁锅、一根粗棒子以及一些必要的试剂和试管便是居里夫人全部的实验家当。而用那根粗棍子不停地搅拌锅中煮沸的沥青液体，便是她的整个实验过程。她期待着自己成功的那一刻，所以在整整四年中都不辞劳苦地工作着。最初两年，这位日后震惊全世界的化学家干的其实是粗笨的化工厂的活儿，接下来的两年，才是她实验的初衷——分析沥青溶解后的分离物，也就是镭。

经过一千多个日日夜夜的辛苦劳作，"实验室"外面那8吨堆得像小山似的矿渣终于变成了此刻她面前器皿中的这一小点液体。居里夫人满怀期望地等待着，等待着这些液体结成一小块晶体（镭）的时刻。可是等啊等啊，半小时、一小时过去了，原本激动不已的她感觉越来越沉重——玻璃器皿中的液体，她4年来的汗水和8吨沥青矿渣的最后结果，居然只是一小团污迹！

夜深人静的时候，疲倦至极又失望之至的居里夫人回到了家，她躺在床上，无论如何都不能入睡，她不甘心，她想找出自己失败的原因。

"只要能找出自己为什么失败，我就不会对失败这么在意了。可是到底为什么呢？为什么它只是一团污迹，而不是一小块白色或无色的晶体呢？那才是我想要的镭啊！"居里夫人一边想，一边自言自语着。忽然她眼睛一亮：既然谁都没有见过镭，凭什么自己这么肯定镭是白色或无色的晶体呢？没准儿，那一小团"污迹"正是自己最想要的东西啊！

想到这里，居里夫人翻身下床，以最快的速度朝实验室跑去。结果还没等开门，她便从"实验室"的墙缝里看到了自己伟大的"发现"——白天器皿中那毫不起眼的污迹，此刻正在黑夜中散发着耀眼的光芒！"镭！"居里夫人惊喜地叫了出来。没错，这就是镭，一种具有极强放射性的元素。

大道理

看到障碍就意味着已经偏离了成功目标，可如果只盯住成功的招牌，我们也难免会与之失之交臂，因为时常注视自己、反省自己也是必要的。

25. 等待时机

一个年轻猎人很希望自己有发财的机会，哪怕是让他多打一些猎物也行。于是，他茫然地靠在一块石头上，等待着时机的到来。

这时，从远处走来一位白须老者，只听老者问这个年轻人："年轻人，你靠在这里做什么呢？你的猎枪都已经生锈了，难道你没有看到刚才有一只野兔跑过去吗？"

年轻人看了看老者回答说："我靠在这儿等待时机啊。"

老者笑着反问道："那你知道时机是什么样子吗？"

"不知道。"年轻人摇了摇头说，"不过，听说时机是一个很神奇的东西，只要它来到你的身边，你就会走运，就会发大财……"他一边说一边自我陶醉着。

"其实并不是这样的，年轻人！"老者忽然正色道，"时机是不可捉摸的，如果你专心等它，它可能迟迟不来；而你不留心时，它又可能来到你的面前。你看刚才从你身边跑过的那只野兔，那不就是时机吗？而你却错过了它，使它再难回头了。你既然连时机是什么样子都不知道，它来到你身边的时候你怎么会知道呢？所以说，你这样坐着等待简直就是一种愚蠢的行为啊。"

说完，老者就消失了。年轻人这才明白过来，原来这老者就是时机的化身。可惜的是，他再一次错过了，不仅仅因为他不知道时机是什么样子，更因为他一直靠在石头上等待。

大道理

机会不是等来的。守株待兔，只是一种坐失良机的愚蠢行为。积极行动，寻找时机或者不断地为自己创造时机，才可能在人生的竞赛中保持永胜。

26. 捡海螺

一个老人和一个年轻人一起到海边捡海螺，因为海螺可以拿到市场上去卖。

由于腿脚麻利，眼神又好使，年轻人觉得自己肯定比老人捡到的海螺既大又多。因此，他一直把眼睛盯在又大又好的海螺上。

半个小时过去了，年轻人始终走在老人前面，腰也没见弯下去几次，虽然他的后面大大小小的海螺到处都是。而老人则正好相反，他一直落后，却频频弯腰，无论大海螺小海螺都如获至宝地捡起来。

结果一个小时不到，老人的口袋里就有了很多海螺，而年轻人的口袋里却还像刚来时那样空荡荡的。

"小伙子，难道你没有看到这里有好多海螺吗？不要再那么挑剔了，否则你捡不了几个的。"老人对年轻人说。

年轻人却撇撇嘴回答："我要的是又好又大的海螺，那样才能卖个好价钱。"

不知不觉中，太阳已经快落山了，可年轻人还是收获不多，因为他很少看到自己所希望的那么大的海螺。而老人的袋子，则已经满满当当，几乎装不下了。

大道理

"金字塔是用一块块的石头砌成的"，任何事物在发生质变之前都要有一个量的积累过程，所以，如果你不屑于一滴水，你也就相当于放弃了整片海洋。

---

27. 天壤之别

伊尔·布拉格是美国历史上第一位荣获普利策新闻奖的黑人记者，堪称美利坚新闻史上的一大奇迹。据说，这位传奇人物的成长经历也有一定的传奇色彩。

童年时，布拉格家里很穷，父母都靠卖苦力为生，以至于年幼的布拉格认为，像他这样地位卑微的黑人是不可能有什么出息的，他只能子承父业，长大后和父亲一样做个水手。

为了打消儿子这种自暴自弃的错误心理，当布拉格9岁时，父亲带他去参观了伟大画家凡·高的故居。当看到那张破旧狭窄的小木床和那双龟裂的脏皮鞋时，布拉格很奇怪地问父亲："爸爸，凡·高不是世界上最伟大的画家吗？那他应该是百万富翁才对呀？有钱人怎么睡这样的床，穿这样的皮鞋呢？"父亲回答他说："儿子，其实凡·高是一个连妻子都娶不上的穷人。"

不久之后，父亲又带着小布拉格去丹麦参观了安徒生的故居。和上次一样，小布拉格非常奇怪安徒生故居的墙壁上居然有斑驳点点，于是他问父亲："安徒生不是生活在皇宫里吗？这所破房子怎么会是他的呢？"父亲扭头看着儿子，意味深长地回答道："安徒生只是个鞋匠的儿子，他只能住在这样的破阁楼里。皇宫，只有在他的童话里才会出现。"

有了这两次伟大艺术家故居的参观经历以后，小布拉格那种"只有地位高和生活优越的人才能获得成功"的意念被彻底清除掉了，他的一生也由此得到了改变。

大道理

人能否成功，不在于贫富，只在于自己是否努力奋斗。记住：努力的结果，是把劣势转化成优势；懈怠的结果，是把优势转化成劣势。

28. 为什么不竭尽全力

某青年海军军官走进海曼·里科弗将军的办公室，将军接见了他。坐定之后，将军请他挑选任何他所希望讨论的领域进行谈话，青年军官选择了时事、音乐、文学、海军战术、电子学等。

在整个谈话过程中，将军一直在注视着青年军官的眼睛，并不断地问这问那。当青年军官被问得瞠目结舌时，将军微微一笑。顿时，青年军官明白了将军的用意——自己挑选的这些自以为懂得很多的问题，看来都知道得很少，更何况其他的呢？

正当青年军官为自己的无知感到羞愧时，将军又问道："你在海军学院的学习成绩怎样？"

"在820人的年级中，我名列第59名。"这个问题让青年军官稍稍释然了一点。诚然，这个成绩还算是不错的，但是由于有刚才的教训，他的语调和表情依然很谨慎。

"哦，那你竭尽全力了吗？"将军微笑着反问道。

"没有。"青年军官摇摇头回答道。显然，他希望通过这个回答透露给对方两个信息：一是自己很谦虚；二是自己还有更大的发展空间。

谁知将军根本不买账，说："哦？那你为什么不竭尽全力呢？"

立刻，青年军官窘得无话可说了，是啊，自己为什么不竭尽全力呢？之后，他便沉默着退出了里科弗将军的办公室。

在此后的几十年中，青年军官一直把老将军的那句话当成自己的座右铭，无论做什么事，他都会"竭尽全力"。凭着这种精神，数年之后，他成了美国的第三十九任总统，他的名字叫詹姆斯·厄尔·卡特。

大道理

即便不求成功，当你以最大的热忱去对待自己所做的或者将做的事情时，成功也会不请自来。最起码，你会获得一种了无遗憾的幸福。

第六章

心态与命运

"要么你去驾驭生命，要么是生命驾驭你。你的心态决定谁是坐骑，谁是骑师。"在生活中，随时调整自己的心态是一件非常重要的事情。一个人能够拥有一份好的心态，对生活、工作，乃至人生都是至关重要的。

1. 简妮特的成功之路

简妮特是一个穷人家的孩子，为了生活，她不得不在很小的时候便辍学打工，补贴家用。她的第一份工作是做某裁缝店的打杂人员，每天的职责就是帮助客人们试穿衣服、清理那些裁缝们丢弃的布头和店里的其他杂物。

因为工作的原因，简妮特常常能接触到一些上流社会的女士们，她们乘坐着豪华气派的轿车前来，神态高贵地挑选着布料，举止优雅地试穿着她们刚刚做好的新衣服。看着这些穿着讲究、举止端庄大方的大家闺秀和贵妇们，简妮特的心里升腾起了一个强烈的愿望，她很希望有朝一日自己也能像她们一样为人瞩目。在这个念头的驱使下，简妮特不管每天工作多么辛苦，也总是尽量保持着迷人的微笑，待人接物时也学得像那些贵妇人，表现得落落大方。

心态真的是一种神奇的力量，这样的日子久了以后，原本毫不起眼的简妮特竟然成了店里最受欢迎的人。不仅同事、老板喜欢，连顾客们也会点名要她服务。她们说："她的得体言行和微笑让我感觉很舒服。"就这样，她被评为了店里最优秀、最有气质的员工。老板因此破格提拔她为助理裁缝，很快，她就成了著名的服装设计师。

> **大道理**
>
> 出身并非一个人命运的决定因素。你的心态决定你的目标，你的努力提升你的能力，你的能力改变你的身份和地位。

2. 幸运与倒霉

公司新来了一个业务员叫小王，刚开始时，他信心十足，可是没过几天，那股劲头儿就消失了。

这天早晨，小王颓丧地坐在椅子上，垂着两肩，显得极为无助。恰在此时，业务经理走了过来，问他怎么回事。

"我不想再做了，我想我可能不适合这份工作。"小王无精打采地回答道，"如果仅仅是业绩不好，我完全能承受，我会很努力。可是，我实在受不了那些客户对我的态度，他们批评咱们的产品不说，还侮辱我的人格……"小王显得很激动。

经理静静地听他说完，盯着他的眼睛说道："没错，我就是这么走过来的，而且，情况比你更糟。那时候，我不仅遭受着客户的拒绝、批评，而且遭受着他们的鄙视、打骂。有一次，一个客户甚至直接把我推倒在地，然后把油桶砸在我身上，洒了我满身油……"

小王惶惑地看着经理，他一直认为，这个年薪30万的业务经理是众多业务员中的幸运儿，从来不曾遭遇过什么挫折。他突然站起来握着经理的手道："我明白了，相信我一定能行。"

几个月后，小王成了这家公司最棒的业务员。

大道理

　　幸运只喜欢坚定执着的人。越是恶劣的环境，越是成功的契机，倘若临阵退缩，你永远不会得到幸运之神的眷顾；迎难而上，才能抓住艰难背后的机遇。

---

3. 乐观者和悲观者

这对兄弟虽然是双胞胎，并且长得极像，性格却迥然不同，甚至可以说是截然相反，因为他们一个是乐观主义者，一个是悲观主义者。

很小的时候，他们的父亲曾经试图改变他们兄弟的性格，他给了悲观的弟弟一大堆非常诱人的新玩具，然后把乐观的哥哥关进了满是马粪的马棚里。两个小时以后，父亲去看这俩兄弟，却发现弟弟守着一大堆玩具在哭，而哥哥却乐不可支地掏了满手马粪。

"你为什么要哭，而不玩这些玩具呢，波比？"父亲问弟弟。

"我玩的话它们会变旧，还可能会

坏掉。"波比一边哭，一边说。

"那彼特，你为什么掏了一手马粪还这么高兴呢？"父亲又问哥哥。

"因为我试图从马粪里掏出一匹小马驹来呀。"彼特说完，又跑去掏他的马粪了。

父亲叹口气，从此再也不梦想改变什么了。

慢慢地，兄弟两人都渐渐长大了。波比还是那个悲观的波比，他总是守着大半杯可口可乐发愁：唉，就剩下半杯了。而彼特还是那个乐观的彼特，偶尔地他会因为发现了半杯可口可乐而惊喜：感谢上帝，我还有大半杯饮料呢！

最后，波比面带忧郁地死去了，他一辈子也没高兴过。之后，彼特面带微笑地也死去了，他一辈子也没忧伤过。可是，他们俩都活了一辈子，而且总处于差不多的境遇！

大道理

乐观的人总能在危难中看到有利于自己的机会，悲观的人总能在机会中看到不利于自己的危难。想做前者其实并不难，你只需要在看到阴影时及时转身。

4. 小和尚买油

大山中有座庙，庙里住着一老一少两个和尚。每个月的月初，老和尚都会交给小和尚一只大碗，吩咐他到山外去买食用油，然后告诉他："你小心一点，别把油弄洒了，我们一个月的菜肴可全靠它呢。"

小和尚答应一声就下山去了。回来时，他想到师父的嘱咐，不禁更加用力地捧紧了油碗，一小步一小步地走着山路，丝毫不敢左顾右盼。可是不知为什么，他心里越是紧张，手中的碗就晃得越厉害，临近家门时，油已经洒掉了将近三分之一。老和尚一看到油碗，就急了，他生气地指着小和尚大骂道："你这个笨蛋，怎么连这么点事都做不好！竟然洒了这么多！"

看师父生这么大的气，小和尚一句话也不敢说，只是让委屈的眼泪在眼眶打转转。

第二个月月初，老和尚又吩咐小和尚去买油。像上次一样，小和尚回来时小心翼翼地走着，生怕再出什么问题。可是大碗又像上次一样，总是晃啊晃的一点点往外洒，急得他眼泪都快掉下来了。到了庙门时，光顾碗不顾脚下的小和尚冷不防被门槛绊了一下，结果油一下子只剩下三分之一了，傻了眼的小和尚忍不住放声大哭起来。听见哭声，老和尚赶紧跑了出来，当他看到装油的碗时，立刻火冒三丈："你还有脸哭！真是气死我了！"

可是气归气，第三个月来临时，因为老和尚有事走不开，所以还得吩咐小和尚去买油。但是这次，他改变了以前的态度，只听他这样吩咐小和尚："你听好了，我要你在回来的途中多观察你周围的人与事物，然后详细地报告给我。"

小和尚为难地咧了咧嘴，但最后还是去了。回来时，他遵照师父的嘱咐留心着山路两旁，发现山路边的风景竟然很美——远方山峰雄伟，近处梯田片片，梯田边还时不时有开心奔跑着的孩子，路旁的古松下还有两位下棋的老先生。

这样一边看一边走，不知不觉，小和尚已经到庙里了。当见到师父时，他才注意到：碗里的油还是满满的，一点也没洒。

大道理

越是刻意地握紧拳头，越是连空气都抓不到；相反，轻松坦然张开双臂，世界却会尽在怀抱中。看来，要想让生活无忧无虑，我们必须首先学会不在意。

5. 不可能？你试过了吗？

"小时候，我父亲有一处农场，这其实是一片肥沃的土地，只不过因为上面有许多石头，所以我父亲才得以用一个非常便宜的价格买下了它。

"有一天，为了让耕种更顺利一些，母亲建议把土地上的石头搬走。父亲立刻反对说这是不可能的，因为虽然看起来它们只是一块块的石头，但是它们其实是小山头，在地下是与大山相连的，否则主人就不会以这么低廉的价格出售给我们了。

"后来有一天，父亲去城里办事，便由母亲带着我们在农场里劳动。不知不觉地，我们就挖起了那些石头，没想到不长时间，便把它们都搬走了。原来，它们并非什么小山头，只是一块块孤立的石块，只要往下挖一英尺，便可以将它们晃动了。"

这是林肯总统给某位朋友写信时写到的一个小故事。

读到这一段时，记者马维尔已经是 76 岁的老人了，但是这个故事让他终于下了学习外语的决心。在以前，他认为这是"不可能的"，因为他觉得自己已经太老了，记忆力早就大不如从前了。

据说，1922年，马维尔来中国采访孙中山时，整个过程中他都操着流利的汉语。

大道理

有些事情，我们之所以不去做，只是因为认为不可能。而许多不可能，实际上只是存在于人们的想象之中的。所以，在说"不可能"之前，请先尝试着做一下。

---

6. 丑陋的脸，漂亮的心

学生们都知道，学校里有一位非常可怕的女老师——她的左半张脸上，有一块好大好大的黑胎记，看上去好吓人。但是出乎大家意料的是，她的老公竟然是位风度翩翩、长相英俊的美男子，弄得每到放学时，好多女生就赖在学校里不走，以期看一眼前来接女老师的帅哥。

高二那年，这位"可怕"的女老师成了六班的班主任。刚开始时，六班几十位同学都掩口而笑；上半学期期末时，女老师已经成了大家交口称赞的对象；高二结束时，除了一位生病休学的学生外，所有同学都已经把女老师视为了知己，连自己埋藏已久的小秘密都愿意向她和盘托出。

这是怎么回事呢？原来，一切都源于女老师始终如一的明朗、公平和乐观。她曾经这样给学生们讲述自己的过去：

"大学之前，我一直为自己丑陋的相貌而自卑不已，脾气极坏。那时候，几乎没有谁愿意理我。大一时，我遇到了改变我命运的哲学老师。我至今记得他那句让我的人生得以扭转的话，其实很简单：'生得不漂亮你可以怨天尤人，活得不漂亮你只能打自己耳光。'

"这句话犹如醍醐灌顶，让我茅塞顿开。从此，我一改原来的性情，变得阳光、开朗和积极。毕业时，我优异的成绩、独特的个性和雄辩的口才已经征服了院里所有的人，是院长亲自把每年只有一个的'魅力大学生'奖颁发给我的。碰巧的是，我捧着奖杯那刻的满脸阳光，又为我赢来了美丽的爱情。

"我现在之所以给大家讲这些事情，是希望大家都能永远记住：一个人可以生得不漂亮，但一定要活得漂亮。做到这一点，世界上所有不可思议的漂亮就会接二连三地来到你的世界里。就像丑陋如我，却依然赢得了你们美丽的心灵一样。"

大道理

美丽的外表可以为你赢来美慕，美丽的内心可以为你赢来尊重。美慕的下一步是嫉妒，嫉妒的下一步是仇视贬损；尊重的下一步是信任，信任的下一步是推心置腹。你愿意得到哪一样？

---

7. 铁棱与星星

第二次世界大战期间，两个不幸的犹太人一起被捕了。他们被分关在两个相邻的牢房里，每个小房间都有一个很小的窗口，牢房里仅有的那点微弱阴暗的光，就是从那里射进来的。

白天，所有的犯人都会被赶去做苦工，他们随时都可能性命不保。晚上，活下来的犯人在自己潮湿的小牢房里思念着家乡与亲人。这一切，他们两个人都不例外。只是当他们都把思念的目光投向窗外时，一个人发现了铁铮铮的窗棱，一个人看见了明亮的星星。

看见窗棱的人满心忧伤：这铁窗是如此坚固，什么时候才能冲出去与我的家人团聚啊！

看见星星的人满心欢喜：真好，虽然隔这么远，但是我能和我的家人一起看星星。没准儿，我们看到的还是同一颗星星呢。

就这样，前者日日夜夜忧伤，身体越来越消瘦，精神状态也越来越不好。而后者却每天都乐观积极，一心想着出狱以后的美好日子，一点也不像坐牢的人。

几年之后，第二次世界大战结束了，幸存下来的犯人都被释放了。看见星星的那个人满心欢喜地跑出牢房朝着家乡的方向奔去。而看见铁棱的那个人却早在一年前就死了，是自杀。

8. 不是幽默的笑话

美国第七任总统安德鲁·杰克逊，是美国历史上最出色的政客之一。但一向以睿智、机敏著称的他也会犯一些不该犯的错误。

自从妻子死后，杰克逊总统就陷入了长期的忧郁与恐慌中——家人已经不止一个死于瘫痪性中风，自己也可能会死于这种病。几年过去了，虽然杰克逊活得好好的，但是他依然摆脱不了这种阴影。

一天，杰克逊在朋友家遇到一位年轻的小姐，便兴致盎然地跟她下起棋来。一盘还没下完，就见杰克逊好像虚脱了似的瘫在了椅子上，他拿棋子的手也从桌上滑落下来，无力地垂着，而且脸色苍白、呼吸沉重。

"你这是怎么了，亲爱的？"朋友看见他这个样子，慌忙跑到他身边问道。

"它还是来了，它还是来了……"杰克逊喃喃自语着，"我知道无论如何我也逃不过的。"

"这到底是怎么回事，杰克逊。"朋友使劲儿地摇着他。

"我得了中风病，我右侧的半个身体都已经瘫痪了，"杰克逊有气无力地答道，"刚才我在右腿上捏了几把，它竟然一点儿感觉也没有。"

"可是，总统先生，"对面的小姐说道，"您刚才捏的是我的腿啊！"

9. 没有解开的缆绳

最近一段时间，这位渔民的运气特别好，几乎每天都能满载而归。同样是3个月的时间，别人也就收入了两三千块钱，而他却已经近万了。所以在他生日这天，他决定在他的船上大宴宾客。

由于来客们都是彼此熟悉的好朋友，渔民便毫无顾虑地大喝起来，宴会结束时，他已经醉眼蒙眬了。等大伙都散了，渔民开始晃晃悠悠地收拾残局，然后就费力地摇桨准备回家。可是划了半天他发现自己还没有到对岸，甚至小船连动都没动。

他的醉意一下子吓醒了一半："天哪，难道，难道我是遇上鬼了不成？"这样一想，渔民吓得拔腿就往岸上跑，但刚跑上岸，他就被某个东西绊得趔趄了一下，头也重重地磕在了什么东西上，再然后他就什么都不知道了。

醒来时，他的酒劲儿早已过去了，他惊讶地发现自己竟然躺在平时捕鱼的河边，而且头上还隐隐作痛，好像是一个大包。经过仔细回忆，渔民知道了是怎么一回事。

"可是，船怎么会不动呢？"他奇怪地向脚下看去，顿然大悟。原来昨夜他醉得厉害，根本没有解开缆绳。绊倒他的，自然是缆绳；而磕到他的，当然是拴绳的石礅了。

大道理

人生当中，有许多无形的枷锁会阻碍我们前进的双脚，桎梏我们自由的心灵。别人能告诉我们它的具体位置，而真正的钥匙，却始终在我们自己的手中。

10. 理想与现实

这个男孩正在向上帝诉说他的愿望："我希望得到一位性情温和、高挑美丽的妻子，希望有一座带后花园的别墅小楼，希望有3个能够成为名人的儿子，还希望有一辆豪华的跑车。"

上帝祝福他的梦想能够实现。

多年后，这个男孩长成了大男人，他娶到的妻子温柔美丽，只是个子很矮；他有了3个可爱的孩子，只不过都是女儿而非儿子；他有一座看起来还算不错的房子，但是那是平房而非别墅小楼；房子的后面不是什么花园，而是被贤惠的妻子开辟的一个不小的菜园子；他还有一辆车，是辆给人拉货的大卡车而非他梦想中的跑车。

上帝没有给他他想要的，为此，他非常气恼地去找上帝理论。

"你为什么不给我我真正希望得到的东西？"男人问上帝。

"哦？"上帝吃惊地望着他，"我不过是想给你一些惊喜，所以给了你一点你没想得到的东西而已。再说，你不也没给我我真正希望得到的东西吗？"

"你也有所求吗？你希望得到什么？"男人很惊讶。

"我希望你能因为我给你的东西而快乐。"上帝说。

这个男人突然领悟了上帝的意思和生活的真谛，从此每天都过得非常快乐。

大道理

理想和现实之间永远会有距离和差异，聪明的人会带着感恩之心去享受现实，而愚蠢的人却会把手边的快乐随意丢弃。

11. 蜘蛛给人的启示

一场暴风雨过后，蜘蛛辛辛苦苦结成的网被破坏得乱七八糟。没办法，蜘蛛只好再结一个。这回，它选择了一个看起来比较结实的墙角。

一根、一根又一根，蜘蛛不知疲倦地抽着丝，可是它刚刚结到一半，墙角上的树枝便随着雨后的风而摇曳起来，一下子就把这即将成形的网扫烂了。就这样，蜘蛛一遍遍地结，树枝一遍遍地扫，几个小时过去了，蜘蛛依然没能结好网。

这个过程，刚好被路过的 3 个人看到了。

第一个人笑了起来："这蜘蛛真傻，墙是死的你是活的，这里不行你不会换个地方，爬屋里去结啊！我以后做人做事可绝不会跟你似的这么傻。"几年后，这个人成了一个很有名的富商，当别人问他赚钱的秘诀时，他只简单地说了一句话："哪里钱好挣就往哪里去，别跟蜘蛛似的死守在一个墙角就行了。"

第二个人则感觉震惊："天哪，小小的蜘蛛面对磨难时都能屡败屡战，我怎么能因为失去一次工作机会而如此消沉呢！"想到这里，他决定坚强起来。结果后来他真的变成了一个很坚强的人。

第三个人叹了一口气："唉，我不就是这只蜘蛛嘛，虽然忙忙碌碌却没有什么收获。"于是，他便日渐消沉下去。

大道理

生活对每个人都是公正的，但是当人们用不同的心态去看它时，总能得到各不相同的结论，并因此或成或败。

12. 特殊的礼物

　　美国修女泰瑞莎一生经历颇多，却从未被任何磨难打倒过。她这样表述自己的秘诀："世界上的艰难困苦比比皆是，但是面对它时，却有人痛苦，有人欢欣，我想这跟人的心态有重要关系。比如，如果将之视为上天恩赐给我们的特殊礼物，我们的生活便会减少几许悲哀，平添许多快乐……"

　　"上天恩赐的特殊礼物"，这几个字如石击水，让人的心里翻腾起了道道涟漪，知道再遇到不开心的事情时，应该怎么做。

　　×女士乘飞机去纽约参加一个会议，不想因为天气原因，飞机中途迫降，要停飞4个小时。×女士当时就烦躁起来，又沮丧又着急，但是突然间她就想起了泰瑞莎的话，顿感心情平静了许多——是啊，既然闹情绪也没用，干吗不把它当成一份上天恩赐给我的特殊礼物呢？我平常忙得连休息日都没有，这长达4个小时的休闲时间实属难得，不正符合"恩赐"的条件吗？想到这里，×女士微笑起来，从包里拿出一本杂志，开始慢慢地读起来。

　　从这以后，每逢遇到磨难与挫折，×女士总会告诉自己"我又得到了一份特殊的礼物"，渐渐地，微笑已经成了×女士的习惯……

大道理

　　生活中的困苦挫折并不都是破坏幸福的魔鬼，如果你看待它的心态能够转变的话。把自己当成"特殊公民"，把一切挫败当成上天赐予的"特殊礼物"，你便能拥有长久的快乐。

13. 画出来的窗

黄永玉是我国著名的书画艺术家，他自幼喜爱绘画，少年时期便因木刻作品蜚声画坛，有"中国三神童之一"的美誉。但也许你想不到，这样一位绘画大师，同时也是一位"心境"大师。

那一年，黄永玉带着他那颗饱经沧桑的心来到了北京，就住在今天被他命名为"芥末"的故居中。这是一所四壁是墙的老房子，除了一个极为狭窄的门外，整幢房子连一扇窗也没有。倘若关了门，房间里就会如同半夜一样黑得伸手不见五指。然而出人意料的是，黄永玉并没有嫌弃这个令人憋闷的家，反而开口大笑起来。只见他一边笑，一边拿出一张白纸贴在墙上，然后开始在白纸上画画。不一会儿，纸上便出现了一扇极为逼真的窗户，与真的窗户几乎毫无两样。顿时，整个房间明亮起来，就像屋外的阳光一下子都涌进了这间小屋一样。在场的所有人都被震住了，然后便纷纷鼓掌叫起"好"来。

人们之所以会连连叫"好"，除了惊叹黄永玉大师出神入化、撼人心魄的画技外，恐怕更多的是被他这种"画一扇窗给自己"的豁达超然的人生态度所折服吧。

> **大道理**
>
> 不管遭遇何种打击、困境，只要心中有接纳阳光的窗户，我们便能透过现实的黑暗，看到窗外那片明亮的风景。

14. 报复

多年前，画家得罪了一位朝中大臣，使得那大臣怀恨在心，找机会把他杀了。多年后，画家的儿子也成了十分出色的画家。但是由于他晓得那位大臣依然在恨他的父亲，所以担心他对自己不利，每天只低调地在画市上卖画为生。

偶然有一天，这位大臣年轻的儿子逛画市时迷上了他的一幅画，但他却很傲慢地拿布盖上了画，声称这幅画不卖。看着大臣儿子很失望地离去，他感觉到了一种报复的快感。

几天之后，那位大臣来到了他家，求他把那幅画卖给他，并说要多少钱都行，因为他的儿子已经因为这幅画闹了好几天了。可是画家的儿子依然拒绝了，他贪婪地享受着那种报复后的快乐，感觉多年来心中的仇恨终于释解了一些。

这天早晨，画家的儿子在精心画着一幅神像——这是他的习惯，每天早晨起来先画一幅自己所信奉的神像。画着画着，他就盯着神像的脸看起来，并自言自语道："好奇怪，怎么这神像这么像一个人呢？到底是谁呢？"想了许久，他突然大惊道："天哪，原来是他，是那个杀害我父亲的大臣！"

他像疯了似的撕着画，大喊着："我的仇恨最终报复了我自己！"

大道理

仇恨是人们心里的火种，如果想点燃它来烧别人，势必会首先烧伤自己。即便自己已丧命，对方也有可能安然无恙。

---

15. 幸好

没想到世界上有如此大胆的贼，他竟把美国总统富兰克林·罗斯福的家给洗劫了！晚上，当罗斯福回到家时，发现许多值钱的、有用的东西都被偷走了。

听说这一消息后，罗斯福的一个朋友赶紧写信来询问和安慰他，信中写道："亲爱的总统先生，听说您家被洗劫了，我甚为担心。上帝可真是不公平，他怎么能够让您这么伟大的人物遭此不幸呢！

"不管您丢了什么东西，我都希望您能以身体和精神为重，别为此过多分心，以免影响健康。祝你早日开心。"

罗斯福先生读完这封信，立即提笔回信道："亲爱的朋友，谢谢您来信安慰我。我现在很平安，无论身体情况还是精神状况都很好，所以您完全没有必要为我担心。上帝真是太公平了，因为以下3个理由，我由衷地感谢上帝：

"一、贼只是偷去了我的财物，而没有伤害我的身体；

"二、贼偷去的只是我的部分财物，而不是全部；

"三、这最后一点也是我感觉最值得庆幸的一点，做贼的是他而不是我！"

16. 尼克松的遗憾

谈起尼克松总统，他的赫赫业绩不但美国人有口皆碑，连我们中国人也耳熟能详，最起码，中美关系的大门就是由他亲手打开的。

由于他在任期间政绩斐然，深得美国人民之心，所以 1972 年他第一任期期满时，大多数人都认为他成功竞选连任没有问题。尤其是与他相比，他的对手从阅历到声望都远远不及他，这更突出了他的绝对优势。

但是谁都没想到，对这种趋势最没信心的竟然是尼克松本人。的确，他十分不自信，因为过去曾经有过几次失败的打击，所以他怎么也走不出那个心理阴影。

眼看竞选在即，尼克松越来越担心万一出现的失败，终于，在这种潜意识的驱使下，他做了一个让自己终生后悔的小动作——派人潜入竞选对手的总部，在其办公室里安装了窃听器。

事发时，尼克松已经竞选成功，可是愤怒的对方并没有因此放过他，而是大张旗鼓地宣扬他的"丑恶行为"。这个消息令全美人民都异常震惊。再后来，尼克松总统想尽办法阻碍调查和推卸责任，他的态度又令大家异常失望。

终于，在选举胜利后不久，尼克松总统迫于舆论压力辞职，造成他毕生最大的遗憾。

17. 翠玉戒指

市里最大的珠宝店昨晚失窃了，数件价值连城的宝贝都不翼而飞。但是经过勘查，警察却没有发现任何蛛丝马迹，只从破坏保安系统、开保险锁、接应、放风等的密切合作上判断出：这肯定是个犯罪团伙，而非一人。

没办法，珠宝店只好悬赏寻宝。店老板也接受了记者采访，公开在镜头前大拍着脑门，显出满脸的沮丧："唉，那些金银钻石丢了我倒不心疼，我就是心疼我那个翠玉戒指！要知道那可是我祖传的宝贝，价值连城啊。我原本想把它换成现金再开一家店的，没想到竟然被盗了，真是心疼死我了！"

当然，那伙窃贼也看到了这段电视录像，但是店老板的话音刚落，他们便把目光齐刷刷地投向了外号叫"老黑"的人身上："你竟然敢私藏一件宝贝！"说着，众贼的拳头便如雨点般地砸了过来。

老黑惨叫着为自己辩驳："我没有藏，你们相信我，我真的没有藏。"

"从头到尾都是你一个人在接触货物，不是你还能有谁！"众贼更愤怒地打着老黑……

第二天，警察给珠宝店的老板打来电话，让他前去认领失窃物，说案子已经破了，可惜的是没找到那枚翠玉戒指。

验收了失窃的宝贝后，店老板对警察说了一句："我就丢了这些东西，哪有什么翠玉戒指。我一时糊涂，乱说的。"

警察先是一愣，继而恍然大悟，哈哈大笑起来。

大道理

正所谓"邪不压正"，即便是邪人，也总是宁可相信正人的假话，而不愿相信邪人的真话。利用好这一点，有助于我们在某些时刻化险为夷。

18. 另起一行

班主任林老师发现了一个怪现象：每天早晨第一个到教室的都是那个叫娜娜的小女孩。

终于有一天，林老师忍不住好奇地问娜娜："为什么你每天都这么早到学校啊？"

娜娜抿抿嘴，腼腆地笑了："因为我喜欢第一的滋味。"

"第一的滋味？"林老师有点不明白。

"是啊，"娜娜解释道，"我长得不好看，学习成绩也一般，体育也不怎么样，在家里姐妹中还排中间，我从来都不知道'第一'是什么滋味。偶然有一天，当第一个到教室时，我发现自己竟然尝到了那种'第一'的感觉。我很高兴，所以

从那天开始我就天天第一个到教室了。每天，这个念头都会让我充满了兴奋和期待感，我觉得自己过得很快乐。"

听了这番话，林老师开心地大笑起来。

可是有天早晨，林老师突然发现娜娜满脸委屈。"怎么了，娜娜？"林老师问她。

"王刚抢了我的第一，本来我们是一起来的，可是最后他却为了超过我跑了起来。"娜娜嘟囔着。

"哦，那没关系呀。你看，无论横排、竖排位子上的人，你不还是第一吗？"林老师以娜娜为中心比画着说道。

"哎呀，对啊。"娜娜一下子又高兴起来了。

从这以后，林老师觉得娜娜好像变了个人，她变得自信了，也开朗了。

大道理

没有谁不希望得第一，但第一却只能属于一个人。与其因此而失落，不如"另起一行"，寻求自己独特的"第一"，这既是一种智慧，也是一种生活艺术。

---

19. 等待三天

周日下午，一个人们正在做礼拜的教堂里，大家围住了那个守门的修女。

"我每次来，都能看到你微笑着站在门口。你不觉得你的工作很单调、很乏味吗？"有人问。

"不，一点也不，上帝多么偏爱我，给了我一份如此轻松的活儿。"修女面带微笑，眼神很是清澈。

"哦，那你对烦恼可真看得开。"刚才那个人赞叹道。

"其实没有谁能对烦恼看得开，除非你根本就不把它当成烦恼，我就是这样。"修女依然挂着纯洁、干净的微笑。

她的回答顿时引起了人们的一阵"啧啧"声，的确，这句话很棒！

"那么，"又有人问道，"你是怎么不把烦恼看成烦恼的呢？"

"这很好办啊。你看，星期五是我们仁慈的天父耶稣的受难日，那可是全世界最糟糕的一天，但是三天后就是人人欢舞的复活节了。所以，每当遇到麻烦，我都会告诉自己：等待三天，三天后再烦恼。可是我发现，三天之后，那些烦恼就会自己跑掉了。"修女说道。

"等待三天！"人们纷纷重复着这句简短却蕴含哲理的话。的确，有了它，我们便能把烦恼和痛苦抛下，全力去收获快乐。

大道理

给自己的不幸画个下限，过了期便让它们通通作废。另外，无论此刻多么糟糕，总有一天你会快乐起来的，知道了这一点，你应该让快乐尽早到来。

20. 大成和小马

大成和小马都是某高校美术系的学生。四年学习期间，大成勤学苦练，其作品也一次又一次地获奖，所以同学们都称他为"大师"。而小马则吊儿郎当，整天不务正业，连毕业作品都是花钱请人代画的。

才华对比如此鲜明的两个人，命运对比当然也会极为鲜明，只是事实可能跟大家所想的有点不一样——毕业时，小马靠父亲的权力进了当地的一家报社做美编，每月工资几千块；而没有后门可走的大成却只能以给人代课为生，每月只能拿七八百块钱。

感觉极不如意的大成，性格越来越极端，每每看到报纸上印着小马的名字，便会气愤不已，痛骂社会的不公，并且经常有意识地放弃努力——反正也吃不上这碗饭，再努力有什么用！

而原本与大成无法相比的小马，进了报社之后突然奋发图强起来，也是由于报社的工作环境好，能够经常接触一些好作品的原因吧，小马的水平迅速提高了。

几年之后，当大成所在的学校请了在编老师而把他辞退时，小马已经凭着自己画作的独特风格竞选上了美编主任。

大成终于不敢再瞧不起小马了，因为从其作品看，他的水平已经不在自己之下。看来，不但骄傲使人落后，怨天尤人也会使人落后啊！

大道理

世界上没有绝对的公平，除了人人都能完全公平的奋斗之外。所以，不要再抱怨什么怀才不遇，去想想如何推销自己的才华吧。

21. 黑点与白点

新学期开始了，老师决定先给学生上一堂人生课。他走进教室，拿出一张白纸，在中间画了一个大大的黑点问大家："同学们，告诉我，你们都看到了什么？"

全班同学盯着白纸看了一会儿，有点莫名其妙地齐声喊道：一个黑点啊，难道还有什么别的吗？

老师装出吃惊的样子说道："天哪，这么大一张白纸你们没有看见，就只看见中间的这个黑点呀。好吧，既然你们看见了黑点，那就看下去，你们盯住这个黑点，3分钟之内别看别处，看看你们会发现什么。"

同学们一听，立刻饶有兴趣地盯了下去，他们以为老师会这么说，其中必有什么奇妙之处。

"现在，告诉我，黑点发生了什么变化？"老师这时候问道。

"黑点好像变大了。"同学们带着疑惑的神色答道。

"没错！"老师点点头肯定道，"看不到光明，只看到人生黑暗的人，他的一生都将会是非常不幸的。因为倘若把眼睛集中在黑点上，黑点就会越来越大，最后让他的整个世界全

变成黑色的。"

同学们都听呆了，整个教室里鸦雀无声。

老师这时候又拿出一张黑纸，在中间画了一个白点，然后问学生们看到了什么，大家现在开窍了，异口同声地答道："一个白点，如果看下去，它也会变大。"

"非常棒！"老师立刻不失时机地大声叫好道，"倘若能在黑暗中看到光明，那无限美好的未来就会等着你们，而且一旦把眼睛集中在这个白点上，你的世界早晚会全部光明起来。"

同学们早已掌声一片。

22. 盐水的启示

由于接二连三地遭遇不如意，这位小和尚忍不住怨天尤人起来。终于有一天，老和尚被徒弟无休止的抱怨声搞烦了，于是他便命徒弟去取一碗水和一把盐来。小和尚虽然不知其意，但还是遵照师嘱把水和盐拿了来。

"把盐放进碗里搅一搅。"老和尚对小和尚说。

小和尚照做了。

"尝一尝它的味道如何。"老和尚说道。

小和尚诧异地看看师父，喝了一小口盐水，然后立刻摇着头吐了出来："很苦，很涩。"

"你再去拿一坛子清水和一把盐来。"老和尚又吩咐道，然后让徒弟像上次一样把盐放进坛子里搅一搅，再尝尝其味道。

这次，小和尚没有立刻把水吐出来，而是皱着眉头把它咽了下去："虽然有点咸，但还可以忍受。"

听到这话，老和尚笑起来，他让徒弟带上盐和自己一起去湖边。

来到湖边之后，小和尚遵照师嘱把盐撒进了湖水里，然后又尝了尝湖水的味道。

"还是那么甜，一点影响也没有。"小和尚回复师父道。

老和尚这时拍拍小和尚的肩膀道："你最近遇到的那些事情，就像那把数量固定的盐，要想让它不影响你的心情，你就得努力把自己承受的容器放大一些，让它像个湖，而不是一碗水。"

这句话犹如醍醐灌顶，惊醒了"沉睡"中的小和尚。

大道理

你痛苦的程度取决于你承受苦痛的容器大小。当你感觉再难承受时，请将你承受的容器放大些。

---

23. 乞丐与商人

一位双腿残疾的中年男人在热闹的火车站附近摆摊卖铅笔。由于他衣衫褴褛，过往的行人都把他当成了乞丐，纷纷把兜里一角两角的零钱扔给他。半天过去了，他手里的那把铅笔虽然一根也没卖出去，但地上的毛票却已经有了不小的一堆。

这时，一位商人经过这里，也和大家一样漫不经心地丢下了一块钱，然后迈步远去。但是没几分钟，那位商人又回来了，他迅速从残疾男人手里抽了一根铅笔，并连连道歉："对不起，对不起，您是一个生意人，我竟然把您当成一个乞丐了，对不起。"看着商人远去的背影，残疾男人似乎若有所思。

几年后，当商人再次经过这个火车站时，一家饭馆的老板在门口微笑着向他打招呼："终于又见到您了，我可是一直在期待您的出现。"

"你是？"商人糊涂了。

"我就是几年前在这里卖给你铅笔的那个'生意人'。"饭馆老板有意地加重了"生意人"这几个字,"在遇到您之前,我一直认为我自己是个乞丐,是您,让我意识到了我原来是个生意人。您看,现在我真的是一个生意人了。"

大道理

　　每个人的潜力都是无限的,如果把自己看得宝贵,你身上的宝贵潜能便会被挖掘出来。但最重要的是,人要善于自己发现自己,而不是老等着别人来发现我们。

---

24. 残疾军人的愿望

　　据传,在法国一个偏僻的小镇上,有一个特别灵验的喷泉,它常常会出现各种神迹,能治好多种疾病、实现许多人的心愿。因此,每天从国内以及世界各地赶来治病、许愿的人络绎不绝。

　　在第二次世界大战中失去右腿的托马斯听说了这件事之后,也饶有兴致地赶来了。可是当他拄着拐杖,一跛一跛地走过小镇长长的马路,来到许愿泉前面时,周围的人都用一种异样的眼光打量着他,甚至有人开始用同情的口吻窃窃私语:"可怜的家伙啊!他来做什么?""难不成是想治好他的残疾?或者是请求上帝再赐给他一条腿?"

　　听到这些议论,托马斯并没有生气,他微笑着转过身去:"我并不是要向上帝请求有一条新腿,而是想请求他教会我,在失去一条腿后,也知道如何过日子。"

　　周围的人顿时都愣住了,不一会儿,他们给了托马斯一阵热烈的掌声。

大道理

　　当事情还有转机时,我们应努力把握;当遭遇已成定局时,我们应学会接纳与感恩,并积极寻找其背后的阳光。要知道无论怎样你都能快乐地生活,只要你愿意。

---

25. 给困难起名字

　　父亲是个非常有智慧的老人,他一直这么想,事实也在证明着这一点。

　　几年前,他倾注全部心血的企业因为遇上意外而突然陷入了困境,正当他愁闷时,父亲拿着一张大字走进了他的办公室。他知道父亲平常喜欢练毛笔字,可现在来得实在不是时候。可没等他皱眉，父亲便堵住了他的嘴："孩子，我知道你遇上麻烦了，所以特地跑过来给你送这幅字。"

父亲把那张纸翻过来，他看到上面写了一个"坎"字。父亲说："这困难其实就是一道坎嘛，你说，天底下有迈不过去的坎吗？"

"没有。"他说。确实没有，因为仅仅一个月之后，那场官司就被你轻松解决掉了，公司又恢复了往日的生机盎然。

再后来，他与其他合伙人产生了一点矛盾，有好长一段时间你的处境都极为不佳，"发展"看起来困难重重。这时候，父亲又给你送字来了，这回是"弹簧"两个字。

"困难像弹簧，你强它就弱，你弱它就强。"父亲说。他笑了，从此再也没有在父亲面前提过"困难"二字，因为他已经学会了"强"。

10年之后，他创办了自己独资的公司。深受父亲影响的他把"小菜一碟"4个大字挂在了各个办公室里，久而久之，所有的员工都用这四个字代替了"困难"二字。

一次，公司接到了好大一笔订单，可是对方的条件非常苛刻，要求在一个月内交货，那可是平常两个月的任务。

当他把这个消息传达给员工，问他们能不能办到时，员工异口同声地答道："没问题，小菜一碟！"于是他笑了。

后来的事实证明，这的确是小菜一碟。

大道理

困难没有统一的标准，每个人都有自己独到的见解。只不过，如果你不把它叫成困难，你就会想出相应的对策来；如果你非把它叫成困难，你就只有愁眉苦脸了。

26. 精神的力量

马丁·加德纳医生曾经是位著名的心理学家，在行医的数年中，他一直竭力反对把实情告诉各种绝症患者。因为他认为，在全美死于绝症的病人中，有80%的病人是被吓死的，其余的才是真正病死的。

为了证明这一点，他曾经做过一个实验：让一个死囚躺在床上，告诉他即将被执行死刑，然后用木片在他的手腕上划了一下。紧接着，他把预先准备好的水龙头打开，让它向死囚床下的容器流水。当水流由快到慢到最后停止时，那个死囚也昏死了过去。但是事实上，他的手腕完好无损。

通过这个实验，马丁医生用事实告诉世人：精神才是生命的真正脊梁。一个人一旦精神被摧垮了，那么他的生命肯定也就会变形了。

后来，马丁辞去医生职务，做了美国3V俱乐部的心理教练。在他的指导下，一位叫伯来奥的青年男子驾着独木舟从法国的布勒斯特出发，横跨大西洋和太平洋，历时半年之久到达了澳大利亚的布里斯班，创造了单人独舟横渡大西洋的吉尼斯纪录。

当时，众人纷纷怀疑马丁是在拿运动员做实验，马丁反驳说：伯来奥从来没有做过运动员，这项活动也不是什么实验，我只不过想证明精神的力量。

大道理

现实中，绝大部分人所遭遇的绝境都不是生存的绝境，而是精神的绝境。只要你的精神不垮掉，外界的一切都不能把你击倒。

27. 猎狗与兔子

阿黄是一条品种优良的猎狗，经过长期的训练，它已经成为主人的好帮手。别看它的身体壮硕无比，追捕起猎物来可是驾轻就熟，速度非常快，而且反应极为敏捷。

一天，主人又带着阿黄去狩猎。刚走进森林，他们就看见一只毛色发黄的老兔子在觅食，主人抬手就是一枪，可惜子弹一偏，只打中了兔子的一只耳朵。受此惊吓，受伤的老兔子掉头就跑，训练有素的阿黄立即紧随其后，展开了自己最拿手的追捕。虽说森林是兔子的家，兔子在路径上稍占优势，但灵活异常的阿黄也并不逊色，所以整个追捕过程紧张迭起。

眼看着就快被阿黄叼在嘴里时，兔子突然一个猛转身，从阿黄的眼皮子底下蹿进了一片灌木丛。阿黄稍稍一愣，也立即返身追去。可是就在它返身的一瞬间，一根被折断的粗灌木猛地划了它的肚皮一下，顿时，鲜血冒了出来。阿黄疼得"嗷"地叫了一声，一分神之间，兔子没影了。

阿黄刚想再去追，一个念头拴住了它的腿："唉，我这么拼命干吗？就算追不上兔子，我也不会饿肚子啊！"这样想着，阿黄便停了下来，"算了吧，反正现在主人也看不到我了，怎么回事谁知道呢！"

于是两手空空的阿黄开始往回走，这时，一条古灵精怪的翠青蛇从草丛里探出头来嘲笑阿黄道："听闻黄大哥一向以速度著称，今天看来也不过如此嘛，连只兔子都追不上！"

阿黄冷冷地瞅了翠青蛇一眼："我不过是在完成一项任务，而兔子是在逃命！我们是不一样的！"

> **大道理**
>
> 做事情时，心中意图的强烈与否会大大影响其结果。倘若破釜沉舟、全力以赴，则十有八九会成功；倘若先留预想、设有后路，则成功就会很难。

28. 拿破仑的孙子

42岁时，这位法国男人仍然一事无成。因为自己的倒霉透顶，自卑至极的他一直在怨天尤人。的确，他是够倒霉的：先是失去了儿子，紧接着妻子跟他离了婚，不久他经营的小商店又破产了，好不容易找了个糊口的活儿，金融危机一爆

发，他又成了失业大军中的一员。因此，他对自己、对别人、对整个世界都非常不满，变得十分怪异、易怒和脆弱。

某天，他在回家途中遇到了一个吉卜赛人，便将信将疑地把手伸了过去。对方细细地打量了一番他的手相，表情古怪地瞅着他说道："先生，能够为您算命我感觉十分荣幸。"

"为什么？"他皱着眉头问道。

"因为您非常了不起，您是一位伟人的后代！"吉卜赛人以十分肯定的口气说道，"把您的生日告诉我好吗？"

大吃一惊的中年男人报出了自己的生日。

"果然不错！我真是太荣幸了，我居然遇到了拿破仑的孙子！"吉卜赛人高兴地喊道。

"你说我是拿破仑的孙子？！"中年男人快要喘不过气来了。

"没错！"吉卜赛人再次肯定地点着头，"您知道吗？您身体里流的血、您的勇气和智慧，都是拿破仑遗传的啊！而且您不觉得，您的相貌都有些像拿破仑吗？"

中年男人细细一想，自己好像是跟拿破仑有点像。"可是，可是我是个倒霉鬼，是个穷光蛋，是个被生活抛弃的人！"他犹犹豫豫地告诉吉卜赛人，"我儿子死了，妻子走了，工作也丢了，我几乎已经无家可归了……"

"正是这样！"吉卜赛人点头赞同道，"您一定要经历这些的，否则您就不能成功了。现在，那一切都过去了，好运就快来临了。10年之后，您将是全法国最成功的人，因为您是拿破仑唯一的孙子！"

离开吉卜赛人回家的路上，表面镇静的他心里升腾起一种无比美妙的感觉，同时又涌动起无穷的力量。"原来我是拿破仑的孙子！我一定要像爷爷那样辉煌！"他自言自语着。

渐渐地，他发现一切都变了，人们不再对他敬而远之，刚起步的事业也异常顺利。"拿破仑的孙子"原来魅力这么大啊！他美滋滋地想。

13 年后，55 岁的"拿破仑孙子"已经成了亿万富翁，成了法国赫赫有名的成功人士。但是，他究竟是不是拿破仑的孙子呢？管他呢，现在这个问题已经不重要了，不是吗？

大道理

世界一直朝着你所希望的方向发展——如果你颓废、自卑，它则满目疮痍；如果你积极、乐观，它则阳光明媚。所以说，你能够改变全世界。如果你能够改变你自己，而且，你只有改变你自己，你的世界才会跟着变化。

第七章

选择与放弃

　　人生因选择而多姿多彩，因放弃而明朗辉煌。学会选择，能让自己的人生变得不再盲目，从而更好地生存。懂得放弃，能让自己轻装前行，得到的反而更多，让人生收获成功。

1. 永不放弃

他是一个黑人，从小到大，因为肤色的缘故，他的生命一次又一次走进低谷。

上小学时，白人孩子们经常以打骂他为乐，他在这样的环境中向前挣扎着。

小学毕业时，他才知道当地的中学不收黑人，到别处借读又需要缴纳高额的借读费。为了攒齐那笔钱，他不得不又忍受了一年的侮辱。

大学毕业后，由于找工作处处碰壁，他决定自己创办一份杂志。可是钱又成了问题，因为银行贷款给黑人是需要大额财产作抵押的。无奈之下，他借了母亲那一套贵重家具，这套家具可是母亲用攒了半辈子的钱买下的。

一年后，他的杂志获得了成功，除了赎回母亲的家具外，他还赚了为数不小的一笔钱。但是金融危机让他遭遇了灭顶之灾，他甚至连吃饭都成了问题。没办法，他只得一边以捡破烂为生，一边着手重新组织公司。

几年后，他的杂志社终于又起来了，而且越做越大。可是由于公司内部的一点小矛盾，数位股东突然撤资，他的事业再一次跌入谷底。

"妈妈，这次我真的是失败了。"他蜷缩在母亲的怀里，泪流满面。

"孩子，你努力过了吗？"妈妈问。

"是的，但已经没用了。"他回答说。

"不，努力永远不会没有用，孩子。如果每次失败后你都选择坚持，那最后肯定不会是失败。"妈妈说。

这句话确实有理，所以他的信心又被重新点燃了。最后，他果然使自己的杂志成了当地发行量最大的一家。

他的名字叫约翰·H.约翰森，在美国，这个名字意味着三个意思：一、驰名世界的美国《黑人文摘》的创始人；二、约翰森出版公司总裁；三、拥有三家无线电台。

大道理

失败只有一种，那便是你选择放弃。人生就像船行大海，需要不断地搏击，无论何时，只要你奋斗，希望就会存在，所以，不要放弃奋斗。

2. 如何选择

厂里评职称，小王又没评上，想想自己多年来的努力，他很是气恼，于是决定以后再也不像以前那样积极主动地做事了。

晚饭时他跟父亲谈起了这件事，做厨师的父亲一声不吭地听着。吃过饭后，父亲却突然把懒散的他叫进了厨房里。

小王莫名其妙地看着父亲忙碌着，不知道他要干什么。只见父亲把三只小锅装满了水，然后从冰箱里拿出来三样东西：一根胡萝卜、一个鸡蛋、一包咖啡。等到水沸腾时，父亲把这三样东西丢进了锅里。约莫10分钟之后，父亲熄了火，把煮熟的胡萝卜、鸡蛋和咖啡分别盛放在三个碗里。

"你看到了吗？"父亲问小王。

"看到了，爸爸，可是，我实在不知道你在做什么？"小王回答道。

"你看。"父亲用筷子戳了戳胡萝卜，软软的胡萝卜上立刻出现了两个小洞。"你再看。"父亲敲碎鸡蛋壳，鸡蛋里面已经成了固体状态。"你再闻一闻咖啡。"父亲把碗端到小王面前，顿时，一阵咖啡香传来。

"同是在沸水里，三种东西的反应却不同——原本最坚硬的胡萝卜软了；原本软的鸡蛋硬了；原本是粉末的咖啡变成了水。

"人这一辈子总有活在'沸水'环境里的机会，至于你如何变化，这全在你的选择。但是作为父亲，我希望你能像咖啡那样。"父亲的声音浑厚庄重。

旁边，小王听得泪光莹莹。

大道理

我们无权选择事事如意的人生，但有权选择面对逆境时的态度和做法。你可以屈服，可以坚强，也可以努力去改变环境！

3. 狐狸与葡萄

觅食的狐狸被一阵果香吸引了，顺着香味，它寻找到了源头——一片旺盛的葡萄架。时值初秋葡萄成熟的季节，架上溜圆晶亮的果实把狐狸馋得垂涎欲滴。

于是狐狸围着篱笆转起来，它希望能够寻找到一个入口。结果，它还真发现

了一个小洞。可是那洞实在太小了，狐狸肥硕的身体根本钻不进去。怎么办？狐狸眼珠转转，想出了一个办法：饿自己几天，让身体瘦下来。

在篱笆墙外绝食七天之后，狐狸的身体已经变得非常苗条了，再稍稍一使劲儿，它一下子就钻到了篱笆墙里面。这下好了，架上诱人的葡萄全都是它的了。

美美地享受了半个月之后，架上的葡萄基本上已经全被狐狸吃光了。这时，心满意足的它打算打道回府。可是再次靠近出去的洞口时，它才发现，自己胖起来的身体又无法成功钻过那个小洞了。所以没办法，狐狸只好再次绝食七天，把自己饿瘦，然后钻出了篱笆墙。

结果，钻洞而入的狐狸和钻洞而出的狐狸几乎一模一样。

看到这里，有人也许会嘲笑狐狸的愚蠢，但是也有人对它的做法却抱有几分敬意。其实人生或者其他任何一种生命，最初和最末的状态都是差不多的。而如何对待中间阶段，便是生命含义的唯一答案——伟大的人，会选择创造；聪明的人，会选择享受；愚蠢的人，会选择逃避……

大道理

花开之后是凋谢，人生最终是死亡。任何事物包括生命在内，都是一个左右对称的过程。只不过，把途中风景画成什么样，决定权在你。

4. 再试一次

一位生物学家和一位心理学家在一起讨论"信心和勇气"这个话题，生物学家做了一个实验给心理学家看：

他给一个很大的鱼缸放上水，然后用一块干净的玻璃板把鱼缸隔成了两半，一半放上一条已经饿了好几天的食肉大鱼，另一半则放上大鱼最爱吃的数条小鱼。刚开始，饥肠辘辘的大鱼两眼放光，拼命冲击着小鱼所在的区域，可是一次又一次的碰壁之后，它的速度和冲击力都明显地减弱了。一刻钟之后，撞得鼻青脸肿的大鱼停止了攻击，失望地伏在缸底呼呼喘气。这时，生物学家轻轻地抽掉了那块玻璃板，让小鱼可以自由自在地游到大鱼嘴边去。结果，对于近在咫尺的美食，食肉大鱼居然无动于衷，只敢看不敢吃！很显然，是多次的失败经历把大鱼吓住了。

"在动物界，大鱼吃小鱼本是天经地义，当然也是轻而易举。可是这条大鱼却害怕起自己的手下败将来，这不得不说是它的悲哀啊！"生物学家叹道。

"再相信自己一次你就可以吃到美味了！"心理学家对着麻木的食肉大鱼说道，而后又转过身来，"看来，哪怕失败999次，我们也必须第1000次地站起来，因为很可能，这一次就是捅破窗户纸的时候。"

"由此可见，因为一次两次的失败便放弃努力，有时会留下很多遗憾！"生物学家总结说，"我们应该记住这句话：无论何时，都要再试一次。"

> **大道理**
>
> 因为害怕失败的痛苦，所以我们选择放弃或者是不再尝试。可是不选择也是一种选择，放弃不等于选择了一种更大的痛苦吗？

5. 孰轻孰重

古时候，我国有个地方叫永州，据说那里的人们都很会游泳。

一个夏天，大雨一直不停地下着，一场百年不遇的洪涝灾害到来了，永州人不得不纷纷外逃。

这五六个人还算幸运，不知从哪里找来了一只小木船，他们轮换着，拼命地摇橹，希望快点逃出这死亡的深渊。

但是突然，一个大浪扑来，小船一下子被打翻了，几个人都落水了。他们赶紧扑腾着往岸上游去，可是其中有一位使出全部的力气，也没能游出多远，他的头在水里一沉一浮的，眼看就要不行了。

同伴们回过头来着急地问道："平日数你游得好，今天你这是怎么了？"

这人一边挣扎一边回答道："我怕到了外地没法生活，所以就在腰上缠了500两银子，可是银子太重了，坠得我快要游不动了，你们快来帮帮我吧。"

同伴们听了这话，生气地大喊道："都什么时候了，你还在意那点银子！快点解下来扔掉啊，保命重要！"

但是这个人却怎么也舍不得扔掉银子，结果同伴们都游上岸了，他还在水里挣扎着，最后终于被淹死了。

看着他在巨浪中消失，同伴们叹息道："唉，别怪我们不救你，是你自己不分轻重，不救你自己啊。"

大道理

得失总是相随的，合理地选择放弃，也就等于合理地选择得到。不分轻重地抓住一切，最后只会失去更多，甚至让所得再无意义。

6. 最接近成功的时候

她是一位游泳健将，平生最大的心愿就是成为世界上第一位横渡英吉利海峡的人。为了实现这一理想，在许多年里，她都坚持天天练习，为这重要的一刻做了最好的准备。

极具历史意义的一天终于来临了，在众多媒体、观众的关注下，信心十足的女选手跃入海中，开始朝对岸的英国游去。

天气很好，气温适宜，女选手愉快地前进着，不像是在挑战自己，而像是在享受生命。但当她就快接近海峡对岸时，海上突然起了浓雾，而且越来越浓，最后达到了伸手不见五指的程度。因为身处茫茫大海而失去方向的她一下子恐慌起来，她不晓得还要游多远才能到达对岸，所以她越来越心虚，越来越感觉筋疲力尽。最后，她终于宣布放弃了。

可是你知道当时她距对岸还有多远吗？不到 100 米！

当知道这一结果时，遗憾和惋惜一下子把她击倒了，她说："如果我知道距离目标只有这么近时，我一定会坚持到底、完成挑战的，不管多辛苦！"但是一切都过去了，"如果"是不存在的。

想一想，现实生活中不知道有多少这样的"游泳健将"，都是在最接近成功的时候放弃的，因为那个时候，同时也是当局者最疲惫、最沉重、最迷茫的时候。

看来，"否极泰来"的确是一个真理，成功往往会在我们最苦、最累、最艰难的时候现身。既然如此，当坠入"谷底"时，我们就应该多徘徊一会儿。对，哪怕是"徘徊"，我们也要比别人多坚持一会儿，因为成败之间，差的往往就是这么一点。

大道理

　　最艰苦、最沉重的时刻，往往就是最接近目标的时刻。大多数失败者，都是因为在这个时候选择了放弃；而大多数成功者，则是因为在这个时候多坚持了一会儿。

---

7. 商人论成败

　　一般来说，从事航海生意的人，总是难逃风暴、触礁、鲨鱼等海难，可是这位商人却受到了命运女神的垂青，他不但屡屡战胜了各种风险，还幸运地躲开了种种恶劣气候和不利地形的影响。在经营海运的这 20 年中，他没有遭遇过一次灾难性的损失，而且他的代理人和经销商们也始终对他忠实守信。最不可思议的是，虽然他并不精明，曾贩来许多在当地非常不畅销的烟草、瓷器等，但超乎寻常的好运总能让他只赚不赔。总而言之，他最后成了当地腰缠万贯的大富翁。

　　他的财富引来了无数的嫉妒，有人曾极为羡慕地对他说："您的一顿便饭恐怕都比我们的年夜饭还要丰盛。"

　　"这还不是靠我自己的努力，靠我自己的聪明才智啊！是我这双独到的慧眼让我抓住了种种好机会，成了大富翁啊！"商人得意扬扬地说。

　　说来也怪，自从说了这句话之后，商人的财运竟然急剧下降起来。首先是他押的几支股票纷纷疯狂下跌，让他一夜之间损失了上百万元。再就是他租的一条船碰到风浪翻了船，全船货物连同所配人员一齐沉了海底，为此，他光赔款就付了将近 600 万元。再后来，他听信风水先生的疯话，开始大兴土木建造"吉宅"以求避过中年大难，可是一场史无前例的水涝灾害让他的一切希望都化成了泡影。

看到他如此迅速地陷入一文不名的境况，朋友问他是怎么回事。他摆摆手，摇摇头，满脸的沮丧之色："唉，别提了，都怪那不济的命运。"

"怎么你好的时候不归功于命运，不好的时候反倒怪罪起命运来了呢？"朋友反问道，"也许，命运只不过想通过这种方式教会你谨慎小心罢了。"

大道理

命运女神始终一手拿着成功，一手拿着失败，至于你要哪一样，这全在你的选择。所以说，命运归根结底是掌握在你自己手中的，而或成或败，当然也与命运女神无关。

8. 寻找智慧

年轻的沙利王登基了，为了治理好自己的国家，这位雄心勃勃的国王决定学习天下所有的智慧。他征召国内的智者们，让他们把所有的智慧书籍都找来，供他学习。

10 年很快就过去了，每位智者都背着满满一箱书回来了，看样子约有 5000本。国王一看头就大了："天哪，这么多，我整天这么忙，哪有时间看哪！"便命令智者们去精简一下。

又是 10 年过去了，智者们这次带回来约 500 本书。可是国王仍嫌太多，要他们继续精简。

再过 10 年，50 本智慧巨著摆在了国王的面前。可是由于国内问题重重，已经不再年轻的国王早已心烦气躁，懒得天天翻书了，所以智者们不得不再次精简。

又过了快 10 年，当一本天下无双的智慧经典呈给国王时，四面强敌早已经不断入侵，国势衰微，国王哪还有精力去读书呢？正在一筹莫展之际，风华正茂的太子求见，用太子贡献的妙计，这位国王很快打败了各方强敌，重振了国威。

当问起太子何以如此聪明时，太子说了这么一句话："我从很小的时候就开始读国库中的智慧宝典了，到现在为止已经读完了 5000 本。据说，这些书还是我父王当年让人找来的呢。"

9. 一道测试题

这是一道非常著名的测试题，它曾经影响了许多人的一生：

在一个暴风骤雨的晚上，你开着一辆车经过一个车站，看到有三个人正在等公共汽车。其一是位快要病死急等救治的老人，非常可怜；其二是位医生，他曾经救过你的命，是你的大恩人，你做梦都想报答他；其三是个女人（男人），她（他）正是你做梦都想娶（嫁）的那种人，一旦错过也许就不会再遇上了。但麻烦是，你的车子太小了，除了司机之外只能再搭乘一个人，这时候，你会如何选择呢？并阐述清楚你的理由。

从理论上来讲，每一种选择都能讲得通：没有什么比生命更重要，老人就快要死了，所以应该先救他。但是大千世界，有谁不是最终只能把死当成终点站呢？这

样一想，你决定先让那个医生上车，因为他曾经救过你，而眼下正是一个最好的报答机会。可是你又在想：错过这一次，在将来你还可以寻找很多机会去报答他，但那个女人（男人），一旦错过了，就很可能永远再遇不到像她（他）这样令自己动心的人了。毕竟这是关系自己一辈子幸福的大事，比其他一切分量都更重一些，所以你又决定带走她（他）。

果然，人们对这个问题的答案五花八门，而且都有充分的理由。最终，经评委们一致

认同，最佳答案出炉了：

给医生车钥匙，让他带老人去医院，而自己则留下来陪梦中情人一起等公交车。这样既顾全了道义，又报答了医生（把车送给了他），还保证了自己一生的幸福。

这个结果显然是令所有人满意的，但却几乎从未有人一开始就这样想过。因为当事情落到自己头上时，有谁想过要放弃手中已经拥有的优势（车钥匙）呢？

大道理

得失总相随，要想寻找到最佳的平衡点，放弃是前提。很多时候，你之所以不能得到更多，是因为你不愿主动放弃某些优势。

10. 请把我当成活人医

杰克是一个非常乐观的人，无论是谁，什么时候，见到他时总能看见他那阳光般的笑脸。

但是快乐的杰克有一天终于笑不出来了，那天下夜班回家时他遭遇了歹徒袭击，因为身中六弹，现在还昏睡在医院的病床上。不用担心，杰克醒来之后依然会笑起来的。

几天之后，杰克醒来了，看看自己的处境，他问医生："告诉我实情，伙伴，我到底伤得怎么样？"医生和护士都异口同声地回答："你没问题的，一定能好起来。"但是他们的眼神又同时告诉他："这是不可能的。"

"没有什么不可能的，"杰克心想，"只要我选择活下去。"

于是他慢慢伸出手来抓住医生："我选择活着，请你也选择让我活着，把我当成活人来医，而不是死人，好吗？"

医生被他的乐观打动了，很关心地问他："我们马上就给你做手术，请告诉我，你对什么过敏？"

"子弹。"杰克忍住痛，大声地说。医生和护士都笑了。

结果，他真的活了下来。

大道理

你能够选择是不是活着以及怎样活着。如果你选择放弃，命运也会放弃你；如果你选择坚持，命运也会坚持眷顾你。

11. 闲暇时光有什么用

曾任美国副总统的亨利·威尔逊，出生在一个贫苦的家庭。当他还在摇篮中牙牙学语的时候，贫穷就威胁到了他的生存。从 10 岁开始，小亨利就离开家，在外面当了学徒工。在这段长达 11 年的学徒生涯中，他每年只能接受一个月的学校教育。

11 年的艰辛工作之后，亨利终于得到了 1 头牛和 6 只绵羊作为报酬。他把它们换成了 84 美元，然后精心算计着怎么花销，当然大部分他都用在了学习上。因此他成了学识丰富的人。这是怎么回事呢？原来，他是一个非常善于在"闲暇时光"里寻找学习机会的人，比如在 21 岁离开农场之前，他已经读了上千本书。

辞去学徒工工作后，亨利徒步到了 100 英里之外的马萨诸塞州，在内蒂克市，他开始学习皮匠手艺。在此期间，他曾经风尘仆仆地走到过波士顿，参观了邦克希尔纪念碑和其他历史名胜，但整个旅行他只花费了 1 美元 6 美分。以这种方式度过自己 21 岁的生日后，亨利带着一队人马进入了人迹罕至的大森林，在那里采伐圆木。每天，他都会在天际第一抹曙光出现之前起床劳作，一直到星星出来时才休息。这样夜以继日地辛苦劳作了一个月后，亨利获得了 6 美元的报酬。

在那样的穷途困境中，亨利从来不让任何一个发展自我、提升自我的机会悄悄溜走，他像抓住黄金一样紧紧地抓住零星的时间，不让哪怕一分一秒无所作为。他的朋友们说：很少有人能像他那样深刻理解闲暇时光的价值。

又经过 12 年的努力，亨利到了政界，并很快脱颖而出进入国会。

大道理

机会的本质不是等待，而是在等待之中不断进取。记住：真正懂得把握机会的人，即便在闲暇时光也是能够发展自我的。

12. 麻烦与机遇

1993 年 1 月，是世界著名的戴尔公司总裁迈克尔·戴尔和日本索尼公司人员会晤的时间。连续讨论了几天最新研发的显示屏、光盘以及 CD-ROM 等多媒体技术之后，戴尔已经疲惫不堪了。

在又一个让人焦头烂额的讨论会结束之后，就快撑不下去的戴尔拖着沉重的身体准备回酒店好好休息一下。这时，一位年轻的日本男子忽然挡住了戴尔的去路："戴尔先生，请稍等一下，我是能源系统部门的人，我想跟您谈一谈。请您晚走一会儿好吗？"

"能源系统？"戴尔重复着这几个字，想起了以前某人向他出售发电厂的事情。因为极度疲倦而有些恼怒的他险些一口回绝对方，但当看到日本男子恳切的眼神时，他又微微地点了点头。

对方欣喜地拿出很厚的一沓图纸和表格，一张一张地翻开给他看，上面密密麻麻地写着一种刚研发成功的"锂电池"的功能。日本男子解释了好大一会儿，大脑已经处于混沌状态的戴尔才明白了他的目的——原来他是想推销这种"锂电池"给戴尔公司，供笔记本电脑使用。

戴尔以前曾经听人说起过，使用笔记本电脑的人，最大的期望就是拥有电力寿命比较长的电池，而根据索尼工程师的功能测试表，锂电池有超过 4 个小时的供电潜力。顿时，他感觉到，这是一次良好的机会，于是他非常认真地与对方交谈起来。

后来，锂电池果然成了一种具有突破性的科技产品，而装有锂电池的戴尔笔记本电脑，也因为满足了市场要求而销量大增。相关数字显示：1995 年的第一季度，笔记本销售额占戴尔公司总收入的 2%，而到了第四季度，比例已经上涨至 14%。

大道理

良好的机遇从来不会以一种诱人的姿态出现，而是总戴着凡人的面具出场。如果你拒绝麻烦，那成功很可能会被你一起拒绝掉。

13. 上学与雕塑

迈克是个调皮捣蛋的孩子，他烦透了单调乏味的读书生活。因为成绩不好，老师的责罚与同学的奚落更是家常便饭。母亲因此伤透了心，不得不把"望子成龙"变成了"望洋兴叹",认为自己的孩子再也没有什么前途可言了。

迈克虽然学习不好,却有一手绝活,随便什么木头、石块,到了他的手里摆弄几下,就会变成一个可爱玲珑的小玩意儿。看着儿子每天"不务正业",母亲让他退了学,找了家工厂去打工。在打工时,迈克依然是个雕塑爱好者,常常为了雕刻一个小东西而忙到凌晨两三点钟,在第二天的工作中哈欠连天。可怜的母亲因此常常泪水涟涟,她实在是太忧虑儿子的未来了。

可是出人意料的是,原本"不务正业"的迈克后来竟然成了轰动一时的雕塑大师,因为他在市政府组织的某场雕塑大赛中获得了唯一的特等奖。为了表示对这位雕塑天才的尊重,市政府还特意将他的作品放大,安置在市政大楼前的广场上。

面对这一结果,失望了20多年的母亲瞠目结舌。

大道理

你最喜欢做什么,能做什么,只有你自己最清楚。按照内心的真实意愿去选择人生道路,你才可能做成最棒的自己。

---

14. 就看你开哪扇窗

因为工作太忙,父母将小女孩送到了乡下爷爷家。缺少了同龄孩子的陪伴,小女孩感觉异常孤独。只有当她跑进爷爷的玫瑰花园,看着美丽的彩蝶飞舞时,她的脸上才会展露出纯真的笑容。

为了让孙女尽可能地高兴,爷爷花高价买了一只非常可爱的黄毛小狮子狗送给她。小女孩果然非常欣喜,每天都会带着小狗到处跑,原来的忧郁一扫而光。可是这样快乐的日子没过几天,小狮子狗就因为误食毒药死了。

小女孩伤心极了,她一边趴在窗台上看窗外忙碌的人们——他们正在埋葬自己最心爱的小狗,一边泪流满面地哭泣,好像小狗带走了她全部的快乐。爷爷见状,赶紧心疼地把她抱下来,抱到另一扇窗下。

这扇窗正好对着那片玫瑰园,时值盛夏,玫瑰花开得正好,阵阵清香随风飘来,沁人心脾。小女孩顿时觉得心胸明朗,她呆呆地看着玫瑰花,又想起了不久前在花丛里奔跑捕蝶的情景。想着想着,她不知不觉就忘记了刚刚死亡的小狗,脸上挂满甜美的微笑。

这时候，爷爷托起她的下巴说："宝贝儿你看，你是可以高兴起来的，就看你开哪扇窗。"

大道理

窗外是什么样的风景，我们无法改变，但我们却可以选择待在哪扇窗下面。选择那扇能够带给你快乐的窗户，你也就选对了心情，选对了对待人生的态度。

15. 丈夫和油漆匠

凯蒂刚刚买了新房子，兴奋地与丈夫商量好墙壁的涂料颜色后，就去找油漆匠了。虽然丈夫曾是个优秀的装修师，但是很不幸，他的双眼在一场车祸后失明了。

油漆匠找来后，丈夫一边和他聊天，一边帮着做点力所能及的事。比如搅拌时，应油漆匠的要求帮忙去扶一扶颜料桶啦——不过这多少有些奇怪，因为这根本不需要太大的力气，一只手搅拌，另一只手扶住桶就足够了。

七天之后，粉刷工作完成了，淡绿色的墙壁看上去相当漂亮，凯蒂非常满意。但是收费时，油漆匠只收了原定价格的一半。凯蒂奇怪地问他："怎么？"想一想她又忽然明白了什么似的说道："我们很棒的，不需要您的特殊照顾。"

油漆匠答道："我并不是为了表示照顾，而是为了表示感谢。在和你丈夫一起工作的这几天，我过得非常快乐。我想，这段日子会改变我今后的人生，因为他的乐观让我意识到，我的境况并不是最坏的。少算的那部分钱，就当是我对他表示的谢意吧。"

说完这些，油漆匠便拎着颜料桶走了。粗心的凯蒂这才发现，这位油漆匠只有一只右手。

大道理

我们无法选择人生，却能选择面对人生的态度；我们无法改变事实，却能改变面对事实的心情。所以，无论境况如何，我们都能快乐，只要我们选择快乐。

16. 农夫和商人

得知敌军撤走时丢弃了大量财物，农夫和商人喜出望外。他们各自拿了个口袋，来到大街上捡东西。

首先，他们各自看到了好大一捆被烧焦的羊毡。农民想，不管怎样，它还能保暖，所以就背了起来；商人想，给它装上华丽的外套我照样能高价出售，所以也背了起来。

再往前走，两人又各自看到了一大包衣服。农民想，羊毡再保暖，毕竟是烧焦的，况且也不能裹着羊毡到处跑，所以就丢了羊毡背起了衣服。商人想，我正好可以把这些衣服的布料做成外套套在羊毡上，所以他又捎上了衣服。

再后来，他们又各自发现了一包银质的餐具。农民大喜，心想有了这些纯银的餐具，我完全可以不愁吃穿了，还要这些旧衣服干吗，所以就扔掉衣服，揣起了餐具。商人也大喜，心想这一趟真是没有白来，不但捡了能变成钱的，还捡了实实在在的钱，所以他拍拍肩上沉甸甸的口袋，又弯腰拎起了餐具包。

这时，突然天降大雨，可商人怎么也不肯放弃白捡来的羊毡和衣服。由于那些东西吸水后变得异常沉重，最后他被压死了。而一身轻的农民则一溜小跑回了家，变卖餐具后，他的生活富足起来。

大道理

财物、诱惑也有分量，如果不知节制，什么都想抓在手中，早晚会被累死。该放就放，集中精力选择最重要的，才是明智之举。

17. 1元与5角之争

偶然一天，小镇上来了一位乞丐，谁都没想到，这位呆头呆脑的流浪者竟然能够在镇上"安扎"下来，成为"常住"人员。

这是怎么回事呢？他安身立命的收入从何而来呢？原来，一切都是缘于他的"大智若愚"——镇上的居民看他傻乎乎的，便常常把他当成傻瓜戏耍，想尽办法开他的玩笑和捉弄他。大家最常用的方法就是：在地上放一个5角的和一个1元的硬币，让他来挑选，看着他急急去拿那个5角的，大家都讥笑他的愚蠢。

这样的事情，乞丐每天都能遇上好几次，最多的一回，他一天经历了20多次。也就是说，光靠这一项，他每月就能有100多块钱的收入。而乞丐对生活的要求又不高，因此他不但能够吃饱喝足，日久天长，他还有了一点点节余。

终于有一天，一位有爱心的妇女再也看不下去人们对乞丐的嘲笑了，她偷偷地对乞丐说："难道你真的分不清1元和5角吗？那我来告诉你吧，是1元的大。以后啊，你拿那个1元的，他们就不会再笑你傻了。"

"我才不呢。"乞丐固执道。

"为什么不啊，可怜的人？"妇女大惑不解地问。

不想乞丐狡黠地眨了眨眼睛说道："因为我要以此为生啊。如果我拿那个1元的话，以后谁还会再跟我玩这种游戏呢？我这不等于自断财路吗？"

妇女大吃一惊，顿时哑口无言。

大道理

当人自以为聪明而嘲笑他人的愚蠢时，其实正暴露了其自身的愚昧无知。选择以谦卑柔和的态度与人相处，才是真正智者的所为。

18. 意志自由

30 岁之前，她是一位健康活泼、喜欢跳舞的女性，常常在周末请她的邻居和朋友们到她家跳舞。看到大家兴高采烈的样子，她感觉既幸福又满足。可是 30 岁时，这一切都被毁掉了。

她至今记得那个痛苦的早晨，起床时她发现自己怎么也动不了。诊断结果说她的脊椎中生了一个瘤，而且无论切除与否，从今以后她都不能再站起来了。得知再不能恢复以前的样子，再不能教可爱的女儿跳舞，她真是伤心极了。

有好长一段时间，她都躺在病床上反复问自己这种日子还值不值得过。但是某天，她忽然被一个念头击中了：我至少还有选择的自由啊！这个念头顿时扫光了她的沮丧，让她欢喜不已，当时她便告诉自己，要选择坚持与乐观。

后来，她创办了当地第一家残疾辅导社，还做过一个残疾人栏目的主持人，也曾到各大监狱给那些四肢健全的小伙子们讲授人生，并和他们成了好朋友。

某天，女儿突然问起她当年是怎么熬过来的，她微笑着指指自己的脑袋："用我的自由意志啊。自由有很多种，我只不过是失去了身体自由这一种而已。"

大道理

无论处境多么艰难，只要还活着，我们就有选择的自由，或快乐或痛苦，或坚持或放弃，或生存或死亡，都掌握在我们自己的手里。更重要的是，我们还拥有更改原来选择的自由。

19. 百变的老鼠阿格

小老鼠阿格一直不开心。它之所以整天闷闷不乐，是因为很小的时候它曾经被一只猫追捕过，差点丧了命。为此，它自感本领太小，生活在社会的最底层，过着一种"人人喊打"的狼狈生活，所以很是羡慕那耀武扬威、神气不已的猫。

终于，一个天大的好机会到来了！那天，阿格在林子里散步时，听见一只黄鼠狼跟同伴说某某山上出现了一个神筒，想变成什么从筒里钻过去就可以了。

阿格喜出望外，赶紧来到了某某山上。果然，一个好大的筒子横放在山的一角处。"我想变成猫，我想变成猫"，阿格一边念，一边钻了进去。等它出来时，它发现自己真的变成猫了！兴奋不已的阿格刚想大呼万岁，一只狗便扑了过来，吓得阿格屁滚尿流，好不容易才逃过一劫。

"不行，原来猫并不是最神气的，它还怕狗！"阿格这样想着，便又一次钻进神筒，把自己变成了狗。可是和前一次一样，它还没来得及高兴，一只凶恶的狼就把它吓得战战兢兢了。不用说，阿格又变成了狼。这时猎人又出现了……就这样，阿格变来变去，最后终于如愿以偿，成了陆地之王——大象。

正当阿格昂首挺胸，自我感觉良好时，它忽然发觉鼻子里痒痒的，呼吸也越来越困难。哎呀，原来是一只小老鼠钻进了它的鼻孔。大象竟然怕老鼠！想到这里，阿格赶紧又钻进神筒……

大道理

万事万物都不会完美无缺，但任何东西都会有其优势与长处，这便是我们生存的最大凭仗。与其为一些缺憾郁郁寡欢，倒不如想想如何利用自己的长处将其弥补。另外，万物相生又相克，知足方是王道。

20. 数钞票

某电视台新开了一个娱乐节目，其中一个板块叫"数钞票"，也就是限定一定的时间，然后让参加者尽情地数摆在眼前的钞票。这个板块之所以吸引人，是因为它的机制：只要你报出的数字正确无误，你数过的钞票就全是你的了。当然，桌子上的钞票是杂乱叠放、面额不一的。

这期的参加者一共是4位，主持人宣布开始之后，4个人都紧张地忙碌起来。但是站在最右边的小个子男人有点与众不同，只见他先是迅速地挑着最大并且相同面额的钞票，等到比赛时间大约过了一半时，他开始仔细数手中的钞票，数完一遍之后，他又数了一遍。他刚数完，主持人便叫停了。

按照顺序，第一位报出的数字是5036元，第二位报出的是3758元，第三位报出的是4229元，第四位也就是那个小个子男人报的是680元。小个子男人的话音刚落，下面的观众就哄笑开了——如此又笨又蠢的人，当然会成为大家的笑料。

五分钟之后，主持人开始宣布刚才四位所数钞票的正确数额，第一位：5031元；第二位：3751元；第三位：4228元；第四位：680元。

主持人响亮的声音回荡在演播厅里，这下，下面的观众都不笑了，他们都愣住了。然后，主持人宣布，今天报数完全正确、获得奖金的是第——四——位！

这个结果显然太出乎大家的意料了，所以台下的观众顿时交头接耳开了。主持人示意大家安静下来，然后微笑着说道：自这个节目开办以来，还没有谁能获得超过1000元的奖金。按照普通人的能力，一分钟之内是数不了更多的。如果你盲目图快，最后只会是忙中出错，有时，有些人甚至会因为1元之差而与奖金无缘。

大道理

只有懂得自身能力有限，学会适当放弃，我们才可能获得更多。这不但是经营人生的一种策略，更是一种智慧和勇气。

---

21. 半边碗和好碗

在临近乡村的小路边，一条清澈的山泉蜿蜒而过。来往的行人每逢口渴，就会蹲在泉眼边喝水。为了方便过路人在泉眼里舀水喝，有人放了一只半边碗在泉边。

这样的日子过了几个月后，一位画家感慨这只半边碗与景色宜人的山泉不相配，便自己掏钱买了一只精美的瓷碗放在泉边，把半边碗扔掉了。

过去，由于那半边碗其貌不扬，行人喝完了水就会把它又放在泉边，从来也没动过什么其他念头。可是自从这只漂亮的瓷碗出现后，许多人便开始注意上了。终于有一天，一个独行老头喝够了水后把碗装进了行囊便一去不返。

这下，来来往往的人们只能像连那半边碗也没有的时候一样，用手捧水喝，或者摘片泉边树上的树叶折成碗状舀水喝了，所以人人都感觉甚为不便。

没办法，画家只好又掏钱买了一只好瓷碗放在泉边。但和上次一样，没过几天，这只瓷碗就不翼而飞了。

画家生气了，决定再也不花钱做这种无用功了。他从家里拿出一只旧碗，一摔两下，把其中的一半放在了泉边。

说来也怪，自从这只半边碗放上以后，来往的行人喝够了水后都规规矩矩地把它放回去。就这样，这只半边碗一直用到现在。

想来想去，画家终于明白了其中的奥妙：半边碗除了在山泉边能用，在其他地方是没有什么用处的，所以谁都不会打它的主意。而漂亮的瓷碗呢？放在哪里都能产生价值、派上用场，所以贪小便宜的人自然会想方设法地把它弄到手。如此看来，在山泉路边这种地方，放半只碗反倒比一只碗更实用。

大道理

最好的东西不一定适合于所有的人，合适的东西也不一定就是最好的，因为不同的场合或人，需要也会不同，而好与坏的标准，恰恰在于人们的"需要"。

---

22. 最后一幢房子

县城最大的建筑公司有个老木匠，他在这家公司已经待了快40年了，小城里的居民中不知道有多少人住的房子是他亲手盖成的。

由于年龄大了，老木匠渐觉心有余而力不足，终于有一天，他向老板递交了辞呈，说年龄已经不允许他继续留在建筑行业，他准备回家与妻子儿女安享天伦之乐了。

老板舍不得他的好工人就这样走掉，但也实在没办法拒绝，于是就问他是否能帮忙再建一座房子，老木匠答应了。但是明眼人一眼就看得出，他的心已经不在工作上了，他用的是软料，出的是粗活。

房子建好以后，他再次向老板辞行，老板这时把大门的钥匙递到他的手中："你为公司辛苦了这么多年，我早就想送你一份礼物了。这是你的房子，我送给你的。"

老木匠立刻就目瞪口呆，后悔不及又无地自容。如果早知道是在给自己建房子，他怎么会这样呢？想想自己建了一辈子好房，最后一幢竟然建成这样，他真是羞愧难当。而从此以后自己得住在这幢粗制滥造的房子里，这不恰恰是对自己最大的报应和讽刺吗？

想想现实生活中，被自己所建的"房子"困住的，又何止一人两人呢？

大道理

生活是自己创造的。如果你漫不经心、消极应付，不肯善始善终，你早晚会陷入自己一手造成的困境之中；相反，如果你精益求精，时刻尽心竭力，生活也必然不会亏待你。

---

23. 丫丫定做鞋

丫丫是个优柔寡断的孩子。10岁那年，她拿着妈妈给的压岁钱去一家制鞋店定做新鞋。

"你想做方头的还是圆头的？"老板问她。

"这个，我也不知道。"丫丫犹豫着答道。

"你觉得哪一种好看？"为了帮她做决定，老板把圆头鞋和方头鞋各拿了一只来，摆在柜台上供她参考。

丫丫看了圆头鞋半天，又拿起方头鞋来琢磨了一会儿。"哎呀，我还是不知道。这样吧，你让我先考虑几天，我想清楚了再回来告诉你。"丫丫说。

老板答应了。

几天后，鞋店老板在大街上遇到了丫丫，又问起鞋子的事，结果丫丫依然拿不定主意。忽然，老板大声说道："哦，我知道你需要什么样的鞋子了，放心，我一定做出你想要的样子来！"

一个星期后，老板通知丫丫前来取鞋。当丫丫打开鞋盒时，她惊讶地发现盒里的两只鞋居然一个方头、一个圆头。

"怎么会这样呢？你为什么要这么做？"丫丫既委屈又生气地质问老板。

"你不能怪我，孩子。"老板温和却坚决地答道，"我等了好几天，你都拿不定主意，所以我只好替你做决定了。这两只鞋就算是你花钱买的一个教训吧，记住：以后不要让别人来替你做决定，否则你很可能会后悔莫及！"

大道理

自己的事情要自己决定。如果你犹豫不决，就等于把决定权拱手让给了别人。而一旦别人做出不符合你意愿的决定，后悔的只会是你。

24. 如何转败为胜

不知道大家是不是还记得 2000 年的世界花样滑冰比赛，在那次大赛中，最后获得冠军的是美国华裔选手关颖珊。

其实，虽然关颖珊一心想赢得第一名，可是在最后一场自选曲项目比赛之前，她的总积分只排在第三位。在那种情况下，关颖珊只有两种选择：或者挑一个非常难的自选曲项目突破自己，或者选一个普通项目稳保前功。

这两者在当时看起来都非常难。前者有可能令她获得梦寐以求的冠军，但风险却非常大，虽然平时训练时关颖珊曾经达到过相当水平，可她毕竟不敢说"稳拿"，要知道一旦失败，她就很可能连前三都不能进入。而后者呢，虽然足够让她稳保前三，却必然会使她与冠军无缘。

思索片刻，这位年轻姑娘的眼中闪过一丝刚毅，她选择了前者——突破自己。在 4 分钟的长曲中，关颖珊结合了最高难度的三周跳，而且还非常大胆地连跳了两次！这个过于出人意料的动作立刻让看台上所有的观众为她沸腾。结果不出所料，裁判亮了极高的分数，关颖珊取得了总决赛的冠军。

事后，记者采访她时曾问道："为什么你敢选择如此高难度的挑战呢？要知道你可能会败得很难看。"

"但我毕竟成功了。"关颖珊微微一笑道，"我之所以如此选择，是因为我不想等到失败时，才后悔自己还有潜力没发挥。"

的确，如果有人问这样一个问题：你是不是宁可永远后悔，也不愿意试一试自己能否转败为胜呢？恐怕没有人会说"是的"。然而现实中，我们却常常在不该打退堂鼓时拼命后退，常常因为恐惧失败而不敢尝试成功。听了关颖珊的故事，我们是不是应该反思一下了呢？希望反思过后，人人都能吼出一声：做人，何妨放手一搏！

大道理

　　如果为了不失败便放弃尝试成功，结果只会是永远后悔，因为胜利的希望和有利情况的恢复，往往产生于再坚持一下的努力之中。

---

25. 命运与性格

他叫瓦尔坦，是一个刚满六岁的小男孩，不幸的是，他的母亲因病去世了，他的父亲也因为战争而不知所终。由于是个孤儿，又常常受到大孩子们的欺负，原本天真活泼的他开始变得内向，直到整天紧闭着嘴巴一句话不说。

就在这时，拯救他命运的天使出现了——祖母来到了他的身边，并最终将他带回自己所在的山区，悉心抚养他长大。

瓦尔坦的祖母是一个非常不幸的女人。由于丈夫早亡，她不得不一手把几个儿女拉扯大。原本以为可以享享清福时，战争开始了，紧接着，疫病也来了，于是，她失去了所有的孩子。按理来说，如此深重的苦难一定会将一位原本脆弱的女性击倒，可出乎人们意料的是，她从未因此而失去对生活的信心。

现在，失去亲人的孙儿来到了她的身边，她必须想办法让孙儿从过去的阴影里走出来，健康快乐地成长。关于这一点，任何人都不会怀疑，因为她一定能做到，就像对待她自己的苦难那样。果然，孙儿来到山区不久，便恢复了原来的活泼开朗，并且更坚强、积极和热爱学习。

多年之后，当年那个瘦弱的小男孩已经成了美国布朗大学的校长。当有记者采访他请他讲述一下自己的成长经历时，他说起了对自己影响至深的一句话："这句话是我的祖母告诉我的。我小的时候，她经常这样教导我：'孩子，有两件事你一定要记牢。第一是命运，那是你无法控制的；第二是你的性格，那是在你掌握之中的。你可以失去你的美丽，也可以失去你的健康和财富，但是你决不能失去你的性格，因为它是掌握在你自己手中的。'这句话在我的成长道路上起了至关重要的作用……"

211

从布朗大学卸任之后，瓦尔坦·格雷戈里安又当上了由美国钢铁大王卡内基创办的卡内基基金会的主席，并一直任职至今。可以说，他的成就应该归功于他的性格，而他的性格，当然要归功于他祖母的教导。

大道理

我们可以失去美丽、财富甚至是健康，却不能失去性格，因为性格决定命运，只要性格还在，我们便可以重新把握命运。

第八章

品性与责任

　　品性就是行为的准绳，使行为不偏离正道。责任是一个人不得不做的事或一个人必须承担的事情。没有伟大的品性，就没有伟大的人。每个人都被生命询问，而他只有用自己的生命才能回答此问题；只有以"负责"来答复生命。因此，"能够负责"是人类存在的重要本质。

1. 英雄的胸怀

阿姆斯特朗，任何一个地球人都会知道这个名字。就是他，在 1969 年 7 月驾驶"阿波罗 11 号"着陆月球，成为第一个在月球上留下脚印的地球人。

可以说，阿姆斯特朗毫无疑问配得起"英雄"这两个字。可是你不知道，这个称号可是由另一个人的"英雄胸怀"造就的，他的名字叫奥尔德林。显然，这个名字远远不如阿姆斯特朗那样响亮和振聋发聩，原因就在于他把首次出舱和踩上月球的权利让给了阿姆斯特朗。没错，当年和阿姆斯特朗一起到达月球的人，就是他。

在庆祝登陆月球成功的记者招待会上，某记者问了奥尔德林一个极其尖锐的问题："你让阿姆斯特朗先下去，成为永垂千古的登月第一人，你会不会觉得有点遗憾？"

这个问题的确太尖锐了，全场所有人的目光立刻都集中在了奥尔德林身上，没想到他却非常有风度地说了一句话："各位，你们可别忘了，回到地球时，我可是比阿姆斯特朗先出的太空舱，所以，我是由别的星球来到地球的第一人。"

这句话赢得了在场所有人的热烈掌声，也许在那一刻，大家都总结出了一个道理：英雄是由英雄的胸怀造就的。

> **大道理**
>
> 鲜花和掌声永远不可能平均分配给成功团队里的每一个人，但是如果大家因此便把心思集中在出风头上的话，这个团队也就难以再有成功的希望。

2. 脱鞋脱出的成功

在世界航空史上，加加林是一个标志性的名字，他不仅是苏联也是全人类第一位进入太空的宇航员。1961 年，他乘坐重达 4.75 吨重的"东方 1 号"航天飞船在太空中遨游了 108 分钟，那时，他年仅 27 岁。

为什么加加林能够如此幸运呢？要知道，在挑选这个"第一位"时，和他实力不相上下的竞争者多达几十名。原来，一切都源于"脱鞋"这个小小的习惯性动作。

经过长时间的考验，20余名异常优秀的选手被筛选出来，而最终能够飞上太空的只有一人，到底选谁呢？飞船的主设计师罗廖夫有些头疼了。没想到，在升空之前的一个星期，这个问题竟然被轻而易举地解决了。它源于罗廖夫的一个小小发现：在进入飞船之前，20余名选手中，只有加加林一人会脱掉鞋子，只穿袜子进入座舱。这个细微的举动一下子感动了罗廖夫，让他觉得这个27岁的青年不仅懂规矩，而且极为珍爱他为之倾注半生心血的航空飞船。于是，他决定让加加林完成人类首次太空飞行的神圣使命。就这样，一个不经意的细节让加加林出色的修养和素质体现了出来，最终成为遨游太空的第一人。

大道理

成功往往源于细节，源于不经意的习惯。要想成功，先从培养好习惯开始，须知一个人的品质、修养与敬业精神往往体现在小事当中。

---

3. 三条忠告

某猎人在森林里打猎时，捕到了一只漂亮的小鸟。小鸟央求猎人放了它："如果你能放了我，我就告诉你三条价值非凡的忠告。"

猎人答应了，于是小鸟开始说它的忠告："一、不要为你所做的事情后悔；二、不要相信你认为不可能的事情；三、爬不上去就别爬。"

猎人想想这三句话果然有理，便把小鸟放了。小鸟飞上枝头，对猎人说道："你知道吗？我之所以这么聪明，是因为我的嘴里含了一颗很大的珍珠。"

猎人一听，后悔不迭，立刻爬树去

抓小鸟，但是因为树太高，他爬到半截就没力气了，所以掉下来摔断了腿。

小鸟叹口气说："唉，我感谢你放了我，本想帮你一把，怎么你就执迷不悟呢！你看：你爬树来抓我，证明你为你自己所做的事后悔了；你也相信了我说的事，虽然像我这么小的鸟嘴里不可能含颗大珍珠；你明明知道这么高的树你爬不上来，却还是执意要爬。因为这三条忠告你全违反了，所以你只能受到惩罚——摔断了腿。

"其实，我只是想试验一下，以便确定你的聪明程度，把真正的忠告告诉你。但依现在的情况看来，已经完全没有这个必要了。"

说完，小鸟就拍拍翅膀飞走了。

大道理

贪婪能使人变傻，也能使人失去更多。人的大脑是智慧之源，力量无穷，但一旦被贪婪的蛀虫咬住，就会变得愚蠢，什么傻事都可能干得出来。

4. 弃恶从善

两个臭名昭著的恶人死后都入了地狱，受尽折磨之后，他们终于大彻大悟了。于是他们开始忏悔，开始对自己以往的种种恶行表示痛悔，发誓说如有来世，一定会改过自新，做个好人。

他们的诚心终于感动了上帝，上帝从天堂往地狱里垂了两根细细的蜘蛛丝。两个弃恶从善的人大喜过望，赶紧奔过去抓住蜘蛛丝往上爬。地狱里其他的恶鬼见状，也纷纷跑过来抢着蜘蛛丝，一个接一个，恨不得马上离开这个地方。这样一来，本来不粗的蜘蛛丝就岌岌可危了。

左边的那个人想：我既然已经改过向善了，就应该和善地对待他们，让他们和我一起上去吧。所以他就小心翼翼地接着爬。

右边的那个人想：我现在是好鬼了，当然应该进天堂，如果这些恶鬼们也随我而去，天堂里一定会大乱。所以他果断地掐断了自己双手以下的蜘蛛丝，让那些恶鬼掉了下去。

最后的结果是，左边那个人的蜘蛛丝被坠断了，他又重新回到了地狱里，而右边这个人爬上了天堂。

"我这么善良，连恶鬼都不忍心伤害，你怎么能让我又重新回到地狱呢？"左边那个人委屈地问上帝。

"对恶人行善，就是对好人作恶。"上帝回答道。

> **大道理**
>
> 对恶人行善，就是对好人作恶。宽容、善良等行为都是针对好人的，如果对方的本质是狼，你的宽容便等于纵容，只会给更多的好人带来危害。

5. 第一堂课

1928 年，经徐志摩介绍，上海中国公学校长胡适聘用了沈从文做讲师，主讲大学部一年级的现代文学选修课。

由于当时沈从文已经在文坛上崭露头角，并且在社会上也已小有名气，因此未等到上课时间，教室里已经挤满了学生。上课时间到了，沈从文走进教室，一看见下面黑压压一片人头，站在讲台上的他立刻一惊，脑子"嗡"地一下成了空白，连准备了无数遍的第一句话都堵在嗓子里说不出来了。

他呆呆地站在那里，面色尴尬至极，双手拧来拧去却无处可放，因为课前他成竹在胸，连教案和教材都没带！长达十分钟，整个教室里鸦雀无声，所有学生都好奇地等着这位新来的老师开口。慢慢平静下来的沈从文使劲呼吸了一口气，原先准备好的东西开始在脑子里聚拢，然后他开始讲了。不过由于依然很紧张，原本预计 1 小时的授课内容，竟然被他不到 15 分钟就讲完了。

接下来怎么办？他再次陷入了窘境之中。无奈之下，他只好拿起粉笔在黑板上写道："今天是我第一次上课，见你们人多，我害怕了。"

顿时，全教室爆发出了一阵善意的笑声，并有同学带头给了这位新老师好长一阵鼓励的掌声。得知这件事之后，胡适校长对沈从文大加赞赏，认为他非常成功！

后来，沈从文找到了失败的所在，终于在讲课时达到了挥洒自如的地步。

> **大道理**
>
> 坦言失败是成功的开始。如果在失败面前怨天尤人，或者对自己的错误遮遮掩掩、不敢正视，那我们就只能永远深陷在失败的泥潭。

6. 底线

鲍伯·胡佛是美国空军最著名的战斗机试飞员，他经验丰富、技术高超，深为战友们所敬佩。而大家之所以如此尊重他，并不仅仅因为他的技术，更多是由于他的宽广心胸与高尚人品。

有一次，应上级命令参加完飞行表演后，胡佛驾着一架螺旋式飞机回洛杉矶。突然，飞机在半途中莫名其妙地发生了故障，两个引擎同时失灵。好在他临危不惧，果断沉着地采取了应对措施，才奇迹般地迫降在了最近的机场。

完全安全之后，大惑不解的他立刻和相关人员对飞机进行了检查。原来，造成事故的原因是用油不对，原本螺旋式的飞机居然被人粗心地加了喷气式机的用油。

听说这件事之后，负责加油的机械工吓得面如土色、痛哭不已，因为他知道，如果不是经验极其丰富的胡佛上阵，自己的这次粗心绝对会造成机毁人亡的严重后果。

哭过之后，这位年轻人跌坐在台阶上，呆呆地等着胡佛回来，他想，对方一定会非常愤怒地处置他。

谁知事情完全出乎他的意料，胡佛非但没有对他大发雷霆，还上前抱住他并柔声安慰起来："没事了没事了，你看，我这不是好好地回来了吗？为了证明你还是不错的，我想从明天开始，让你帮我干飞机维修的工作。"

听闻此话，满脸惊诧与感动的机械工连忙拼命地点起头来。

此后，这位机械工一直跟着胡佛，负责他的飞机维修工作。必须说明的是，那许多年中，胡佛的飞机维修从来没有出现过任何差错。

大道理

守住自己的底线，留住别人的面子，往往比严苛厉责更利于问题的解决。另外，一味贬低别人并不能显示自身的伟大，而宽容犯错的人，反倒能表现出高尚的人格。

7. 救人与挑箱子

激烈的战斗正在继续，警觉的上尉抬头间，忽然发现一架敌机正向他们的阵地俯冲下来。按照训练规矩，发现敌机俯冲时要毫不犹豫地卧倒。可是上尉并没有立刻卧倒，因为他发现离他四五米远处有一个小战士还毫不知情地站在那儿呢。情况十分危急，顾不上多想的他一个飞身便鱼跃了过去，将小战士扑倒紧紧地压在身下。这时一声巨响在他们耳边炸开，飞溅起来的泥土如散弹一般纷纷落在了他们的身上。看到小战士毫发无损，上尉站起来，欣慰地拍着身上的尘土，但回头看时，他顿时惊呆了：刚才自己所处的那个位置竟然被炸成了好大一个坑！

古时候，兄弟两个各自带着一只行李箱出远门，一路上，重重的行李箱将兄弟俩压得喘不过气来。他们只好左手累了换右手，右手累了又换左手，两只手轮番倒换着拎。看着弟弟苦不堪言的样子，做哥哥的心里很不是滋味。忽然，他像想起了什么似的停住了脚步，放下箱子迅速跑到路边农家买了一根扁担，告诉弟弟："哥哥来帮你担。"说着，他就将两个行李箱一前一后地挂在了扁担两头，挑起来便往前走。嗯？他发现现在竟然比刚才轻松了很多，虽然肩上担着的是两个箱子。

把这两个故事联系在一起固然有些牵强，但它们确实有着惊人的相似之处：如果说故事中的小战士和弟弟是幸运的，那么那位上尉和哥哥则更加幸运，因为他们在帮助别人的同时也帮助了自己！

大道理

"送人玫瑰，手有余香"，以助人为乐的人，早晚能获得相应的回报。有时，这种回报会奇妙到当场应验：在为别人搬开绊脚石的同时，也为自己铺好了路。

8. 赫耳墨斯与雕刻家

看到人们总把自己的像供在家中，做生意的人对自己更是毕恭毕敬，神的使者、招财之神赫耳墨斯很是骄傲自得，认为人类对自己的尊敬远远超过了众神之王宙斯和天后赫拉。

偶然一天，他有事下凡到人间，从一家雕像店门前走过时，他看到了自己的雕像正和众神们摆在一起出售，为了证实人类对自己区别于其他众神的特殊尊重，他便化作一个凡人走了进去。

"这个要卖多少钱？"赫耳墨斯指着宙斯的雕像问。

"一块银圆。"雕刻家抬头看了一下他的所指回答道。

赫耳墨斯险些当场笑出声来——宙斯可是众神之王啊，原来在人类眼中，他只值一块钱而已！

"那这个呢？"他又指着赫拉的头像问。

"比刚才那个贵一点。"雕刻家回答。

这倒是有点出乎意料，赫耳墨斯想，哦，也许是出于对女性的尊重吧。

"那这个呢？这个您卖多少钱？"赫耳墨斯最后指着自己的头像问道。

"如果你买了那两个，我就把这个做零头，白送给你吧。"雕刻家回答道。

大道理

骄傲，就是在高估自己。一个人，相当于一个分数，其真实价值是分子，自我评价是分母。愈是自以为是，分母就会越大，整个分数的值也就会越低。

---

9. 我是鞋匠的儿子

林肯出身于一个鞋匠家庭，在当时极其看重门第的社会里，他的奋斗之路极为艰辛，甚至在竞选总统的时刻，都有人以此来羞辱他："在你开始演讲之前，你首先要记住你是鞋匠的儿子。"

没想到林肯却真诚地道谢道："非常感谢您使我想起我尊敬的父亲，没错，我的父亲是一位鞋匠，而且是位伟大的鞋匠。我知道，无论怎么样，我做总统都无法像他做鞋匠做得那么好，但是因为从小受到他的影响，我对鞋的式样也颇有研究，所以，如果您脚上穿的鞋是我父亲做的，而您感觉不舒服，我完全可以给你修改。我知道我的手艺比不上我的父亲，但是我的心一定会像我父亲那样诚实善良，不仅仅对你们，当上总统以后，我会对全美国的人民兑现这一点。"说完，沉浸在回忆里的林肯便流下了眼泪。

这席话让所有的嘲笑都变成了真诚的掌声，连那位试图羞辱他的议员，也情不自禁地鼓起了掌。

出身卑微的林肯到最后之所以能够坐上总统的位子，唯一可以仰仗的恐怕就是他这种出类拔萃的变不利为有利的才华了。

> **大道理**
>
> 出身并不能决定我们的一生，即使出身卑微，只要自己不小看自己，就没有谁敢看轻我们。尊重自己的出身，尊重自己平凡的父母，这本身就是值得他人尊重的一种优良品性。

10. 老虎与樵夫

某个夏日午后，樵夫正在深山里打柴，一只老虎忽然跑到了他身边。顿时，樵夫吓得瘫坐在了地上。不想老虎并未扑上来吃他，而是非常温顺地来到他面前，用头轻轻地碰触着他的肩膀和胳膊，然后冲他张开了嘴。樵夫疑惑不解地转过身来，大着胆子朝虎口中看去，哦，原来这老虎是因为刚吃掉一个妇女，被妇女头上的簪子卡住了喉咙。于是，樵夫开始小心翼翼地帮老虎取那只簪子。事情办完之后，老虎激动得热泪盈眶，它鞠着躬对樵夫说："樵夫大哥，您救了我的命，我以百兽之王的身份向您担保，我一定会好好地报答您。"接着，它便要求与樵夫结拜为兄弟。樵夫想了想，答应了老虎。就这样，人与虎成了好朋友。

从那以后，每隔两三天，老虎都会到樵夫家里走一趟，把自己猎到的羊、鹿、兔子等送给樵夫。樵夫的母亲看到之后非常担心，她劝说儿子不要与老虎为友，以防遭遇不测。而樵夫却拍拍胸脯说："母亲大人，您就放心吧，您看老虎兄弟待我们多好啊，肯定没事的。再说了，我是它的救命恩人，它总不至于伤害我吧。"

不知不觉中，夏天过去了，秋天也过去了，寒冷的冬天来临了。由于气候原因，老虎猎食越来越困难了，所以它来樵夫家的次数渐渐减少，带来的东西也越来越少了。

某天早晨，樵夫一觉醒来，发现外面厚厚地铺了一层雪。顿时，他叹起气来，作为樵夫，自己最怕的就是下雨下雪了——这么大的雪，到哪里去打柴呢？而不打柴的话，自己和老母亲吃什么呢？看来只能靠老虎兄弟送点食物来了。樵夫心想。

三天后，当樵夫和母亲饿得头晕眼花时，他的老虎兄弟果然上门了。可是还没等他反应过来，饥饿已久的老虎便扑上来把他们母子都吃掉了。

大道理

　　不要相信恶人的善语，须知"江山易改，禀性难移"，人的性情绝非一朝一夕就能改变的。另外，择友时一定要慎重，谨防引狼入室，因为作为朋友的小人，往往比作为敌人的小人更让你避之不及。

11.　好斗的蛇

这条蛇在沙漠里生活有几年了，由于今年异常干旱，它决定搬离这里，到人家的墙缝里去。它想：在这儿生活不但要辛苦地寻找食物，还要忍受恶劣的自然环境。在人家的墙缝里生活呢，既不用为严冬酷暑担心，还有自己最喜欢吃的老鼠，简直就是天堂啊！虽然自由程度相对来说差了点。

这样想着，蛇便迅速爬离沙漠，爬向了最近的农家。它从大门里悄悄溜进，顺着墙根往前爬着。忽然，它在拐弯处碰见了另一条蛇，那条蛇很长，全身呈黄白色，只是头部有一段与身上不同的黑亮颜色。

"啊呀？"沙漠蛇大失所望地自言自语道，"难道这一家早就被它占领了不成？不行，我得问问它。"

"嗨。"它向那条黄白蛇打招呼道。

不想黄白蛇好像冬眠了似的，不但不理它，连动都不曾动一下。

沙漠蛇一下子火了，它想自己在沙漠里横行霸道，如同王子一般，现在屈尊降贵地跟别人打招呼，对方竟然敢不理它！"不行！"它在心里盘算道，"我得教训教训这个高傲的家伙！"

于是，沙漠蛇倏地直起身来，挺着它那镰刀样的脖子开始向黄白蛇示威，不想黄白蛇依然不肯理它。

这下，沙漠蛇更生气了，它看准对方的脑袋一口咬了下去，不料"咔嚓"一声，自己的一颗门牙竟然被对方硌断了。沙漠蛇顿时倒吸了一口凉气："天哪，它的脑袋竟然这么硬！不行，看来我得加紧进攻，否则它恼怒起来我可占不了上风。"所以接下来，沙漠蛇更用力地一口接一口咬了下去，没想到任凭它怎么发威，对方都无动于衷。半个小时之后，沙漠蛇满口尖利的牙齿都已经废掉了，可黄白蛇依旧安然无恙地躺着。

不久后，这家主人把已经饿死的沙漠蛇扔了出去，然后又把它旁边的井绳捡起来挂在了墙上。

大道理

争强好斗的人，总会无中生有为自己树立一些敌人，结果往往不能如愿，甚至反令自己遭殃。努力与人为善，才可能既保存实力又稳操胜券。

12. 救人英雄

在海边游玩时，这位青年听见了远处溺水者的呼救声，没有任何犹豫，他立即跳进海里游向了那个人。大概 20 分钟之后，筋疲力尽的他才拖着已经昏迷不醒的溺水者上了岸。

听说这件事以后，一些记者纷纷前来采访这位舍己救人的英雄，请他谈谈当时以及现在的感想，预备宣传一下他的英勇事迹。像这种采访以及报道，我们想当然地知道其模式：无非是落水者千恩万谢；救人者高风亮节，表明自己不为名、不为利，只是想救人性命的立场；然后就是媒体的大力呼吁，希望全民都向故事中的英雄学习，发扬舍己为人的高尚精神。

但是你知道这位英雄是怎么说的吗？面对着镜头，他的脸色很难看，只见他一边使劲儿摇着手，一边叽里咕噜地嘟囔着："不要叫我英雄，我根本不是什么英雄，因为我非常非常后悔自己做了这件事。想起来真是后怕，海水那么深、那么冷，而且冲击力那么大，我怎么就会头脑一热跳下去了呢？拉住那个人的一瞬，我快后悔死了，你们不知道他有多重，简直拖得我无法向前游动，有一刻我甚至认为自己必死无疑了。说实话，我可不愿意就这么死去！这件事算是过去了，以后至少10年里，我都不会再干这种傻事！……"

各位记者一听，顿时面面相觑、尴尬无比。可是迫于肩上的任务，他们又不得不发出这段采访。谁知报道一出，人们不但没有什么反面言论，反倒纷纷赞叹起这位自称"不是英雄"的青年来。

一位叫金井肇的大学教授这样评价说：因为对生命的崇敬，这个人毅然去救助生命；同样因为对生命的崇敬，这个人又毅然决定不再去救助生命。这是一个真实的人，一个让人震撼的、敢于说真话的人。确实，任何一种道德体系都不可能是空中楼阁，我们的心灵总是有缺口的，敢于正视这种缺口，就是值得称赞的。

大道理

每个人的心里都有阴暗或丑陋的地方，最难得的就是真实。敢于将自己心灵的本来面目展示于人，本身就是一种值得佩服的勇气。

13. "雅量"事件

一天，林肯总统出席某会议，有反对派当面讽刺他是个两面派。林肯指着自己那张平凡之至，甚至有些难看的脸说："如果我真有'两面'的话，你觉得我会戴着这张脸出来吗？"

英国首相丘吉尔在出席一次质询会议时，有位嚣张的女议员指着他破口大骂道："如果我是你太太，我一定会在你的咖啡里下毒！"丘吉尔淡淡地看了她一眼，不慌不忙地回答道："如果我是你丈夫，我一定将此咖啡一饮而尽。"

大文豪萧伯纳在演讲时，听众中有一位文学批评家揶揄他简直就是一头驴子，谁知他却立即致谢，感谢对方如此赞美自己。"众所周知，驴子有谦逊、质朴、勤勉和知足的特性，对粗食与轻视都能泰然处之，没有任何一个人会因为被赞美有这样的特质而动怒。"他说。

央视名嘴崔永元在一次节目中问一位漂亮的女士："你心目中的白马王子是什么样的？"不想女士紧张之下竟然脱口而出："反正不是你这样的。"崔永元看了她一眼，点着头说道："那我就放心了。"

大道理

如果别人的指责是正确的，那就正是我们进步的良机，我们应该给予感谢；如果别人的指责是错误的，那它改变不了我们一丝一毫，我们应该不予理睬。

---

14. 门框太低了

有"美国人之父"尊称的美国著名科学家富兰克林，年轻时是一位恃才傲物、心高气傲的青年。无论做什么，他都不愿意服输，总爱争强好胜。

当时非常著名的一位老前辈听说此事之后，便盛情邀请富兰克林到他家里做客。虽然富兰克林比较忙，但想到对方一直对自己帮助很大，他还是收拾一番赶去了。

进门时，由于那位老前辈的门比较低，而富兰克林又向来喜欢昂首挺胸地走路，所以他的头重重地磕在了门框上。这一下子，富兰克林可真疼坏了，他怒气冲冲地看了一眼门框，捂着头进了屋。

看到他这个样子，老前辈故作惊讶地问道："亲爱的，你这是怎么了？"

富兰克林委屈地回答道："老师，您家的门框太低了，它撞了我的头。"

满以为会听到几句安慰之词的富兰克林万万没想到老前辈竟然说了这样的几句话："我今天之所以叫你来，就是为了让你撞这一下子。你要知道，并不是我家的门框太低了，而是你太喜欢抬头走路了。做人，可不能这样，要想平安无事地活一生，就得在该低头时低头啊！"

富兰克林顿时满脸通红。

15. 一坛清水

　　某部落的酋长正跟族人们坐着闲聊，只听酋长说道："现在日子好过了，大家都不像以前那样愁吃愁穿的了，谁知世风日下，自私自利、坑蒙拐骗的事情越来越多。你们看今年的庄稼都长得不错，到了收获季节啊，还不定得出多少小偷……"

　　酋长的话还没说完，便被一位中年男子打断了："我不这样认为，酋长，我觉得情况并不像你所说的那样严重。再说，自私是一种很正常的现象，谁不希望最大限度地获得个人利益呢？"

　　听到这里，酋长并没有表示反对，他只是微微一笑说道："等收获季节过了，我们全族开个丰收庆典。到那时，你就会知道你刚才的话是对还是错了。"

　　果然，秋收过后，酋长组织了一次隆重热闹的丰收庆典。庆典召开的前一天

晚上，酋长通知每户家庭都捐出一坛好酒来，说是庆典上要集中倒在一只大桶里，供全族人痛饮。

第二天，清脆的鞭炮声过后，大伙都郑重其事地把自己带来的酒倒进了事先准备好的大桶里。而后，酋长便按辈分和年龄开始分酒了。

"干！"酋长一声"令"下，大伙都捧起酒碗预备一饮而尽。不想刚喝了一口，人们便都停下了，面面相觑之后，就是尴尬至极的沉默和羞愧——每个人喝到的都是清水！原因是人人都认为在那么多的酒中，自己的一坛清水一定不会被察觉。

"自私没错，可是它不一定带来个人利益啊！"酋长意味深长地说道。

大道理

自私可谓是人之天性，追求个人利益的最大化也并不算错，但是如果没有了节制与约束，最后损害的必然不只是别人。

16. 因为我爱他们

20年前，几位社会学家来到一所贫民窟小学作调研。在了解清楚被调研的百余名孩子的成长背景和生活环境之后，他们对这些学生的未来发展做出了一致的评估：他们谁都不会有出头之日。

20年后，尚在人世的几位社会学家之一又来到了当年那所小学，不料追踪结果真是让他大吃一惊：那些孩子们都已经长大成人，除了有七八名搬迁或英年早逝之外，剩下的90多名中有80余名都有相当好的工作，有的已经出国留学，有的已经成了大学老师，还有几位居然成了全国有名的律师、企业家。

异常震惊的社会学家百思不得其解，遂决定利用残年研究此事。谁知走访了当年所调查对象的其中几位之后，他竟然得到了同一个答案："因为我遇到了一位好老师。"

在好奇心的驱使下，社会学家找到了这位已经白发苍苍但精神矍铄的老师，问她到底用了什么办法让这些原本前途无"亮"的孩子们个个出人头地。

"其实也没什么，"老太太微笑着，眼中闪出慈祥的光芒，"只是因为我爱这些孩子，我尽自己的最大努力传授给了他们尽可能多的文化知识和做人的道理，事情也许就是这样吧。"

大道理

爱的力量是巨大的，它不但可以融化冷漠和绝望，还可以为身旁的人带来幸福和希望，使他们从宿命的诅咒中解脱出来，创造出种种奇迹。

17. 父亲

父亲戎马一生，没有过过几天好日子，连最该轻松快乐的童年都是在大萧条时期度过的，母亲也一样。所以，他们一直很注意让自己的孩子得到他们自己在童年时渴望得到却又无法得到的东西。

8岁那年，我忽然迷上了电唱机，并将在圣诞节那天得到一台电唱机当成了自己最大的梦想。当时，父亲的薪水非常微薄，并没有多余的钱帮我实现梦想。但出乎我意料的是，他居然真在圣诞节那天送了我这份礼物。后来我才知道，为了攒齐这笔钱，父亲找了份兼职做，并为自己的下属连续服务了一个月，而做兼职的时间，是每天午餐的一小时。

一年后，也就是我9岁那年，父亲因为心脏问题病倒了。做手术时，因为输血的血型配得不好，父亲体内发生了溶血现象。在最后的5天里，他意识到自己将不久于人世了，便打电话给我那才3岁的弟弟，对他说自己已经去世了，并且已经到了天堂。他说："上帝让我打电话给你，和你说再见。孩子，你不要害怕，也不要难过，因为我很好，我只是想让你知道我很想念你。"

然后，他从母亲怀里挣扎起来，给我写了一封信，因为当时我尚在学校，并且即将参加学校为优等生举办的颁奖午餐会。在信中，他告诉我说他一直为我在学校里的成绩感到骄傲，并且预言我一定能上麻省理工学院——后来我果真上了麻省理工学院。他还对我说，他相信无论做什么事情，只要尽力就肯定能成功。

母亲把这封信交给我，是在我参加完那次颁奖午餐会之后——这是父亲的意思，他怕影响我的心情。

在我的记忆里，父亲只因为一件事跟母亲真正争吵过。当时，父亲很想为我们已经抵押出去的住房买份保险，而母亲则认为没有必要，并且坚持说家里没有钱买这份保险。"这笔投资是省不得的，要是我有什么不测，你和孩子至少还能保住这屋子。"父亲说，但是直到最后，母亲也没同意这件事。

6个月后，父亲真的去世了，这让我们措手不及，而正当我和母亲担心被赶出家门时，保险公司的理赔员送来了一张支票，那笔钱正好够我们交所欠的房款。原来，父亲在去世之前一直偷偷地攒钱买这项保险——直到安静地躺在墓地时，他还在关怀和照料着我们。

以上这个故事，是金色环球和埃米金像奖得主——詹姆斯·伍兹在回答记者提问时讲述的，那个问题是："你最尊重的人是谁，为什么？"

大道理

一个男人，要想赢得真正的尊重，就必须承担起自己应该承担的责任，并且用一生的时间来证明自己是个负责的人。

---

18. 负担与责任

因为生活压力太大，这位青年整天唉声叹气。某天，他去山中寻找一位大哲人，希望对方能够给他一个解脱之法。

哲人听完他的诉说后，并未给他讲什么大道理，只是拿过一个篓子让他背在肩上，然后指着门前上山的路说："我在山顶等你。你背着这个篓子上去，每走一步就得从路边捡块石子，到山顶时，告诉我你的感受。"

说完，哲人就快步向山上走去，只剩下莫名其妙的青年在后面遵嘱而行。

一个小时后，青年背着一篓石子气喘吁吁地到达了山顶。不等他稍作休息，哲人便问道："给我说说你这一路上的感觉吧。"

"越来越沉，我越来越无法承受。"青年一边擦汗一边说道。

"这就是你的生活为什么越来越沉重的原因！"哲人大声

说道。

"嗯？"青年更加迷惑不解了。

"每个人来到这个世界上的时候，都背着这样一个空篓子。就像上山似的，每走一步人生，我们都要从这个世界上捡一样甚至是几样东西放进去，所以就会有越走越累的感觉。"

"那有什么办法可以减轻吗？"青年问道。

"有。"哲人回答道，"但是这个问题得由你来回答，事业、爱情、父母、子女、朋友等你愿意丢掉哪些呢？"

青年张口结舌，半天也回答不上来。

"所以，"哲人接着说道，"我们篓子里装的不是负担，而是责任，并且是我们自愿放进去再也不想拿出来的责任。我知道，你之所以不想拿出来，是因为它们都曾给你并将继续给你无尽的欢乐与幸福。享受的时候，你不觉得轻松，怎么背着前行的时候，你反倒觉得沉重了呢？"

青年面红耳赤，一句话也说不出来了。半晌，他才半问半想地说道："关键是，我们这么努力地背着它们前行，有什么特殊意义吗？"

"当然有，"哲人再次回答他说，"你除了得到无价的幸福之外，还会有莫大的成就感。你看，随着你的不断向上，他们也都越来越高了。"

大道理

　　每个人都将背负一定的责任，且随着岁月的增加不断增多。如果把这些责任当成包袱，就会日觉其重；反之，把它们当成胜利品或快乐的源泉，你就会感觉幸福。

19. 生命的最后一分钟

在大连市，许多市民记住了这样一个名字：黄志全。他并不是什么名震中外的大人物，而只是一名普通的司机。人们之所以能够记住他，是因为他在生命的最后一分钟里所做的事情。

某天，大连市公汽联营公司702路422号双层巴士司机黄志全在行车途中心脏病发作了，在生命结束前的一分钟，他做了如下三件事：

第一件事，他把车缓缓地开到路边，停下，然后用尽生命的最后力气拉下了手动刹车闸；

第二件事，他把车门打开，让乘客可以安全下车；

第三件事，他将发动机熄火，确保了车辆和乘客的安全。

做完这三件事以后，黄志全的头垂下了，他趴在方向盘上，永远地停止了呼吸。

这件事在当地传开之后，所有听到的人无不震惊，无不感动。

这名平凡而又伟大的司机，用他临终时的行为，为人们解释了什么叫"尽职尽责"。在生命即将结束的时刻，他在意的不是自己正在忍受的痛苦，不是死神降临的恐惧，而是作为一名司机应该顾虑的满车乘客的安危。所以，他用惊人的毅力支撑着自己完成了最后的使命，然后才安然地闭上了眼睛。

大道理

即便身处平凡的岗位，从未想过要成为什么名人、英雄，我们也应该将敬业、负责的态度坚持到底，这不仅是最基本的职业道德，更是我们身为社会一员的基本责任。

---

20. 每个人都只犯了一点儿错

先进的"环大西洋"号轮船沉没了，几十名船员无一生还，在这片海况极好的海面上，发生这种事令人匪夷所思。一直到人们在残船的电台下面发现那张纸条时，才明白了其中真正的原因。纸条上有好几种不同的笔迹：

水手理查德：上午我在奥克兰港偷偷买了个台灯，给妻子写信时我可以用它来照明。

机匠丹尼尔：上午检查船员房间时，消防探头连续报警，可是我并未发现火苗，于是我判定探头出了问题，便把它拆掉打算再换个新的，但是由于当时很忙，我没来得及换上。

服务生斯科尼：下午我到理查德房间找他，他不在，我就随手打开了他桌上漂亮的台灯玩。

管轮马新：下午时我感觉到空气有些不好，我以为是厨房的味道，便打开了机舱通风阀。

电工荷尔因：晚上值班时我感觉有点饿，于是跑去餐厅找东西吃。

船长迈凯姆：7点半我发现火灾时，几个船员的房间已经被烧透了，我们已经没有能力再控制火情了。眼看着船上火势越来越大，我知道，我们全完了。

以上便是这只世界先进的轮船沉没的过程。

大道理

职务没有轻重之分，任何人都应忠于职守。只有每个人都严格地按照规矩做事，才能保证工作的正常进行。如果每人都犯一点点错，到最后很可能造成意想不到的恶果。

21. 一条鲈鱼

10岁那年，汤姆跟随父母一起前往新罕布什尔湖的岛上别墅度假。那所别墅四面都有湖水环绕，是钓鱼的绝佳胜地。

在鲈鱼节开始前的午夜，汤姆扛着钓竿和父亲一起来到湖边垂钓，想提前过一过钓鱼的瘾。约莫一刻钟后，小汤姆突然觉得有什么东西沉甸甸地拽住了他鱼竿的那头。父亲吩咐他沉住气，并用赞赏的目光看着他慢慢把钓线收回来。力

气几乎用尽之后，那头的鱼终于被汤姆小心地拖出了水面——哇，好大一条鲈鱼！这是汤姆长这么大以来见过的最大的一条鲈鱼！

见到儿子钓上来的是鲈鱼，父亲看了看表，然后很平静地对汤姆说道："现在是10点钟，离鲈鱼节开始还有两小时，你必须把它放掉，孩子！"

"为什么？爸爸！"汤姆明知故问，委屈之情溢于言表。

"你是知道的，只有在鲈鱼节才允许钓鲈鱼。"父亲的语气严肃了起来，"快放掉它，汤姆！"

"爸爸！反正又没有人看

见……"汤姆的眼泪已经在眼眶里打转转了。

"放掉它！这里还有很多其他的鱼！"父亲更加严厉地命令道。

"可是都没有它这么大。"汤姆低声咕哝着，不敢直视父亲的眼睛。最后，他终于慢慢地伸出手，把鲈鱼嘴里的钓钩摘了下来，然后把它放回了寂静的湖水里。

做完这一切之后，汤姆噘着嘴瞥了爸爸一眼，显然，他很不理解并非常恼火爸爸的要求，他觉得他再也不可能钓到这么大的鲈鱼了。

20年后，汤姆已经成了纽约市一名颇有成就的建筑师。在获得某次建筑大奖赛的一等奖后，有记者问起他的成长经历，他便把"鲈鱼事件"讲给了对方听，然后说道："的确，这么多年来，我再也没有钓到过那么大的鲈鱼，但是我却越来越明白父亲的苦心。通过那件小事，他'逼'我学会了自律。我之所以能取得今天的成就，与父亲教给我的这两个字有极大关系……"

事实证明，那件小事影响了汤姆的一生，而不仅仅是他成长的20年。在人生的道路上，他一直严于律己，从不投机取巧，因此在同行中口碑极好。有时，亲朋好友会偷偷地把股市内的消息透露给他，但即便胜算有十成，他也会婉言谢绝。看来，自律已经成了汤姆生活中的第一信条。

大道理

　　诚实守纪是做人的第一准则。任何人做任何事情时都会有第三只眼睛在监督着，倘若丧失诚实、破坏规则，其所失必会多于所得；而慎独、自律，则所得必会多于所失。

---

22. 总裁的儿子

听说自己一直向往的某大型公司正在招聘销售经理，兴奋不已的小张立即打扮一新，前去面试了。

由于各方面条件都不错，他很快就脱颖而出，进入了最后一轮面试。听说最后一关是由公司总裁亲自主持的，小张不禁悄悄为自己捏了把汗。

终于轮到他了，他轻轻敲了敲门，然后便跨进了面试间。没想到还没有完全站定，西装革履的总裁就忙不迭地站起来握住了他的手，以一种激动莫名的语调对他说道："天哪，这世界真是太小了！我的大恩人，真没想到会在这儿碰到你！"

小张一下子糊涂了，他莫名其妙又不由自主地说道："大恩人？我？"

"是啊是啊，当然是你！我绝对不会记错的！"总裁把他的手握得更紧了，"你不记得我了？上次在滨河公园玩时，我儿子不慎掉进了河里，多亏你奋不顾身地将他救起。当时我是急糊涂了，光顾着送他去医院，也没来得及问您的尊姓大名。快，快告诉我你叫什么名字？"

小张明白了，原来这位总裁把自己错认成救他儿子的恩人了。随即他又想到，如果是总裁恩人的话，那么他势必会网开一面，留下自己的，这样一来，这个梦寐以求的职位可就落进自己口袋了。

想到这里，小张装出一副吃惊的样子，反握住了总裁的手："哎呀，原来是您啊，我说怎么有点面熟呢。我叫张杰，不过您用不着这么客气，那只不过是举手之劳而已。如果有幸成为您手下的一员，以后我还要尽心尽力地为您效劳呢！"

但是令小张吃惊的是，他刚说完这句话，总裁便放开了他的手，冷冷地对他说道："面试结束，你可以出去了。李秘书，叫下一位。"

小张出了门之后，百思不得其解，心想既然我是总裁的"恩人"，他怎么会这么对我呢？

原来，这是总裁刻意导演的一出戏，他之所以要制造这一"救人事件"，就是为了考察一下求职者的诚实态度。包括小张在内的近 10 位求职者，都因为想将错就错，借机揽功，而被"总裁的儿子"淘汰了。

大道理

诚实不但是做人之本，还是走向成功的通行证。倘若在面对诱惑时放弃这一准绳，贪功近名，则很可能会贪小失大，抱憾终生。

23. 上将与下士

乔治·华盛顿总统是美利坚合众国的第一任总统，他向来以诚实、热情、平易近人著称。

一天，他穿着一件过膝的旧大衣独自走出了营地，来来往往的士兵们没有一个人认出他来。

"加把劲！快点！"不远处传来了一阵吆喝声，华盛顿闻声望去，发现是一位下士在领着手下士兵们筑堡垒。众士兵正抬着一块巨大的石块往指定位置上放，但由于石块太重，他们力气用尽了也未能使其归位。眼看着那个大石块就要滚落下来了，身穿制服的下士还站在一边背着手吆喝。

情况危急，顾不上多想的华盛顿迅速跑过去，用他强劲的臂膀顶住了石块。靠着这一及时的援助，大家终于顺利完成了任务。

"你为什么光空喊'加把劲'，却把自己的双手背在身后？"华盛顿皱着眉并没有看那位下士。

"你问我？"下士很不满地斜视着华盛顿，"难道你看不出我是这里的下士吗？"说着，他掸了掸自己的肩章。

"哦，这倒是真的。"华盛顿慢慢解开了大衣纽扣，向这位鼻孔朝天、倒背着手的下士露出自己的军装，"按衣服看，我是上将。不过下次再抬重东西时，请你一定要叫上我！"

可以想见，当那位下士看到站在自己面前的竟然是华盛顿上将时，他会是多么羞愧。

> **大道理**
>
> 越是小人物，就越容易自以为是；越是大人物，就越是平易近人。所以，那些自视甚高的人，往往并没有什么了不起。

24. 只给他半壶水喝

为了争夺领土，丹麦和瑞典曾经在 17 世纪发生过剧烈的冲突。

某天下午，一场激烈的战役刚刚结束，战场上尸横遍野。一位不小心掉队的丹麦士兵找了个地方坐了下来，打算喝口水解解渴再走。忽然，他听见不远处传来了一阵紧似一阵的哀叫声，原来是一个受了重伤的瑞典人被饥渴所折磨，正眼巴巴地盯着他手中的水壶。

"他比我更需要水。"丹麦士兵自言自语道，然后便站起身来，把水壶嘴送到了瑞典人的口中。谁知瑞典人竟然冷不防伸出长矛刺他，幸好矛头偏了一点，只伤到了他的手臂。

看被刺的右臂鲜血直流，丹麦士兵便伸出左手抓住水壶，一边给伤者喂水一边"责备"他道："嗨，兄弟，你怎么可以这样回报我呢？本来我是要把整壶水给你喝的，为了表示对你的惩罚，现在我只能给你一半了。"

后来，这件事被丹麦国王知道了，国王专门召见这个士兵，问他为什么不把那个忘恩负义的家伙杀掉？

"因为他受伤了，而且我已经惩罚了他——把给他的水减掉了一半。"他轻松地答道。

大道理

如果说拯救别人于危难之际是一种高尚，那么当对方做出忘恩负义之事，自己还能以宽容和饶恕之心待之，就是一种伟大。

25. 老锁匠的智慧

他是小镇上资格最老、名气最响的锁匠，一生修锁无数，技艺高超无比，而且收费合理，所以深为人们敬重。另外，他正直无私的为人也赢得了当地居民的高度赞扬。据说，每修一把锁他都会告诉顾客他的姓名和地址，说："如果你家发生了盗窃，只要是用钥匙打开的门，你就来找我！"

几十年过去了，老锁匠越来越老，为了不让自己的技艺失传，他从求教者中挑出了两位年轻人，准备把一身的技艺传授给他们。

一年之后，两位年轻人都学会了不少东西，但老锁匠传艺的规矩是：绝招只传一人，也就是说，两位年轻人中只有一个能够成为真正的继承人。该选谁呢？思索良久，老锁匠决定对他们进行一次考试。三天后，考试开始了，场地上挤满了围观的群众。只见老锁匠亲自动手，把两个保险柜分别放在了两个地方，然后让徒弟去打开，并说谁花的时间短谁就是胜利者。结果，大徒弟只用10分钟就打开了保险柜，而二徒弟却足足用了半小时。很显然，大徒弟胜了。想到马上就能得到师傅的独门绝技了，大徒弟不禁沾沾自喜起来。

不料，考试结束以后，老锁匠并没有宣布谁胜谁负，而是直接问大徒弟："告诉我保险柜里有什么？"一听这话，大徒弟立刻两眼放光："师傅，里面有好多钱，全是百元大钞。"

"你的保险柜里有什么？"问完大徒弟，老锁匠又转过身去问二徒弟。

顿时，二徒弟满脸通红，半晌，他才支支吾吾地说道："师傅，我不知道里面有什么。您不是说是比赛开锁吗？所以我就只打开了锁，至于里面的东西，我没有看。"

"好极了，孩子。"老锁匠立刻赞许地拍了拍二徒弟的肩膀，然后郑重宣布二徒弟为他的正式接班人。

"凭什么？"大徒弟委屈地喊了起来，"大家都看见了，明明是我的技术好嘛。"

"干什么都要讲究一个'信'字，我们这一行更是要有非常高的职业道德。"老锁匠不像是在回答大徒弟，而像是在给观众们解释，"我收徒弟要求他必须做到心中只有锁而无他物，尤其要对钱财视而不见。否则，让其登门入室或打开保险柜易如反掌，最终不是会害人害己吗？我们修锁的人，心上都要有一把不能打开的锁啊！"

听到这些话，众人不由得纷纷鼓起掌来，而大徒弟则满脸通红，尴尬无比。

大道理

信用虽然看不见，却是无形的力量与财富之源。事无巨细，都应以诚信相待，否则，我们失去的不仅是这一件事的利益，还有自己此后的大半个人生。

26. 招聘司机的面试题

有家大公司正准备以高薪雇用一名汽车司机，因为这家公司在当地有很高的知名度，所以前来应聘的人很多。经过层层筛选，3名非常出色、技术水平不相上下的竞争者进入了最后的决赛。

公司最后一轮面试的题目是：如果悬崖边有块金子，现在让你

们开车去拿，你们觉得自己能距离悬崖多近而不至于掉下去呢？

第一位应试者思考了一会儿，设想了一下实际中会出现的种种情况，然后推算出自己保证安全的距离大概是两米，所以他回答说："两米。"

第二位应试者可能自认为驾驭技术非常高超，所以想都没想便十分有把握地说："我觉得距离一米时，我也能保证安全。"

第三位应试者在前两位回答问题时只是静静地坐着，好像根本就没有思考这个问题。当被问及时，他淡淡地回答道："这个问题无须考虑，如果金子所在的位置真的是悬崖边，那么我会选择尽量远离悬崖，愈远愈好。"

最后，只有第三位应试者被录用了，因为只有他的安全意识最强，能够断然拒绝诱惑。而作为司机，这一点是必须具备的。

> **大道理**
>
> 贪婪的人，往往会在追逐诱惑时，忘记跟在诱惑背后的危险甚至死亡，进而使得职位、生命等尽失，使诱惑变得毫无价值。

27. 1 美元的效益

1935 年，美国正处于前所未有的经济大萧条时期。当时，刚满 10 岁的阿瑟在一辆大运货卡车上工作，任务是每天为 100 家商店递送特别食品。这份工作很辛苦，每天干 12 个小时才能挣来一个三明治、一杯饮料和 50 美分。可是即便如此，这份勉强可以维持生活的活儿也不是天天都有。迫于生计，在没有食品可递送的日子里，小阿瑟就去给街角的一家糖果店打杂。

一天，老板让阿瑟去清理一下刚刚空出来的仓库，结果，他在桌子底下拾到 1 美元。在那个经济萎靡不振的时期，1 美元对于一个刚满 10 岁而且一天只能挣几十美分的孩子来说，绝对不是一个小数，可是小阿瑟却连犹豫都没有便把它交给了店老板。

接过那张纸币的一瞬，老板笑了，他扶着阿瑟的双肩说道："孩子，钱是我故意放在那里的，目的就是检验一下你是否可信，因为我需要雇用一位忠诚的店员。"

就这样，小阿瑟获得了一份薪水颇高并且相当稳定的工作，这份工作他一直干到读完高中。可以说，之所以能够在国家经济最困难的时期找到并保住一份好工作，全都是因为他的诚实。

在后来的许多年中，长大的阿瑟干过很多种工作：侍者、停车场服务员、房子清洁工等。再后来，他凭着诚信经营，使卡车运输生意在连续亏损了四年之后终于成功度过惨淡时期，开始了上坡路。

现在，这位阿瑟·因佩拉托雷已经是新泽西曼哈顿航运线的老板兼 APT 运输公司的总裁了。

大道理

能干的人有很多，但是能信任的人却不多。只有首先取得了别人的信任，才可能赢得更多的机会，也才可能吸引更多人为将来的你工作。

28. 擦皮鞋的小伙计

威廉出生在一个小商人家庭，他的父母经营着一家小餐馆。6 岁那年，他得到了平生第一份工作——在父母的餐馆里给顾客擦皮鞋。这份工作很简单，却并不轻松，因为父亲对他要求非常严格。"擦完后，你必须询问顾客的感受。如果对方表示不满意，你就必须重新擦。"这是父亲给他定下的规矩。

随着年龄的增长，威廉的工作任务也增加了。10 岁之后，他开始被要求整理桌子，并附加做引座员的工作。那时候，最让威廉得意的事情便是：父亲常常会带着满意的微笑，向邻居夸耀说："儿子是我有过的最好的'清理伙计'。"

不过，尽管非常努力和辛苦，除了擦皮鞋的收入之外，威廉干的其他任何工作都是没有报酬的。正因如此，小小的他一直耿耿于怀，终于有一天，他向父亲要求道："你应该每星期付我 10 美元的工钱。"不想父亲却回复道："没问题。但是，你得付我每天在这儿吃的 3 顿饭的饭钱，还要付我你时常请伙伴们在这儿喝汽水的钱。"经过计算，父亲告诉他："扣除 10 美元的工钱外，你每星期还欠我 40 美元。"

这件小事狠狠地教训了威廉，并使他意识到：当你要谈判的时候，你最好先了解对方所掌握的论据，就像你了解自己的一样。

多年之后，长大的威廉参了军，成功晋升为陆军上尉后，他得到了一次返家探亲的机会。当走进父母的餐馆时，一身戎装的他甚是骄傲，不料父亲对他说的第一件事情便是——"今天引座员请假了，今晚就由你来顶替他工作吧。"

当时，威廉惊讶得眼珠都快掉下来了，他怎么也无法相信，父亲居然让他——合众国部队堂堂的新任军官去做这种工作。但是不管怎样，父亲的吩咐是不可更改的，最后，他只得乖乖去找抹布了。

这件"似曾相识"的小事再次教育了他，他由此认识到：无论哪个群体，不管是家庭餐馆还是部队，成员对群体的忠诚都不应该有什么差别。

又过了许多年，这位"引座员"军官荣获了三星上将军衔。出任"沙漠风暴行动"的美军总指挥之后，他又带领部队取得了令世界瞩目的成绩。应该说，这不仅有赖于他自己的努力，更受益于其父母的良好教育。

大道理

对于任何人来说，都应该将对群体的忠诚永远摆在第一位。只要你还是集体的一员，你就必须按照集体的标准要求自己。

---

29. 黑格尔的回忆

大哲学家黑格尔有一段著名的回忆录，那是一件在他很小的时候发生的事。

一天上午，父亲邀请 10 来岁的儿子一起到自家附近的林间漫步，儿子很高兴地答应了。

来到一个拐弯处，父亲停了下来，然后把食指竖在嘴边"嘘"了一下，好像要儿子注意听什么似的。短暂的沉默之后，父亲问儿子道："除了小鸟的歌唱外，你刚才还听到了什么？"

儿子又静静地听了几秒钟后才回答父亲："我还听到了马车的声音。"

"没错，"父亲高兴地接道，"是一辆空马车的声音。"

"空马车？"儿子惊讶地重复着，"爸爸，我们又没看见，你怎么会知道那是一辆空马车？"

父亲答道："从声音就能轻易地分辨出那是不是空马车。因为马车越空，噪声就会越大。"

这句话犹如火炬般点燃了小黑格尔心中谦逊的种子，并且影响了他长长的一生。多年之后，当初的小男孩已经长大成人了，可是，每当他看到口若悬河、粗暴无礼地打断别人的谈话、自以为是、目空一切以及随意贬低他人的人时，父亲那句话都会再次回响在他的耳边："马车越空，噪声就会越大。"

黑格尔之所以能够成长为影响整个人类世界的大哲学家，与他的父亲对他的这句教导一定有着关系。

大道理

"饱满的谷穗总是低着头的。"——谦逊不是能力的体现，而是一种美德。哗众取宠、骄傲自满多是肤浅无德的象征，须知越是空马车，噪声就越大。

30. 犯罪的老妇人

1935 年时，拉瓜地亚正任美国纽约市的市长。某天，他参加纽约法庭的旁听，听到的是一桩有关偷盗的案子。

被指控者被带上法庭时，拉瓜地亚发现那竟然是一位年近八旬的老妇人，只见她满头白发，形容枯槁，连牙齿都已经全部脱落了。她认了罪，承认自己偷了面包店的一块面包，然后便静静地低垂着头，等待着法庭的宣判。当法官最后一次询问她是否还有话说时，她满怀企盼地抬头看着法官："我承认我自己有罪，可是我的孙子们的确需要这些面包，他们已经快饿死了……"

法官打断了老妇人的话："对您的遭遇，我深表同情，但是纽约州的法律是不容情的。夫人，请您交纳 100 美元的罚款。"

这时候，一直在旁听席上沉默的拉瓜地亚突然站起身来，手里举着 100 美元："应该惩罚的人是我，我身为纽约市市长，却让这个城市发生祖母靠偷东西来养活孙儿的事情，对此，我深表愧疚。这 100 美元，就是我对此所认缴的罚金。而且，我还请在座的各位也都交出 1 美元的罚金，之所以发生这样的事情，与我们的冷漠不无关系。"

大道理

国家与社会的兴亡、贫富，身处其中的每一个人都应担负相应的责任。如果人人都能献出一点爱，这个世界就会变成美好的人间。

31. 仇恨袋

古希腊时，有一位大英雄叫海格里斯，他虽然力大无穷，乐于帮助他人，可是却心胸狭窄，喜欢计较。这天，由于跟邻居吵架没能占到便宜，海格里斯带着满肚子气上路了，他一边往前走一边嘟囔："再敢跟我吵，我就揍你！"正说着，他忽然发现自己脚下多了一个小气球，他走一步，小气球就跟他一步。他想都没想，上去就踹了气球一脚："我已经够生气了，你还来捣乱！"没想到小气球不但未被踩爆，反而增大了许多。

海格里斯更生气了，他捡起一根棍子冲气球打去。但出乎意料的是，他每打一下，气球便长大一点，最后竟然长成了一个半间房子大的袋子，把海格里斯的路全挡上了！

"连你也跟我过不去！"海格里斯又气呼呼地举起了棒子。

这时，一位圣人出现了："不要再打那个袋子了。"他喊道，"它的名字叫仇恨袋，你越是带着仇恨、怨气去侵犯它，它就越大，直至把你前进的路全挡上。你只有带着宽容、平和的心去抚摸它，它才会越来越小，直至消失，让你的路宽广无比。"

哦，原来仇恨会阻碍一个人前进，而宽容却能让他的路越来越宽。

大道理

仇恨、怨气、敌意如同一块不断增长的绊脚石，你越是放不下它们，你的路就会越窄；而宽容、善良则恰似不断拓宽的路，你拥有越多，你前面的路就越宽广。

第九章
习惯思维与改变

思路决定出路，因为思维方式不同，看问题的角度不同，采取的方案不同，收获也就不同。改变思维可以改变人生，好思维赢得好结果。

1. 耕牛与野牛

小牛出生时，正是寒冬季节，它天天悠闲地和妈妈一起享受着主人的款待。春耕季节来临时，小牛才发现自己的生活并非像想象中那么轻松自在。只见妈妈被主人用缰绳死死地勒住，一边汗流浃背地干着活，一边挨着主人不断作响的皮鞭。

看到这里，小牛难过极了，它问："妈妈，世界这么大，我们为什么不逃走呢？干吗要受这份苦呢？"

妈妈一边挥汗如雨，一边答道："孩子，自从咱吃了人家的东西，就注定了要为人家干活，这可是祖祖辈辈留下来的传统和规矩啊。"

小牛不忍再看妈妈受罪，便跑到别处去玩了。跑着跑着，它便来到了大草原上，正好看到一只野牛在自由自在地吃着刚发芽的青草，悠然自得地享受着明媚的阳光。

"咦？你为什么不用辛苦地耕地和挨皮鞭呢？"小牛奇怪地问道。

"逃出来之前，我过的也是那样的生活，因为我吃的是人家的东西。"野牛回答说。

这一下，小牛更奇怪了："你为什么要逃出来呢？"

"既然挨鞭子的前提是吃人家的东西，那不吃不就可以不挨了吗？所以我就逃了出来。你看，现在我不也过得挺好吗？"野牛一边悠闲地嚼着美味的青草，一边答道。

> **大道理**
>
> 我们可以成为习惯的奴隶，也可以成为习惯的主人。被习惯奴役，我们必将"身不由己"；驾驭习惯，我们才能拥有幸福美好的人生。

2. 背蝎子过河

蝎子可谓是青蛙的死对头，因为它非常喜欢蜇青蛙。这一天，小青蛙正坐在河边唱歌，一只蝎子悄悄地来到了它的身后。想躲已经来不及了，于是青蛙便做好了战斗的准备。

没想到蝎子非常礼貌地说道："亲爱的小青蛙，我要到河对岸去办点事，可是我不会游泳，所以，请您发发慈悲，把我背过去吧。"

小青蛙连连摆手道："不行不行，坚决不行，谁不知道你们蝎子最喜欢蜇我们青蛙！被你的毒针蜇到那可是会要命的。"

蝎子央求道："您放心吧，我的目的是到河的对岸去办事，不是蜇你。"

小青蛙还是不同意，蝎子再一次哀求道："求青蛙大哥发发善心吧，我的事情真的很着急，我保证、我发誓绝对不会蜇你的。"

看到蝎子着急的样子，又听到它信誓旦旦的话，小青蛙心软了："是啊，我是在帮它，它总不至于害我这个恩人吧？"想到这里，小青蛙向前了一步："上来吧，我背你过河。"

可是还没到河对面，蝎子就不由自主地蜇了青蛙一下，青蛙痛苦地挣扎着："你说过你不蜇我的。"

蝎子回答道："对不起，我不是故意的，我只是习惯了蜇青蛙而已。"

> **大道理**
>
> 要警惕别人的坏习惯成为你背上的蝎子。如果明知对方有某种恶习，那千万不要轻易相信他关于改变习惯的承诺，否则，你很可能于不经意间被他的坏习惯拖下水。

3. 寻找点金石

很偶然地,这位年轻人从某本书中发现了"点金石"的秘密。他欣喜若狂,立刻马不停蹄地来到了海边,开始寻找那种能把普通金属变成纯金的神奇石子。

他想,如果捡到一颗石子就把它扔到地上,是很有可能几十次、几百次地捡拾同一颗石子的。所以他决定,凡捡起的石子都扔到海里去,这样,自己便能轻松地避免做无用功了。

于是,每当捡起石子,他便甩手扔进面前的海水里。这样干了整整一天,他并没有寻找到点金石,没办法,他只得重复下去,一星期、一个月、一年……他始终没有找到点金石,所有经过他手的石子都是冰凉冰凉的普通石子。

渐渐地,寻找点金石已经成了一个遥远的梦,似乎每天,他只是在做着一个极其简单的游戏,捡石子、扔石子。但是某天下午,当他像往常一样,把刚刚捡起的那颗石子扔向大海时,似乎感觉到有点异样,这块石子暖暖的,明显与其他石子不一样……"点金石!"当他反应过来时,那块石子已经被他习惯性地扔向了大海,天空中,出现了一道与扔其他石子时没有什么两样的弧线。

大道理

习惯会影响甚至是决定成败。习惯是一种顽强的力量,如果你习惯了抛弃,那么,当真正想要的东西已经被你握在手里时,你依然会习惯地将之抛弃。

4. 早已经放弃了挣扎

一根矮矮的柱子，一条细细的链子，可以拴得住陆地上最大的动物——重达千斤的大象吗？答案是肯定的，能！你一定不会相信，但是有机会到印度或者泰国去看一看的话，你就会相信了。因为在那里，这种令人难以置信的景象处处可见。

这是为什么呢？原来，一切都是源于力量无穷的"习惯"。

在大象还是很小的小象时，驯象师们便用一条细铁链将它拴在柱子上。由于身体幼小，小象的力量尚不足以挣脱铁链，所以，虽然它们一开始总是拼命挣扎，到最后总会安静下来——它们明白了，无论怎么努力，那条链子都是不可能挣脱的。

渐渐地，小象长大了，长成了力大无比的庞然大物，但是它们依然无法挣脱链子，不是因为不能，而是因为它们从来不曾尝试过，甚至连这种想法都不曾有过。因为在它的观念里，它认为这是绝对不可能的，虽然，轻轻一拽铁链便会断掉。

看到这里，我们不得不感叹：小象的确是被实实在在的铁链所绑住，而大象，却是被看不见的习惯铁链所绑住。

> **大道理**
>
> 习惯是锁住人手脚的无形铁链。很多时候，我们之所以不能成功，不是因为成功太难或太遥远，而是被"不能成功"的习惯思维锁住了。打破这种思维，朝着相反的方向去试一试，奇迹往往就会出现。

5. 好苹果与烂苹果

尼克和杰克是十分要好的小伙伴，他们在很多方面很相似，但也有明显的不同之处。以吃苹果为例，同样面对一箱苹果，尼克总会先挑小的、酸的和已经出现烂点的苹果吃，而杰克却恰恰相反，他总是选择大的、甜的和一点坏的痕迹都没有的吃。

为此，两个要好的小伙伴常常互相取笑。

杰克笑尼克道："像你那种吃法，等到把烂的吃完，原本好的也烂掉了，你就等着吃一箱子烂苹果吧。"

尼克反驳道："把烂的先吃掉，剩下的便都是好的，那时候我就可以安安心心地享受美好了。越吃越好，这有什么不好的？像你那种吃法，把好的全挑光，剩下的全是烂的，越吃越烂，又有什么好？再说了，没准儿有些苹果到时候都已经烂得不行了，所以只能扔掉，这难道不是浪费吗？"就这样，杰克说不过尼克，尼克也影响不了杰克，两人一直把这个习惯保持了下去。

长大以后，由于总是习惯于挑选不好的、阴暗的给自己，而把美好的、光明的留给他人，尼克成了当地最有名的慈善家，受尽众人的爱戴。而杰克，由于总是善于抓住最好的、最有利的，剔除普通的和不好的，所以成了非常富有的商人。

———— 大道理 ————

不要以自己的行为为标准去判断或否定别人的行为，有些习惯本身是没有什么对错之分的，只要我们一直是驾驭它的主人。

6. 如何付费

18世纪末期时，英国犯罪率一直居高不下，为了缓解监狱和警察的压力，英国政府决定：凡犯有重罪者，一律发配到刚刚开辟的殖民地澳大利亚。

但是没想到的是，这个政策刚实施不久，便出现了骇人听闻的情况：因为从事这项运输的都是私人船只，为了尽可能多地获利，船主们把运送条件降到了最低水平，设备简陋、缺医少药不说，犯人们还经常遭遇断水断食的绝境——反正船离岸时运费就到了手，谁还管到澳大利亚时犯人是不是还活着。

就这样，一时间，草菅人命成了理所当然。私人船贩一本万利，犯人却是悲惨无比。为了解决这个可怕的问题，英国政府强制性地给每条船上都配了监督官员和医生，可是死亡率还是一直居高不下，甚至连监督官和医生也一起莫名其妙地死掉了。接下来，迫不得已的政府又用过教育、培训以及群众舆论等诸多方式，可是不管怎么着，死亡率就是降不下来。

正在无计可施之计，一位议员提出了一个建议：不管开始时船上装多少人，一律以到达澳大利亚时的犯人人数为根据付运输费。

结果，问题一下子迎刃而解了，死亡率甚至一度降为零。

———— 大道理 ————

没有解决不了的问题，只有不合适的解决方式。再大的困难也会有解决的办法，关键就在于要从问题出现的根源上下手，而非小修小补。

7. 你来选总统

　　一位老妇人给年轻人们出了这么一道题：这是三位候选人的基本资料，假如决定权在你的手里，告诉我你会选择谁来当总统。请记住，一定要选择你认为最合适的那个人，因为你的选择将会影响全人类的幸福。

　　第一位：他笃信巫医和占卜术，并且经常沉迷于此；在生活中他是一个花花公子，身边至少有两位情妇；他是个名副其实的瘾君子，有多年的吸烟史；另外，他还非常喜欢喝马提尼，常常喝到酩酊大醉。

　　第二位：读大学时，他曾经吸食过鸦片；工作后，他曾经有两次被愤怒的老板赶出办公室的经历；他很懒，经常睡到中午才肯起床；他也比较喜欢喝酒，几乎每晚都要喝大概1公升的白兰地。

　　第三位：他是位战斗英雄，曾为众人所顶礼膜拜；他一直保持着素食的习惯；他从来不吸烟，只是偶尔喝点啤酒；年轻时几乎从未有过违法记录。

　　说完这些，老妇人又慢慢地说道："你们心里肯定已经有明确的答案了，在告诉我你们的答案之前，我先来告诉你们，第一位是富兰克林·D.罗斯福；第二位是温斯顿·丘吉尔；第三位是阿道夫·希特勒。那么现在，请你们告诉我，你选择了谁？"

8. 如此减肥法

最近几年，这个男人的体重一直在疯狂飙升，随着各种肥胖并发症的出现，他终于决定减肥了。

他找到医生，问有什么好办法，但是坚决拒绝不健康的减肥法，免得瘦下去却招来病。医生想了想，让他先回家去等，说第二天早晨自会有减肥专家亲去指导。

第二天一大早，门铃就响了，他打开门一看，一位性感十足的漂亮女郎站在门外。"我是医生派给您的减肥顾问，如果你能追上我，我就是你的。"胖男人喜出望外，立刻跟在女郎后面狂追起来，但是他实在太胖了，怎么也无法"迅速"起来。

眼看着那诱人的女郎越来越远，胖男人更加玩命地追起来。这样的游戏一直持续了几个月，不知不觉中，胖男人已经变成了身手敏捷的健壮男人。只见他精神抖擞，面庞英俊，成了一个标准的美男子。

某天早晨，美男子洗漱完毕静候女郎的到来，他想今天一定要、一定能把她追到手了。正想着，门铃响了，他喜不自禁，打开门一看，不是那位女郎，而是一位胖到极点的丑女人。

"医生告诉我，如果我能追到你，你就是我的。"丑女人说。

美男子一听，慌不迭地向前跑去。

9. 大富翁贷款

一个人夹着皮包走进银行，服务小姐热情地问道："先生，请问有什么事情可以为您效劳？"

"我要贷点款。"

"没问题，如果你能提供担保的话。"

"我能提供。"

"那请问您需要贷多少呢？"

"1 美元。"

"多少？1 美元？"小姐非常吃惊，怀疑自己听错了。

"对，1 美元。怎么？不可以吗？"先生反问道。

"哦，可以可以，只要有担保，多少我们都可以照办。"小姐点头道。

先生拉开皮包，拿出来一大堆票证，有股票、国库券、债券、银行存单等。小姐清点了一下："共 120 万美元，先生。"

"对。"先生面无表情。

"那我现在就给您办手续，首先向您说明：我们的贷款年息为 7%，每年年初结息。当您连本带息还清时，我们就会把所有的担保还给您。"

就这样，这位先生办理了 1 美元的贷款。

旁边一个人实在是忍不住了，便上前问他为何有这么多钱，却还要贷 1 美元的款。先生回答道："租金库保险箱保存这些票据不仅昂贵，而且有风险。我以这种方式把它们保存在银行里，不仅安全也便宜，你看，一年下来我只需要付 7 美分的保管费……"

大道理

很多事情，如果按照常规思路进行处理，不仅浪费人力、财力，得到的结果也很有可能和预期恰好相反，换一种方式处理问题，可能就有别的收获。

10. 贴海报

这个周日是文化节，玛丽需要把学生会安排给她的海报全都张贴出去。忙了整整一周后，海报终于只剩下不到 20 张了。但是这时候，玛丽却遇到了一个难题：广告栏里已经满满是七七八八的海报了，尽管其中夹杂着许多上周甚至上月的广告，可是玛丽并不确定它们已经过期。也就是说，如果她加以覆盖的话，别人也许会投诉她。

怎么办？玛丽环视了一周，忽然看见教学楼露天大厅的木柱子上有空隙，那是人们经常张贴海报的地方，虽然这并不合规矩。"这些东西显然弄得木柱子很脏，"玛丽自言自语道，"难道我也要这样贴吗？"想了一会儿，玛丽突然有了个好主意。她跑回宿舍，把前段时间搞活动剩下的那些彩色塑料布拿了来，又向朋友借了一卷透明胶带。她首先用塑料布包住柱子，用胶带将它们粘好，然后又把那些海报齐刷刷地贴上去。

半个小时之后，玛丽干完了。她走下台阶来，抬头看看自己的作品，满意地笑了：只见金色的夕阳下，几根柱子都换上了彩色的新衣服，打扮得整整齐齐，像是在特意迎接即将到来的文化节。

大道理

违反规则固然可以帮我们解决问题，但解决问题并不意味着必须违反规则。聚焦于规则，而创造性思考，有利于我们做到这一点。

11. 上海与北京

两个出外打工的人在候车室里相遇了，他们各自聊起自己要去的地方，上海和北京。去上海的人说："上海虽然工资高，可是人太精明了，问问路都得掏钱。"去北京的人说："北京人很质朴，见了吃不上饭的他们会给钱给馒头。"

谈着谈着两人便都觉得对方要去的城市好起来，去北京的人觉得上海的钱好挣，给人指指路都可以赚钱。去上海的人觉得北京好混，挣不到钱也不会饿死。于是两人一拍即合，把票换了过来。

到了上海之后，这个人发现上海的钱果然好挣，给人带带路、临时看看行李都可以赚到钱，甚至给人弄点凉水洗洗脸都能拿到钱。就这样，这个人不挑不拣，什么能挣钱就干什么，结果没几年他就成了一个"泥土店"的老板。泥土店？卖泥土？没错，他就是把从乡下运来的土装进花盆里卖给喜欢养花的上海人，这种没有多少成本的买卖赚钱极了，没几年，他就成了一个小有名气的富翁。

某天，他去北京出差，遇到了一个向他讨钱的乞丐，当与那张脏兮兮的脸对视时，他一下子愣住了——对方竟然是当年和自己换票的那个人。原来，习惯了在北京"白吃白喝"式的生活，他再也懒得去努力奋斗了。

大道理

不同人的人生际遇之所以不同，根本原因并不在于他们生活在哪里，而在于他们头脑中的观念与思维方式，还有他们在生活中日积月累形成的习惯。

12. 21号

奥立弗满16岁后，决定靠打工养活自己。可是当时正值经济大萧条时期，想找份工作并不是件简单的事。

现在，他正站在一家用人单位的人力资源部门外等候领取面试卡。被叫进去的时候，奥立弗发现面试卡上的数字已经是"21"了，也就是说，在他前面，已经有20个人在等待面试，自然，其中不乏比他优秀的。

怎么办？奥立弗在心中问自己，这份工作非常适合自己的专长，而且薪水也不低，机会很是难得，可是"21"这个位置实在是太不利于自己了，因为这个职位只需要一个人。如果老板在"21"之前就确定了某个人，那自己将再也没有机会。

想了一会儿，奥立弗终于有了主意，他托秘书小姐给老板送了张小纸条。满腹疑惑的老板打开一看，只见上面写着："先生，我排在队伍的第 21 位，请您在看到我之前，先不要作决定。"看到这句话，老板立刻哈哈大笑起来。

结果怎么样呢？当然是奥立弗得到了那个职位，因为一个会动脑筋思考的人总是能够掌握住对自己最有利的局面。

大道理

客观不一定总能有利于我们，但主观却能够，所以，不要去埋怨所处的位置或地势对自己不利，而只需要去思考如何化不利为有利。

---

13. 寻找死亡克星

100 多年前，因为做外科手术而死亡的病人非常之多，几乎能占到做手术者的 60% ~ 70%。一直居高不下的死亡率令外科医生们很是头疼，他们不明白为什么明明手术很成功，过后伤口还是会化脓溃烂，致使病人痛苦死亡。

英国医生李斯特也同样遇到了这个问题，为了寻找"死亡克星"，他一直积极地探索使外科手术更进步的方法，遗憾的是许多年过去了，问题依然没有得到解决。

这天，李斯特正在翻一本生物学杂志，里面一篇与外科手术根本无关的文章引起了他的注意："有机物的腐败和发酵是微生物进入的结果。"那么，他自言自语道，病人的伤口化脓这种有机物腐败也是由微生物引起的了？也就是说，当我们做手术时，那些肉眼看不见却是无处不在的微生物被我们带进了病人的体内，所以才导致了手术的失败和死亡率的居高不下。

从此，在做手术之前，李斯特总会严格地洗手，严格地煮沸医疗器械，甚至连给病人包扎伤口的纱布他都会煮沸后再使用。后来，他又寻找到一种有效杀灭细菌的药剂。运用这些方法后，经他手术的病人的死亡率果然降低了很多。

大道理

他山之石，可以攻玉。突破自己原有的知识与职业范围，多关注一些"与己无关"的东西，有时会有助于我们解决本职难题。

14. 出其不意

村里人世世代代以开山卖石头为生。自从发现本地的石头总是奇形怪状之后，一个青年便决定不卖"重量"卖"造型"，不出几年，他成了村里第一个盖起瓦房的人。

当不许开山、只许种树的政策下来，许多村民开始忙着种果树时，这个青年又急忙种起了柳树。因为他发现本地的特色桃非常好卖，但客人们却总是不愁买不到桃而发愁买不到装桃的筐。几年后，他成了村里第一个在镇上买楼的人。

再后来，他搞起了服装批发，并且和另一家服装批发店隔街相对。如果对方的批发价是500元一套，他就卖450元；如果对方也降到400元，他就卖350元。所以，一个季节下来，对面只批发出去了不到一百套服装，而他却批发出去了近千套。

终于，对方忍无可忍地跟他吵了起来。面对着众多前来看热闹的人，他一副唯唯诺诺、好人受气的样儿，让人看了心生可怜，并由衷佩服他的宽宏大量，因此之后总会光临他的小店，以便顺应天意让"好人有好报"。

可是人们不知道的是，其实这两家店都是他的。而之所以自己会跟自己吵起来，完全是因为花钱做广告实在太贵了，而且人们还不一定信。

大道理

相比物质和知识的丰富，想象力和创造力的丰富更为重要，因为只有与众不同的想法，才可能带给人们与众不同的收获。

15. 如何发财

　　美国佛罗里达州有一位勤劳的农民，为了让自己变得更富有一些，他花掉半生的积蓄买下了一块废弃已久的土地。但是到手以后，他才发现这块土地相当贫瘠，根本种植不了农作物，顿时感到莫名的沮丧。

　　一天，当他百无聊赖地在土地上溜达时，忽然发现身旁的矮灌木丛中藏着许多响尾蛇。他灵机一动，立刻有了主意。第二天，他就花钱买来了一大批不同种类的蛇——他把这块没用的土地变成了蛇的乐园。几个月之后，他开始联系相关商家，捕捉已经长大的蛇做成蛇罐头或者蛇大餐，又把蛇胆回收回来另行出售，甚至蛇毒液中的血清他都提取出来卖给了医院。结果没出几年，他便成了远近闻名的蛇大王，存折上的数字也变得越来越长。

　　后来，他又突发奇想，把自己的庄园开辟成了"万蛇观赏园"——反正蛇在成长期间也没有其他"任务"，不如利用这个机会再赚一笔。结果他的生意好得不得了，每天都会吸引来自四面八方的成百上千的观光客。

　　再后来，他又制作了许多标有"佛罗里达州万蛇庄园"字样的纪念品，出售给前来观光的游客们。这不但让他没花一分钱就把广告打到了世界各地，还又小赚了一笔。

　　在这整个过程中，农夫所购买的土地并没有改变，改变的只是他看问题的角度。

大道理

　　最美好的事情，开头往往并不如意，但不管身处何种困境，只要你敢于接受现实，用"有用"而非"无用"的眼光去审视周围的一切，你就能发现改变命运的机会。

16. 反常的办法

　　退休了的老人回到老家，打算以写回忆录来打发自己晚年的时光。

　　刚开始，一切看起来都很不错，环境安静，邻居和善，这让老人写作时精神很是集中。可是一周以后，几个男孩子让情况发生了变化。他们都是十来岁正上小学的孩子，甚是调皮捣蛋。每逢放学之后，他们都会在老人门前的空地上踢球玩。说是球，其实只是绑在一起的几个破易拉罐而已，所以踢起来噪声很是让人难以忍受。

　　终于，再也无法忍受的老人走了出去，把他们几个叫了过来："你们踢得真好，如果你们能天天给我踢，我就每天给你们一块钱。"说着，老人真的从兜里掏出几块钱来分给孩子们。几个孩子高兴极了，发誓天天来表演脚上功夫。

　　几天之后，老人发钱时只给了他们每人五毛钱："我的退休金被扣掉了一部分，所以以后我只能给你们五毛钱了。"孩子们虽然不高兴，却还是接了下来。

　　再过几天，老人又说道："我把养老金捐给了灾区，所以以后每天只能给你们一毛钱了。"

　　"一毛钱？"孩子们很不屑地撇撇嘴，"一毛钱谁给你踢球看！"说完，他们就都跑了。

　　从此之后，老人又过上了安静日子。

大道理

　　越是年轻，逆反心理就越强，想挑战这种心理强制对方改变的人，往往只会落得个惨败的下场。而巧妙地利用它，则能水到渠成地解决问题。

17. 大小房檐

　　很久以前镇上有位富翁，他性情纯朴、乐善好施，常常接济穷人。翻盖房屋时，他特别要求负责营造的师傅把四周的房檐加长，以使那些穷困潦倒的人能够在檐下暂避风雪霜寒。

　　但是出乎富翁意料的是，房子建成后，不但穷人乞丐进来了，连那些做生意的小商小贩们也来了。此起彼伏的吆喝声搅得他家整天鸡犬不宁，最重要的是全家人都无法睡觉。天还没亮，卖早点的小贩们就开始张罗了；都已经过了半夜，卖夜宵的人还在招呼客人。

时间一长，富翁已经年过七旬的父母受不了了，便让儿子出去跟大伙儿说一声。可是富翁的话还没有说完，大伙的指责声便让他张口结舌了。"你盖这么大的房檐不就是为了给别人提供方便吗？难道只是让我们看的？""看来你跟那些土财主也没什么两样，一副假慈悲的德行！"……富翁争吵不过，只好退避三舍，暗自叫苦。

转眼到了夏天，一场暴风雨过后，别人的房子都完好无损，富翁的房子却因为屋檐太长而被掀了顶。镇上的居民看到后不但没有记起他先前的善行，还纷纷幸灾乐祸地说他是恶有恶报。

重建屋顶时，郁闷至极的富翁终于一改以前的作风，把屋檐缩得小小的。以后，他只是时不时地捐钱给慈善机构，让他们代他盖一间小房子，以方便无家可归者暂时歇息。

不想没过几年，不但那些受过小房子荫庇的人对富翁感恩戴德，其他的人也纷纷赞叹起富翁的菩萨心肠来。一时间，富翁成了远近闻名的大慈善家，直到他死后好久，还有人在纪念他。

大道理

施人余荫往往会让受施者有仰人鼻息的自卑感，一旦处理不好，这种自卑感便会变成敌对情绪。看来，你的想法、做法和人们对你的看法有时并不统一，好的愿望还需要有好的方法才能够结出好的果实。

18. 玛丽的鞋子和汤姆的游戏

玛丽学习很棒，长得也漂亮，所以一直是个骄傲的公主，认为自己总是生活在别人的注意中。

一天，妈妈给玛丽买了一双漂亮的新鞋子，她高兴极了，心想其他同学还不知道怎么羡慕自己呢，所以从家到学校的一路上，她一直都昂着头，觉得所有人都在看她的新鞋。

进入教室之前，玛丽深呼吸了一下，以让自己有足够的心理准备来迎接大家的惊叹。

可是出乎意料的是，大家都低着头看自己的书，即便有那么一两个人抬头看了她一眼，也只是没有任何表情地很快重新低下头去了。一直到傍晚放学时，班里还没有人对她的新鞋子说过一个字。终于，玛丽忍不住拉住同桌问道："你觉得我今天有什么变化吗？"

对方一愣："什么变化？没有啊。"旋即又恍然大悟似的指着她的头发道，"你是说你的头发乱了吗？"

"不是！"玛丽很懊恼地说。

对方又重新打量了她一番，终于说出了她最想听的那句话，但绝不是她想象的那种惊呼的口气，而只是非常平静地"哦"了一声："你是说你换了一双新鞋吧？"

玛丽的心情顿时变成了灰色。

无独有偶，玛丽的同学汤姆也曾经做过一件类似的事情。由于中餐时同学们总是围在一起吃，所以汤姆突发奇想地在中餐前藏在了餐桌下面。他想，一直到大家四处寻不到他时，他再跳出来。

可是让汤姆尴尬的是，大家谁也没有注意到他的缺席。一直到吃饱喝足，离席而去，几十个人中也没有谁提过"汤姆"二字。没办法，汤姆只好等到所有人都走光后，才灰溜溜地钻出来吃残羹剩饭。

大道理

　　不要以为自己是世界的中心，也不要认为自己有多重要，否则你一定会大失所望，因为除了你之外，根本没有谁注意过你。如果不相信的话，就想想你自己曾经这样重视过谁吧。

19. 儿子的发现

"爸爸！爸爸！"刚上幼儿园的儿子一路高呼着跑进了院子。

"怎么了，儿子？"爸爸迎出来抱起儿子问道。

"我今天在幼儿园里发现了一个重大的秘密。"儿子的小手比画着，一脸的天真相。

"哦，那是什么呢？"爸爸忍住笑，心想一个五岁的小毛孩儿能有什么重大发现。

"我发现：每一个苹果里面都藏着一颗星星！"儿子得意扬扬地宣布他的发现。

"哦？是吗？爸爸还不知道这个重大秘密，但是，你能演示给爸爸看吗？"爸爸有点奇怪地问道。

"当然。"儿子挣开爸爸的怀抱，从屋角箱子里摸出一个大苹果，然后用小水果刀费力地切了下去。但是，他并没有像我们日常那样从茎部往底部竖着切，而是横向拦腰切开了。

"你看，"儿子拿起一半苹果，把其横截面展示给爸爸，"爸爸你看，多么漂亮的星星啊。"

这时，爸爸才真正地惊呆了：横切开以后，苹果的种子果然在中心处围成了一颗星星的样子。身为大人，我们不知道吃了多少苹果，可每次都是规规矩矩地竖切的，不曾想过另外一种切法，所以自然也就从来没有发现过苹果里美丽的星星。如此看来，是孩子比大人聪明，还是大人比孩子死板呢？

大道理

特别的不是问题，而是看问题的角度。无论什么事情，如果总按照已知的方法去做，我们便很难有新的发现，因为一切都是别人已经发现过的了。

---

20. 野草与命运

南非少数民族布须曼，几十年前还过着原始的狩猎生活。他们的捕猎技术很高，能通过观察动物在地上留下的痕迹判断出是什么动物以及动物的性别、年龄、是否受伤等。可是，随着自然环境的退化，猎物越来越少，这使得布须曼全族陷入到一场空前的灾难中。他们不识字，除了会打猎外没有什么其他技术，在竞争愈来愈激烈的社会里，他们要想寻找一个立足之地是难上加难。

哈里是南非某科研机构的研究员，一次偶然的机会，他来到了布须曼族的领地，见识了穷困的布须曼人的生活，深感震惊的他决心拯救这个即将没落的民族。

在当地生活了一段时间后，哈里发现了一个重大秘密：尽管布须曼族已经到了穷途末路的危急时刻，可是族里却从未有过饥饿至死的人。这是怎么回事呢？原来，被逼无奈之下，族人们会去吃一种沙漠中生长的野草。那种草虽然难吃，可是经验告诉他们，它有很强的抗饥饿作用。

怀揣着这个重大发现，兴奋不已的哈里回到了研究所。安排妥当一切之后，哈里开始联系各大洲的一些医药公司，并把他的发现公布了出去。结果不到一个月，订购这种野草的合同便堆满了哈里的办公桌。哈里郑重其事地把这些合同文本交给了布须曼族的族长，看着族长大惑不解的样子，哈里解释道："这种草是全球科学家们苦寻了几十年的治疗肥胖症的理想原料，你们发财的机会到来了，全族有救了。"

果然，数年来，靠着这种比金子还昂贵的药材，布须曼族每年约有640万欧元的收入，所有族人都不用再为食物担心了。其族长曾既欢喜又感叹地说道："真没想到，在这片祖祖辈辈生活的穷地方，一种看似普通的野草会改变全族的命运。"

大道理

熟视无睹是生活中最常见的现象之一，许多珍贵的东西、成功的机会就这样被埋没了。所以，千万不要对身边平凡的一切满不在乎，那里有可能蕴藏着巨大的财富。

21. 怎样最好

李先生是位桥梁工程师，回家过春节还没返京时，村长上门来找他了。

村长说："咱这地方年年干旱，我预备动员大伙儿围着咱们村挖两条渠引水。你是桥梁方面的专家，给我们说说把这出村的桥建在哪儿、建几座比较合适吧。"

李先生想了想问道："这渠道的大概位置现在都定下了吗？"

"定下了，定下了。"村长说着，便展开了随身带来的本村居民及耕地分布图，然后用手指了指上面标着红记号的地方。

"草种子咱们不缺吧？"李先生出乎意料地问了这么一句。

"草种子？"村长对这个问题感到莫名其妙，"咱这是农村，草种子遍地都是。不过，你问草种子干吗？"

"把村委会已经定好的渠道面上都撒上草种子，然后你就别管了。"李先生说道，"五一放假时我会回来，到时候一看就知道了。"

那年五一，如约回家的李先生让村长领着他沿渠道走了走。他看到，开春时候撒下草种的地方，现在已经郁郁葱葱地长成了一条"绿化带"。草带上，由于人们进村出村，几条白白的小路被踩了出来。他把三处既硬实又比较宽的小路做了标记，然后告诉村长："在这三处建桥就行了。"

"这是什么道理呢？"村长被他弄糊涂了。

"路是人踩出来的，所以在路上建桥肯定没错。而比较宽的这几条，也就是走的人比较多的，所以最实用。"李先生答道。

果然，按这个办法建起来的桥非常受村民欢迎，而且从平面图上看，这三座桥构成了一个三角形，正好把椭圆形的居民区守护在中间，非常漂亮。

大道理

自然的即是最好的。道法自然，顺势而为，不仅符合人们视觉与心理的需要，还能收到事半功倍的效果。

---

22. 三年前后

三年前，他还是一个被嫉妒毒虫噬咬得遍体鳞伤的小人物。

其实说到根源上，这并不能怨他，应该怨贫穷。他出生在一个家徒四壁的农民家庭，童年记忆里最多的情景就是下雨的夜晚，房间里四处叮当作响，那是妈妈摆在各处接房顶漏雨的盆子发出的声音。然后就是妈妈整夜整夜不睡觉，生怕早已经窟窿遍布的房顶突然塌下，把自己的宝贝儿女压在底下。

因为穷，刚上小学的他铅笔都只能买那种不带花、不涂漆的，因为那要便宜

2 分钱；因为穷，三年级上作文课时，他花 4 毛钱买了全班最小的一个作文本；因为穷，他为 5 毛钱的毕业照费用大哭了一个钟头。这样的孩子，自然而然地受到了全班同学的冷落，尽管每次考试他都是第一，可依然没有谁愿意和一年到头衣衫破旧的他成为同桌。那时候，他对于别人手中的六棱带花铅笔充满了嫉妒，对于别人精致漂亮的大作文本充满了嫉妒，甚至对某同学城里有亲戚都充满了嫉妒。他想：能够买一根 1 毛钱的好铅笔，就是我的愿望。

这种嫉妒心理一直持续到高中毕业。初中时，已经知道爱美的他嫉妒别的男生有型的西装、锃亮的皮鞋；高中时，他又嫉妒别人一摞摞的学习资料、参考书籍。嫉妒使他一步步偏离了学习的轨道，成绩也渐渐由优等到良到中到下。一直到高考前夕，他才收回了关注别人的目光，正儿八经地学习起来，好在他底子不错、发挥也挺好，他最后考上了本省的一所普通高校。

大二时，由于学校与英国某高校进行交流式学习，他有幸被送到了英国的那所高校。不到一年，他就感觉到了自己心理的巨大变化。他在日记中这样写道："当我亲眼看到这五光十色的世界时，那折磨了我十几年的嫉妒、自卑与怨恨突然间一扫而光。我想，这应该归功于我比较标准的变化，现在，我看到的已经不再是同桌、同学和邻居了，而是这浩瀚无边、气象万千的精彩世界。我终于明白了以前的自己是多么可笑，也明白了那种嫉妒只会让人步步倒退。从此之后，我将不再去想什么别人的好条件，而只会去想自己应该承担的种种责任。"

大道理

人们会为一只蜗牛打架，也会在太空漫步。这两者转化的关键在于：比较标准发生了变化。

---

23. 惩罚

比尔是个小流氓，打架斗殴、寻衅滋事对他来说简直就是家常便饭。可是由于他有个有钱有势的父亲，大家谁也拿他没办法。

17 岁时，比尔因为打老师被学校开除，然后便进了父亲的企业做司机。他的驾驶技术并不高，可偏爱耍花样和开飞车，弄得镇上的牲口、家禽们经常因为他而遭殃。一天，比尔终于闯了大祸，由于酒后驾车，他撞死了年仅 12 岁的米塔丽。米塔丽的父母痛不欲生，决心狠狠惩罚这个魔鬼。

通过法庭，米塔丽的父母实现了他们的愿望——对比尔判处罚金，支付方式为：每个周三下午，由比尔亲自向死者父亲寄一张金额为 1 美元的支票，支票收款人写"米塔丽"，支付期限为 10 年。此判决一下，镇上居民顿时大跌眼镜——这也叫惩罚？！但是不知为何，米塔丽的父母坚决要求如此。

接到这一判决后，比尔乐得差点背过气去，他认为自己捡了个大便宜。每周 1 美元，10 年也不过 500 多美元，这也太小意思了，所以他立即在法庭上当众宣誓，将会完全按照判决执行。

但出人意料的是，还不到 5 年，比尔就受不了了。他找到米塔丽的父母，痛哭流涕地要求更改支付方式，却被严词拒绝了。无奈之下，精神临近崩溃的比尔只好向法庭申请更改，他说："我实在受不了了，周三下午是我撞死米塔丽的时间。每当在这个时候往支票上填写'米塔丽'时，我就会想起当时鲜血淋淋的情景。我觉得自己在被撕裂，觉得米塔丽渗入了我生活的各个地方，晚上睡觉我都会看见她站在我床边！我辞掉了工作，改变了性格，可是这依然无济于事。我愿意加倍偿还，只希望能够更改支付方式……"

法庭受理了这一案件，却拒绝了比尔的要求，并以"藐视法庭罪"判处他两个月监禁。

直到这时，人们才明白米塔丽父母的用意。的确，如果仅仅是索取一大笔钱，对方会因为感觉自己已受过惩罚而心安理得；如果把比尔判刑入狱，其父亲一定不会善罢甘休；只有这种方式，才能既让他受到惩罚，又让他乐于接受。最重要的是，这能令他直接领悟到自己给对方带来的痛苦——自己只需在每周三想起米塔丽，而其父母却每时每刻都在想念自己的女儿。自己只需记忆十年，而对方却会记一辈子。自

己痛苦如是，身为父母者呢？

大道理

惩罚的方式不同，结果就会不同。对于那些日积月累、恶从心生者，细水长流，令其时时警醒，才会于人于己都大有裨益。

---

24. 改变

很多年前，美国得州北部住着一位叫艾丽丝的姑娘。艾丽丝虽然容貌秀丽且正值青春妙龄，却不像其他同龄人那么活泼开朗，而是一直自怨自艾，叹息自己的理想得不到实现。其实她所谓的理想不过是年轻姑娘们都拥有的梦而已：与自己心中的白马王子相遇，结婚，白头偕老。

可怜的艾丽丝，在日复一日的叹息中变成了大龄姑娘，看着周围的姑娘们先后都出嫁了，她不禁悲从心生，日日郁郁寡欢。

终于，在家人的劝说下，艾丽丝踏进了心理学家的门。"你帮帮我吧。"艾丽丝的声音好像从坟墓里传来一样。心理学家吃惊地抬起头来，看到了一张苍白憔悴的脸，一双哀怨凄楚的眼睛。

听完艾丽丝长长的诉说之后，心理学家沉思良久，忽然，他以一种很欢快的语调说道："艾丽丝，光听你说话了，我差点忘了，这个周六我要在家开个晚会。到时候家里会来很多朋友，我妻子一个人忙不过来，所以，我需要你来给我帮忙，真的，我非常非常需要你的帮忙，你愿意吗？"

艾丽丝不知道对方为何突然转变了话题，但出于礼貌，她还是将信将疑地点了点头。

"你不用太担心，我相信你会处理得很好。但是在周六晚上到来之前，我请你先做两件事：第一，去服装店买套新衣服，不过你不要自己挑，而是要听店员的建议。第二，去理发店做一次头发，还是像刚才那样，完全按理发师的意见来。然后，你要打扮一新过来，听明白了吗？"心理学家说道。

艾丽丝的脸上显现出了一种不安。

"不用担心，亲爱的。"心理学家又很温和地说道，"你要做的事情其实非常简单，看见谁没有咖啡或红酒了，就为他送过去一杯，仅此而已，只不过做这些事情时你要保持微笑，好吗？"

"好的。"艾丽丝终于答应了。

周六晚上，打扮一新的艾丽丝到来了。她衣装得体，发式漂亮，再配上自然的微笑，她整个人显得年轻迷人。结果晚会后，有三位男士提出要送她回家。

后来的故事想必大家都猜得到，三位青年都热烈地追求着艾丽丝，最终，她答应了其中一位的求婚。

今天，提到那位心理学家，已经白发苍苍的艾丽丝还会感动不已呢。

大道理

长期围于自己的圈子，顾影自怜，结果只能使你走不进别人的心里，别人也走不进你的世界。而忘掉自己关注一下他人，这一切都将改变。

25. 商人与水手

某珠宝商带着儿子和一箱子珠宝去南洋做生意，为了安全，他们租了一条大船。

某天晚上，儿子起夜时经过水手的房间，忽听里面的人正在低声交谈着。他凑到窗下一听，水手们居然在谋划着杀掉他们父子俩，然后夺取那一箱价值连城的珠宝！儿子大吃一惊，赶紧溜回房间叫醒父亲，问应该怎么办。

"你说应该怎么办？"商人反问儿子。

"随时做好准备，跟他们拼了。"年轻气盛的儿子咬牙切齿地说道。

"不，"商人果断地说道，"如此一来，他们不但会抢了珠宝，还一定会杀了我们！"

"难道父亲要把珠宝交给他们不成？"儿子急切地问道。

"也不行，他们还是会杀人灭口，以防后患。"商人沉思着说道。

"这可怎么办？看来我们是必死无疑了。"儿子绝望地说道。

"不一定，我们可以这样……"商人凑近了儿子的耳边，"这样虽然不一定能成功，但至少能够保住我们的性命。"

儿子点了点头。

不一会儿，怒气冲冲的商人揪着儿子的耳朵便冲上了甲板，大声命令他跪下，还扯着嗓子骂儿子道："你个笨蛋！你个傻瓜！你怎么可以不听我的忠告！"

儿子不但不跪，还推搡了父亲一把，满脸鄙视地回骂："老不死的，你说的有几句是忠告？我看全是废话！"

这时候，水手们已经全都被吵醒了，他们一个个跑出房间，聚集在商人父子的旁边。

只见商人冲进屋里把那箱珠宝抱了出来："既然你不认我这个父亲，那我也没必要为你辛苦地跑来跑去了，我的财富你也休想得到！"说完，他便打开箱子，一把一把地往海里扔起了珠宝。待水手们看清商人手中就是自己所谋求的那箱珠宝时，商人突然抱起箱子，把它整个扔进了海里。顿时，几十位水手发出了一声惋惜的惊叫。

接着，商人便怒不可遏地冲水手嚷道："快开船，往回走！我用不着去南洋了！"吓得水手们赶紧连夜往回赶。

刚到码头，商人和儿子便匆匆去了当地法院，指控水手们的海盗行为和企图谋杀罪。当那些被捕的水手大喊冤枉时，法官问他们："你们看到商人把他的珠宝投入大海了吗？"

"看到了。"水手们异口同声地回答道。

"有什么会让一个人置他一生的积蓄而不顾呢？只有面临生命危险的时候吧？"英明的法官问道。

哑口无言的水手们只好坦白罪行并主动赔偿了商人的损失，而法官则因此对他们从轻处罚，饶了他们的性命。

大道理

　　非常时刻，非常思维才可能化险为夷、绝处逢生。对付邪恶最好的武器莫过于技高一筹，利用人的思维定式声东击西——佯装进攻某一目标，然后伺机给敌手以致命打击。

26. 兔子的论文

腹中饥饿的狐狸正在觅食，忽见一只兔子正斜躺在青青的草地上晒太阳。大喜过望之下，狐狸迅速扑了过去，不想兔子却连躲都不躲地继续享受温暖的阳光。

"你为什么不逃跑？难道你就不怕我吃了你吗？"狐狸挑衅地问道。

"你不会吃我的。"兔子眯了眯眼睛说道。

"为什么？"狐狸疑惑地问道。

"因为我们兔子实际上比你们狐狸更强大。"兔子回答道。

顿时，狐狸像听到了一个天大的笑话一般放声大笑了起来，笑过之后，它又向兔子扑了过去："你做梦吧，我今天一定要吃掉你！"

"你不相信？"兔子坐了起来，"关于这一点，我已经用一篇论文详细透彻地论述完毕了。如果你不相信的话，我可以证明给你看。"

好奇不已的狐狸于是跟着兔子走进了山洞，去看它那篇论文。

进去之后，狐狸才相信了兔子真的比自己强大，只不过，它再也没机会亲口承认这一点了。

证明完毕的兔子走出山洞，继续沐浴着阳光。

不一会儿，一只觅食的狼也走过来想吃兔子，兔子故伎重演，把狼也领进了山洞里看它那篇自己为什么比狼强大的论文。狼进洞之后也相信了这一点，只不过和狐狸一样，它也没机会亲口承认了。

看看太阳快落山了，吃饱喝足的狮子从洞里走了出来，它抚摸着兔子的脑袋说："合作愉快！别忘了，明天在这里接着证明你的论文。"

大道理

原本不起眼的小人物突然神气起来，一定是找到了大靠山。对反常的事物现象不加以深思，却以常理度之，怎么可能不吃亏呢？

27. 爱心围墙

这位年轻人的家族世代以放牧为生，经过数年努力，他们的羊群数量不断增加，到了他这一代，已经发展到了10万只。对此，年轻人感到十分自豪，但同时，他又有些迷茫，因为不管他想什么办法，羊群的数量都始终维持在10万只上下，再也不往上增长。

一天，他的爷爷来牧场"巡视"，他用手指着漫山遍野的羊群，颇具成就感地炫耀着。不想爷爷却满脸不屑，"哼"了一声就走了。

爷爷的不满狠狠地打击和刺激了他，在牧场的小屋里坐至半夜时，他又听见了那熟悉的哀嚎声。"狼又在袭击羊群了！"他咬牙切齿地说道。最近一段时间，虽然大草原上食源丰裕，可狼还是在不停地骚扰羊群，平均每晚都有50多只羊被咬死。自己家的羊群数量之所以毫无增长，恐怕就是因为这个原因吧。

想到这里，他拿起墙角的一把长柄大猎刀就冲了出去。可是来到羊圈里时，他才发现那几只正在耀武扬威的野兽并不是狼，而是被澳大利亚人称为"头号食肉兽"的一种野狗。由于身躯不大，它们袭击草原上的大型动物时不太容易得手，所以便把目光转向了牧民们饲养的羊群。年轻人家的羊的数量之所以不再增长，实际上是因为这种野狗的存在。

明白了真正的原因之后，年轻人决定解决它——在全澳大利亚建一道防护墙。此决定一经宣布，他立刻遭到了全家人的反对。为了"逃避"家人的责问和否定，他想了个办法：先将原来的决定改成"在自己家牧场周围建一道防护墙"，这样一来，家里人就谁都不会反对了。

防护墙很快就建好了，挡住了野狗之后，年轻人的羊群数量又迅速递增起来。为了更好地保护羊群，他"不得不"一次又一次地将防护墙向外延伸着。渐渐地，这道墙已经围住了将近1/4的澳大利亚大草原。

而随着他日复一日地辛勤劳作，周围的人们被他感染了，于是越来越多的人加入了筑墙的行列。最后，被惊动了的政府也开始关心和资助这项筑墙运动了。

不过短短两年时间，一道世界上最长的防护墙建成了。它不但使牧民们的羊群数量激增，还为澳大利亚带来了另一项意外的收入——旅游收入，因为各国的旅游者们都想亲眼看一看这道世界第一的围墙。不难想象，今天的它已经成了澳大利亚人引以为傲的旅游景点之一，并且还有了一个好听的名称——爱心围墙。

> **大道理**
>
> 在环境无法改变的前提下，要想解决问题，只能依靠想法改变。一旦思路改变，并被付诸实际行动，则一切困难都可能迎刃而解。

28. 无解之结

公元前233年的冬天，马其顿的亚历山大大帝带兵攻入了亚细亚。当他到达亚细亚的弗尼吉亚城时，听到了一个古老而著名的预言：

几百年前，弗尼吉亚的戈迪亚斯王曾经在他的牛车上系了一个极其复杂的绳结，并且声称：谁能解开它，谁就会成为亚细亚王。从这以后，每年都有不计其数的人到弗尼吉亚来看这个怪结，并尝试着解它，可是结果正像戈迪亚斯王所预料的那样，没有一个人能够成功解开它，包括那些所向无敌的武士和自命不凡的王子们。众人的智慧似乎都被这个结拴住了，没有谁能够找到绳头，甚至不知应该从何处着手。

听说这个预言后，颇感兴趣的亚历山大大帝立刻驱车前往朱庇特神庙。在那里，他看到了那个历经几百年却仍然保存完好的怪结。

他细细地观察着，用手摸索着绳结的各处，许久许久，他的大脑也僵住了——这似乎真的是一个无解的结，否则，怎么会让聪明睿智、所向披靡的亚历山大大帝都拿它无可奈何呢？

这时，有人来报，弗尼吉亚城又出兵了，请大帝赶快带兵迎战。争强好胜的亚历山大一听，立刻怒由心起。"我一定要成为亚细亚之王，不管这个结解得开解不开！"他低低地怒吼道，然后冷不防抽出宝剑，一剑劈开了这个已经见证几百年沧桑历史的怪结，转身离去。

夕阳的余晖中，已经保留数百载，而今却变成两半的无解之结蔫蔫地耷拉着脑袋——原来，这个结需要以这种方式解开；原来，以这种方式也可以解开这个结。

29. 特尔的回答

　　多年前，当墨西哥正处于贫困时期时，在养猪专业户特尔的身上发生了一件有趣的事。

　　某天，一位政府官员来到特尔所在的小村子里视察民情，当看到特尔养的猪时，官员问特尔道："你通常都给猪吃什么呢？"

　　特尔不明白这位长官问话的意思，只能如实回答道："当然是喂它们剩菜剩饭了。"

　　哪知一句话惹怒了这位官员，他立即给特尔开了张罚单。原来，他是国家卫生部的部长，这次下来，就是为了调查国内疫病不断的原因。他一听给人食用的猪居然是用剩饭剩菜喂出来的，立刻觉得不卫生，应该加以纠正。

　　没办法，倒霉的特尔只好悻悻然到银行交了那一笔为数不少的罚款。

　　这件事过去没多长时间，又有一位政府官员前来视察了。当他看到特尔的猪时，也问了上次卫生部长所问的那个问题。

　　鉴于上次的教训，特尔再也不敢"实话实说"了，而是很小心地回答："当然是喂它们山珍海味了。猪是给人类食用的，应该讲究卫生嘛，所以一般来说，总是等猪吃完了，我们才吃剩下的。"

　　谁知，特尔刚回答完，这位官员便也火冒三丈地给他开了一张罚单。原来，这次前来视察的是国家经济部部长，他认为，国家现在正在闹饥荒，全民都应该节衣缩食，以求尽早度过艰难时期，而特尔居然给猪吃山珍海味，这简直就是浪费国家财产。

　　无奈之下，可怜的特尔又一次被迫缴纳了这笔罚金。

　　3个月过后，一位据说官位更大的政府官员前来视察了。碰巧的是，他也问了特尔前两位官员曾经问过的问题。有了前两次的经验，特尔真的学乖了，

只听他对这位官员说："吃剩饭剩菜不对，吃山珍海味也不对，所以现在只要用餐时间一到，我就给每只猪发上 100 元餐费，让它们喜欢吃啥就自己买啥去……"

那位官员一听，立刻哈哈大笑起来，也许他认为特尔是个很滑稽的人吧。

于是，第三次视察就这样过去了。

大道理

挫折是人生的最好导师，也是令人失望的最大敌人，至于它对你是什么，全在你自己把握。倘若将之积累成知识，它便会助你成功；倘若不假思索地固守，它便会引你陷入经验主义的泥淖，直至失败。

---

30. 卖水的淘金者

亚墨尔是位 17 岁的毛头小子。在淘金大潮来临之前，他像祖辈们一样，兢兢业业地开垦着自己的田园，依靠地里的菲薄收入维持生活。他的日子过得自然是紧张而寒酸。

加州发现金矿的消息传来后，众人纷纷抢占这个千载难逢的发财机会，背井离乡地加入了淘金的大潮，亚墨尔也是其中之一。

几年过去了，虽然历经千辛万苦，但是大部分淘金者依然一无所获。看着因炎热干燥的天气而备受饥渴折磨的人们，亚墨尔突然生出另一种心思来。他悄悄把远处的河水引入了近处的水池中，过滤之后分瓶装起，卖给那些淘金者们。

他的举动顿时引起了众人的嘲笑："千里迢迢跑来加州为的是淘到一本万利的金子，这种蝇头小利的生意在哪儿不能干？""年纪轻轻地不干点大事业，做这种小本买卖多没出息！""放着现成的金子不淘，却把眼睛放在卖水上，这简直就是本末倒置嘛！"……

亚墨尔一句反驳的话都不说，只是一心一意地卖他的水。又过了几年，淘金热渐渐冷却了，绝大部分人都空手而归，只有亚墨尔兜里揣着卖水赚来的 6000 美元——在当时，这可是笔不小的财富。

大道理

"退而求其次"不见得求到的就是"次"。与其希望渺茫地与众人争抢一块大蛋糕，不如把心思放在他们需要却冷落了的刀叉上。

第十章
为人与处世

　　一个人生活在世上，对待事情的处理方式与方法各不相同，有积极的，也有负面的。为人处世对一个人的家庭、工作、事业等具有重大影响。良好的为人处世可以使人在不同的场合或环境得心应手，相反，不良的为人处世会使一个人变得孤僻、沮丧。

1. 一杯牛奶

为了攒学费，贫穷的小男孩霍华德·凯利不得不一边上学，一边替报社打零工。

某个傍晚，已经送了一整天报纸的凯利饥寒交迫，但摸摸兜里仅有的一角钱，他不得不沿着街道慢慢往家走。

天色越来越暗，凯利的脚步也越来越沉重，他感觉自己马上就要饿晕了。迫于无奈，他决定向一户人家讨口饭吃。可是当年轻的女主人打开门时，他却又害羞了，只低声说想要口水喝。女主人看出了他的饥饿，于是倒了很大一杯牛奶给他，他摇摇头说："对不起，我只有一角钱。"女主人微笑道："你不用付钱。妈妈教导我要施以爱心，不图回报。"

多年后，这位女子得了重病，多方求医都没有效果，最后不得不转到一家著名的大医院医治。已经成为专家的霍华德医生看到她时，一眼就认出了她是当年送自己牛奶喝的那位恩人，于是不惜一切代价治好了她。

出院时，她不敢看护士给她的医药费通知单，她知道，上面的数额很可能需要耗尽她的余生来偿还。当她终于鼓起勇气打开那张纸时，却见那上面写着："医药费已付——一杯牛奶。霍华德·凯利医生。"

大道理

付出爱，才能赢得爱。付出是回报的前提，越是不图回报地帮助别人，别人便越会记住你的恩情，并在适当的时机给你更为丰厚的回报。

2. 情绪不好

列文是一位经理。某天早晨，他睁开眼睛时发现已经临近上班时间了，原来自己昨晚忘了定闹钟。于是，他赶紧起床洗漱、开车上路，并且连闯了几次红灯，以便尽量把时间赶早一些。谁知，顺利"闯"过几关之后，在距离单位大楼最近的一个路口，列文居然被交警抓了个正着。自然，他被交警狠狠地批了一顿，并领到了一张200元的罚单。

走进办公室，因为迟到加上被罚，列文已经是怒火中烧了。忽然，他看见昨晚让秘书发出去的信件现在还放在桌子上，于是便把秘书叫进来，狠狠地痛骂了一顿。

颇感委屈的秘书走到总机小姐面前发信，顺便找了个茬把总机小姐狠训了几句。总机小姐一气之下找到清洁工人，借题发挥又对清洁人员大肆指责了一番。想想公司里现在没有比自己职位更低的人，清洁工人只好把气憋在心里。

下班回到家时，清洁工人忽然见到10岁的儿子把东西扔得到处都是，还趴在地上看电视，当下把儿子一番好训。

小儿子愤愤然跑出了家，冲着那只正盘踞在家门口睡觉的大懒猫狠狠地踢了一脚。大懒猫惨叫一声，赶紧逃到了马路上。恰巧列文经理正打那里经过，为了不至于再被踢，大懒猫先发制人，上去就死命抓了列文一把。可怜的列文，一只小腿被猫抓得鲜血淋漓，可是抬头再看时，发现猫早已不知去向。

大道理

坏情绪是一种严重的传染病，如果你不加控制地肆意发泄出来，你周遭的所有人都会跟着遭殃。但最遭殃的人必然是你，因为你不但是传染源，还"病"得最厉害。

3. 谁喝谁的汤?

老太太平常非常节俭，生日那天，她决定破费一次，到附近的餐馆里吃午饭。

她要了一碗汤，在餐桌前坐下时发现忘了取包子，于是她又起身去拿。当再次回来时，她惊讶地看到一位破衣烂衫的中年男子正在喝自己的那碗汤。

"这个乞丐！他凭什么喝我的汤！要知道我平常都舍不得到饭馆里来吃饭的！"老太太气呼呼地想，"可是，也许他是太穷、太饿了，看这餐桌没人，以为那碗汤是别人剩下不要的呢。"

这样一想，老太太又不想与他计较了。于是，她若无其事地坐在男子旁边，拿起汤匙与男子一同喝起那碗汤来，不一会儿，汤就被喝光了。

这时候，那个男子又起身端来一大碗面条，上面放着两双筷子。老太太心想：你能喝我的汤我也能吃你的面条。于是两人又一起吃起那碗面来。

吃完后，男子站起身："再见！"他冲老太太打招呼道，表情看起来非常愉快，非常欣慰，因为他觉得自己做了一件好事，善待了一位穷困饥饿的老人。

老太太转头与男子说再见时，突然发现：旁边桌上放着一碗没人动过的汤，正是自己刚要的那一碗！

大道理

善待别人的人，总能同时得到别人的善待。从来都是这样，你怎么对待世界，世界便会怎么对待你，如果你把理解、宽容和善良给予别人，别人也会给你同样的回报。

4. 贪婪的流浪汉

关门时，她看见一位流浪汉正从她家的门前走过。就快下雪了，衣衫单薄的流浪汉能挨过今夜吗？她不禁动了恻隐之心："嗨，请等一下。"她叫住那个人，转身从房间里拿出一件厚厚的棉衣给他，想了想，又塞给他一大袋面包和一瓶热牛奶。

流浪汉感激地冲她笑笑，抱着东西走了。

现在，她开心极了。在这么冷的夜里救助一位流浪者，她感觉自己做了一件大好事，所以心里很是甜蜜。

第二天早晨，当她打开门时，她惊讶地发现那个流浪汉正站在门口，身上穿着她送的棉衣，胡子茬儿上还挂着面包屑："您再给我一条棉裤吧。我上身很暖和，腿却冻得不行。"

她皱了皱眉头，他怎么可以张口向自己要呢？虽然不情愿，但是看到对方企盼的目光和冻得瑟瑟发抖的双腿，她还是又给了他一条棉裤。可是这次，她不觉得像昨晚那么开心了。

没想到第三天，那个流浪汉又站在门口向她要东西："自从前天晚上吃过你给的面包和牛奶，我就再也没吃过一点儿饭。我现在已经饿得不行了，你快再给我点吃的吧。"

她终于受不了了，把大门"咣当"一声关了，内心充满了厌恶。她决定，以后绝对不再给这个人一点东西！

> **大道理**
>
> 索取不应无休止，对待索取的付出也应该有度。适当的给予会令自己和他人感觉快乐，但若不停地被索取，这种快乐便会荡然无存。

5. 萧伯纳与喀秋莎

萧伯纳是世界著名的大文豪、诺贝尔文学奖的获得者，出名之后，各地的邀请函如同雪片一般飞来，都是请他前去演讲的。

这一次，萧伯纳是到苏联去做演说。结束之后，满身轻松的他准备好好玩几天，没想到刚走进一个小公园，一个长相可爱的小姑娘便出现了。于是萧伯纳便和这个聪明的小女孩玩了起来，不知不觉，太阳已经快落山了。

分手时，萧伯纳对小姑娘说："回去告诉你妈妈，今天和你一起玩的是世界著名的萧伯纳。"没想到小姑娘好像小大人一般，模仿他的口气说道："回去告诉你妈妈，今天跟你一起玩的是苏联美丽的姑娘喀秋莎。"

喀秋莎的话顿时让萧伯纳大吃了一惊，他突然意识到，自己刚才那句话其实包含着一种不尊重对方的味道，自己是"世界著名的"，而小姑娘只是一个再普通不过的小女孩，无形之中，他似乎暗示了自己比小姑娘"高出一等"，但是喀秋莎天真无邪的回话却重重地打击了萧伯纳的傲气。

后来的日子，这件事一直被萧伯纳铭记在心，无论何时何地，他都不忘以此为鉴，提醒自己要懂得尊重对方。

大道理

"爱人者，人恒爱之；敬人者，人恒敬之。"要想得到别人的尊重，我们必须首先对他人表示尊重。否则，即便是名人志士，也必会自食其果。

6. 不只是 20 块钱

马戏团来了！8个孩子一边兴奋地呼喊着，一边急急忙忙地穿戴，不大一会儿，他们就跟着父母出发了。

买票的人很多，早已在售票口处排成了长龙，父亲领着"浩浩荡荡"的队伍排在最后，耐心地等待着。几个迫不及待的孩子兴奋地谈论着即将上演的动物节目。

终于轮到他们买票了，父亲打着手势："8张小孩的，2张大人的。"

"120块。"售票员说道。

"多少？"父亲和母亲交换了一下眼神，身体同时抖了一下——他们一个月的工资加起来才是这个数，况且，他们只带了100块钱。

父亲的眼里透出了无奈与焦急，他捏着100块钱的手在微微颤抖，他不敢与孩子们对视，那16道期待的眼神会把他的心灼疼，他怎么忍心说出这句话：咱们的钱不够！

排在后面的那位男士显然目睹了这一切，只见他悄悄地把手伸进口袋，故意把兜里的20块钱掉在地上，然后捡起来递给这位窘迫的父亲："先生，您的钱掉了。"

父亲先是一愣，继而含着热泪握住了那位男士的手："谢谢您，这不只是 20 块钱！"

这时，那位男士的脸上露出了天使般的微笑，纯洁且满足。

大道理

常怀善念，常为善行，须知很多时候，你微不足道的举手之劳，便能让窘境变成充满友爱与感动的舞台，进而使你自己也生活在美好的世界里。

7. 咬过的包子

看看天快下雨了，我随便走进了路旁的一家快餐店。显然已经有不少人在这里用过午餐，有些桌子上残留着没有收拾的剩菜剩饭。一位衣衫破烂的乞丐正在挨个吃着那些剩食。

这时，一位妇女带着一位五六岁的小男孩走进了店里，在我旁边的桌子上坐下来。眼尖的小男孩一下子看到了那个乞丐："妈妈，那个人为什么要吃别人剩下的东西？"

"因为他饿，可是又没钱买食物。"妈妈小声地告诉他。

"那我可不可以给他买一个包子？我用我自己存的钱。"小男孩从裤兜里掏出两张皱巴巴的纸币，都是五毛的。"可是他只会要别人吃过不要的东西。"妈妈摸了摸儿子的头。

"那，"小男孩歪着头想了一会儿，"我把包子咬一口，当成不要的送给他好吗？"

"好的，宝贝儿。"妈妈微笑着看着自己的小天使。

当服务员把他们要的包子打好包递给他们时，小男孩从袋子里拿出了一个包子，张开小嘴咬了很小很小的一口，然后跑到老乞丐那里，把包子放在他面前的桌上。

老乞丐很惊讶，继而满脸感激之色。

妇女和小男孩走了，我随着他们走出去，"咦？雨什么时候停了。"我自言自语道。

大道理

勿以善小而不为。你小小的一个善行，就可能弥补一个破碎的心灵，减轻一个生命的痛苦，这样，你便不会是徒然地活着。

---

8. 求人不如求己

他一直笃信佛教，每逢初一、十五都必然会去庙里虔诚地拜观音，求她保佑自己事事顺利。

一天，这个人正急着赶去某地办事，天空忽然下起了瓢泼大雨。没办法，他只好躲到一户人家的屋檐下避雨，然后不停地求菩萨赶快让雨停下来。正着急时，他忽然发现雨中走着一个和观音长得一模一样的人，他不由得问道："您可是观音菩萨？"

"是的，我是。"观音回答道。

"哎呀，我诚心信了您这么多年，今天您终于显灵了！我现在很着急赶去某地，你能带我一程吗？"这人极为高兴地问道。

"你在檐下，而檐下无雨；我在此处，而此处有雨。我无须带你的。"说完，观音就走了。这个人一下子丈二和尚摸不着头脑了。

又过了几天，这个人因为事情办得顺利去庙里答谢菩萨的保佑。刚跪下来，他就发现旁边跪着的竟然还是观音菩萨，于是他特别奇怪地问道："观音菩萨您无所不能，还有什么必要拜自己呢？"

观音看了看他，笑道："我就是想用自己的无所不能来解救自己呀，求人不如求己嘛。"

大道理

求人不如求己。遇到事情时，我们往往倾向于得到别人的帮助，久而久之形成习惯，便会忘了自身其实就是一笔挖掘不尽的财富。打破这种习惯性思维，在借助别人力量的同时不忘自力更生，很多困难便都能迎刃而解。

---

9. 坏脾气与钉子

这个小男孩脾气真是坏透了，一件鸡毛蒜皮的小事都能让他暴跳如雷。不管对方是谁，他都会动不动就大发其火。时间一长，这个小男孩发现自己身边一个朋友也没有，那些长辈们好像也特别不喜欢自己。

于是烦恼的小男孩便去问爸爸，爸爸告诉他："这都是你乱发脾气的结果。"

"那怎么样我才能控制住自己的脾气呢？"小男孩反过来问。

爸爸想了想，从抽屉里找来了一包铁钉，又给了他一只小铁锤："每发一次脾气，你就在后院的篱笆上钉一颗钉子，去吧。"

结果，一天下来，篱笆上的钉子有三四十颗之多。小男孩看着自己的累累"战果"，脸红了，他终于暗下决心要改掉自己的坏脾气了。

几个星期很快就过去了，小男孩发现自己每天钉的钉子的数量越来越少。当他把这个变化告诉爸爸时，爸爸又对他说："从今天开始，每当控制一次自己的脾气，你便往外拔一颗钉子。"

当把这些钉子都拔光的时候，小男孩的脾气已经明显地好了。

看到他的骄傲之色，爸爸把他带到了后院篱笆前，指着篱笆上的钉孔说："不要忘了，这些钉孔依然存在，所以你必须继续努力。"

大道理

伤人的言语如同钉子，会把对方钉出满心疮孔。如果不希望别人因此而把你孤立，你就必须学会控制自己的脾气和嘴巴。

---

10. 记住和忘却

两位朋友一起在沙滩上漫步，不经意间，海浪扑过来了，两个人一下子都被卷入了海里。马蒂游泳技术稍好一些，于是竭尽全力把朋友沙旺救了上来。

回头看看险些要了他的命的大海，再扭头看看为了救自己已经筋疲力尽的马蒂，沙旺满心感激，他紧紧地握了握朋友的手，然后掏出水果刀在附近的大石头上刻下这么一句话："某年某月某日，沙旺落海，马蒂不惜自己的性命救了他。"

还是这两位朋友，在沙漠里旅游的时候，因为一点小事吵了起来，马蒂一气

之下打了沙旺一个响亮的耳光。沙旺什么都没说，蹲下身去在沙子上写道："某年某月某日，因为争吵，马蒂打了沙旺一个耳光。"

因为沙旺的宽容，两人很快和好如初，马蒂问沙旺道："你为什么把我救你的事刻在石头上，却把我打你的事写在沙子上呢？"

沙旺笑笑，便带他来到了海边，指着那块刻有字的大石头说："你看，半年多了，它们还在呢，就像我永远会记住你救过我一样。而沙漠里的那些字，一夜过后，就会再也没有踪影，就像我不会记住你打我一样。你不觉得，这样会更好一些吗？"

大道理

永远记住别人对我们的恩惠，同时努力忘记别人对我们无心的伤害。只有这样，我们才能过得轻松快乐，同时，也让友谊之树四季常青。

11. 请尊重负重者

拿破仑现在已经是威风凛凛的皇帝了，本来脾气不好的他由于无数事务缠身显得更加暴躁了。

这天天气不错，好不容易闲下来的皇帝终于有机会去后花园散散心了。看着满园花朵艳丽、蜂飞蝶舞，皇帝烦躁的心渐渐地放松了下来。他慢慢地向前走着，思绪渐渐沉浸到了年轻时的美好回忆里，他脸上的微笑证明了这一点——这可真是太不容易了，现在最好任何人都别去打扰他，否则一定会大祸临头。

不想刚刚拐过一个小弯，一位背着重物的士兵便迎面而来。只见他低垂着头，腰弯到了将近90度，步伐显得十分沉重。皇帝身后的宫廷女卫长一看有人挡路，立刻冲那位士兵大喝道："太放肆了，你还不赶快给皇帝让路！"

听到训斥声，士兵一下子慌了神，但是没等他迈步让路，就听皇帝急忙阻止道："不，请尊重负重者，让他先过去吧。"说完，拿破仑便退到了路旁，给负重的士兵让开了一条路。

伟人之所以是伟人，也体现在他无视自己的身份，而对劳动者表示尊重上面吧。

大道理

"请尊重负重者"，言外之意就是应该尊重做事的人，不做事的人是没有资格对负重者指手画脚的，哪怕身为王侯将相。

12. 白人女士与黑人男士

在一架从纽约飞往伦敦的班机上，一位中年白人女士被安排在了一位黑人男士旁边。还没坐下，她便对身边的黑人怒目而视，而黑人男士则用和善的微笑回应了她的不友善。

空服员走过来时，白人女士请求给她调换位置。

"怎么了？有什么问题吗？"空服员问道。

"难道你没有看到吗？"白人女士用眼睛斜视着旁边的黑人埋怨道，"你们把我安排在这里，我真是太受不了了。跟这种让人讨厌的人坐在一起，我会倒霉的，快点给我换个位置！"

几分钟之后，空服员回来了："很抱歉，女士，经济舱已经坐满了。"

"谁要坐经济舱！"自以为高贵的白人女士立刻叫了起来，"头等舱，像我这样的人，当然要坐头等舱！"

"哦，头等舱里，的确还有一位空位。"空服员微笑着说道，然后她突然站起身来，向大家宣布道，"不过在这种情况下将乘客提升到头等舱，的确是我们从未遇到过的情况，好在我已经获得了机长同志的特别许可。"

全舱的人都静静地等候着下文，希望空服员能给大家一个令人满意的答案。

"机长同志认为：要一名乘客跟这么令人讨厌的人同座，真的是太不合情理了。"说到这里，空服员看了看白人女士，发现她脸上露出了得意的神色后，又接着说了下去，"所以，这位先生，如果您不介意的话，我们已经为您准备好了头等舱的位子，请您移驾过去。"

已经站起来的白人女士顿时愣在了当场，而她旁边的黑人男士则趁机走出来，在所有乘客的掌声中，跟着空服员走向了头等舱。

大道理

尊敬别人，才能赢得别人的尊敬，才值得别人尊敬。倘若不懂得善待别人，处处以个人利益为中心，最终只会让自己陷入难堪的境地。

13. 谁是对的

他是一个说书人，已经说了几十遍老舍的《骆驼样子》，说到了活灵活现的地步。不要怀疑，的确是《骆驼样子》，因为这个说书人就是这么说的。如果你想和他争，输的一定是你。

你看，这个人自视有些学问，便和他争了起来：是《骆驼祥子》！是"祥"不是"样"！说书人满脸鄙夷："小伙子，看你年纪轻轻的，没读过几年书吧？我老汉可是说了几十遍这部书了，不可能出错的。"

两个人谁也不服谁，谁也咽不下这口气，于是便以100块钱为赌注，去找一个文学大师评定。

文学大师笑眯眯地看了看争得面红耳赤的两个人，突然指着主张"祥"的那个人说："是你错了，的确是'样'，你给这位说书人100块钱吧。"

不明不白地输掉了100块钱，这个"祥"子可不愿意了，等说书人走后，他很生气地责问文学大师："你不可能不知道，明明是'祥'嘛。""没错，"文学大师回答，"的确是'祥'。"

"那你怎么……"这位"祥"子更摸不着头脑了。

"你不过损失了100块钱而已，而他身为说书先生却如此冥顽不灵，那个错字肯定会害他一辈子，就让他被人笑话去吧。"

14. 猎人、马和梅花鹿

苦苦挨过食物奇缺的寒冬，春天终于到来了。眼看着草原日渐丰茂，这匹野马欢天喜地地奔跑着。不一会儿，它就在一片水域的旁边找到了一片十分丰美的草地，美美地饱餐一顿之后，野马细心地记下了这里的具体位置，以便以后能够经常到这里来享受美食。

但没过几天，野马就发现这片草地有其他兽类吃过的痕迹。它躲起来一观察，原来是只大胆的梅花鹿总是趁它不在的时候来偷吃。野马非常生气："这是我的地盘，你凭什么来享受！"但无奈的是，野马追不上小巧灵敏的梅花鹿。

正在烦恼之际，野马看到一位猎人正在草原上打猎，于是便跑过去恳求道："猎人大哥，请您帮我一个忙吧，那只梅花鹿总是偷吃我发现的草，你能帮我惩罚一下它吗？"

猎人想了想说："没问题，只不过我需要你的帮忙。我要你套上辔头，载着我去追它。"

野马想都没想便答应了，让猎人给它套上了缰绳，然后载着猎人射死了鹿。但是接下来，猎人却把它骑回家，拴在了槽头边。失去自由的野马这才知道后悔：我真是太傻了，为那么点儿小事去报复梅花鹿，结果反倒让自己成了奴隶。

15. 丑陋的兔子

他是位养兔大户，日子过好了，也就有闲情逸致去关心别的了。仔细观察之下，他发现附近寺院里有个和尚不地道，花天酒地，尤其贪图女色。

于是，这件事便成了他茶余饭后的谈资。有钱人势头大，人们都喜欢靠近有钱人，所以经过他添油加醋的"和尚事件"在当地迅速传开了。当人们都知道了"和尚没一个好东西，都是说一套做一套的假仁假义者"时，原本香火旺盛的寺院一下子冷清了许多。

经过调查，寺里的方丈知道了原因，便派出两个和尚来以买兔子为名解决此事。养兔大户瞧不起和尚，懒得亲自动手，便让他们自个儿挑，不一会儿，他们拎着一只奇丑无比、兔毛脱落的老兔子出来了。

"我们把这只兔子拿回去养，如果有人问起，我们就说是从你这里买的，也相当于给你做宣传了。"两个和尚说。

"不行不行，"养兔大户赶紧摇头道，"我这里的兔子个个皮毛干净、漂亮无比，你拿这么一只快死的老兔子会让别人误会我的。""那，一个和尚行为不检点，你却以之为代表做宣传，对于我们来说，难道就不会让别人产生误会吗？"和尚微笑着反问道。

养兔大户立刻脸红了。

大道理

你怎么对待别人，别人便会怎么对待你。如果你不希望别人对你以偏概全，那你就要首先做到全面地看待人与事，不以偏概全。

16. 搬石头

小男孩10岁了，看着同龄人们都很独立，他也决定自力更生。在他的强烈要求下，父母给了他一小块地，允许他种一些花或菜，收获以后换些零花钱。

不巧的是，小男孩分到的这块地中心有一块大石头，很影响耕种，所以，他决定把它搬走。于是，他找来了铁锹，开始挖石头周围的土。一切看起来都不算困难，大石头很快就全部呈现出来了。但是当小男孩弯腰去挪这块石头时，他才发现，石头太重了，他一个10岁的孩子绝对搬不起来。

于是，他开始想办法，他用手推、用肩挤、左摇右晃，一次又一次与顽固的石头搏斗着。可是，不管他如何用力，大石头就是纹丝不动。

看看太阳快落山了，郁闷的小男孩一屁股坐在地上，伤心地哭了起来。这时候，父亲来到了他的面前。

"你怎么了？亲爱的儿子。"父亲问道。

"我想把这块石头搬走，可我搬不动。"小男孩哭着回答。

"你可以用上你所有的力气啊。"父亲很温和。

"我已经用上我所有的力气了，可它就是不动。"小男孩还在伤心。

"不，你没有，爸爸不也是你的力量吗？"说完，父亲就把大石头轻而易举地抱走了。

大道理

你做不到的，未必你的亲朋好友也做不到，因此请不要对着困境一个人发愁，时刻记着亲友也是你的力量与资源之一。

17. 学会说"不"

年轻的会计尼克刚参加工作没多长时间，便感觉异常头疼，因为领导动不动就对他提出非常过分的要求，多半是让他在公司账务上做手脚以期偷税漏税。苦恼的尼克写信问姑妈自己该怎么办，奇怪的是回信没来，姑妈反倒来了。

"也好，面对面谈更方便一些。"尼克想着，便请姑妈去吃饭。在街上转了一会儿，姑妈便领着尼克进了一家相当豪华的大酒店。没等坐下，尼克心里便开始犯嘀咕：我兜里只有50块钱，这可怎么办啊。

"你想吃什么？"姑妈问尼克。

"随便，什么都行。"尼克慢吞吞地答道。

没想到，姑妈竟然点了酒店里最贵的三道菜，弄得尼克整整一顿饭都没吃出什么滋味来，光顾着担心怎么买单了。

最后的时刻终于来临了，看着侍者递过来的账单，尼克窘得满脸通红。姑妈静静地看了他一会儿，掏出钱来付了账，然后对他说道："孩子，你为什么不说'不'呢？姑妈一直在等你说这个字。要知道，当对方的要求已经远远超过了你能承担的范围时，勇敢地说'不'将会是最好的选择。我之所以不给你回信而是来看你，就是为了让你亲身体会到这一点。"

尼克一下子明白了。

大道理

当事情的发展已经超过了我们的承受能力时，一定要勇敢地、及时地说"不"，否则，我们只会陷入更加无法收拾的境地。

---

18. 天才球星之路

住在贫民窟的这个小男孩家里非常穷，一家几口只能靠妈妈给人打零工的那点收入维持生活。在这种情况下，懂事的小男孩克制住了自己对足球的喜爱，他没有向妈妈要钱去买足球，而是捡别人丢弃的塑料盒、易拉罐、椰子壳踢。

一天，他在一片干涸的小塘里猛踢一只猪膀胱时，被一位足球教练看见了。得知男孩非常着迷足球却买不起时，教练二话没说就送给了他一只足球。这一下，小男孩踢得更来劲儿了。不久之后，他就能准确无误地把球踢进几米，甚至是十几米外的一只大水桶里了。

圣诞节来临时，小男孩很想送给自己的恩人一份圣诞礼物，可是一贫如洗的他根本没有这个能力。想了一下，他便从家里拿了一把铁锹，来到教练别墅前的花圃里开始挖坑。

"你在干什么，亲爱的？"教练问他。

"我太穷了，没有办法给您买圣诞礼物，只能给你的圣诞树挖一个坑。"小男孩指着刚刚挖好的那个坑说道。

教练的眼睛顿时湿润了："宝贝儿，这是我收到的最好的圣诞礼物，作为回报，我请你加入我的足球队。"

1958年，这个刚17岁的小男孩率领巴西队第一次捧回了金杯。现在，该告诉大家他的名字了，他叫贝利。

19. 过桥

    涝灾期间，为了方便与外界沟通，村民们在这条河上架了一座桥。因为是独木桥，所以如果同时有两个人要去往相反的方向，必须有一个人先让路。

    一天，张三出村赶集，恰逢李四往村里走，两人便在独木桥上相遇了。因为平时处得不是很好，张三和李四都不想给对方让路，所以都抱着肩膀看天，等着对方退回去。不想 10 分钟过去了，彼此都没有后退的意思。急着赶集的张三等不了了，对李四吼道："你凭什么不给我让路，是我先走上桥的。"李四瞅他一眼："我凭什么给你让路，这桥又不是你家架的。"两人越吵越凶，最后干脆动手打了起来，结果两人都"扑通"掉进了河里。好在他们水性都很好，才没出什么意外。

    张三和李四刚刚气喘吁吁地爬上对岸，就见桥两端又来了两个人，一个是挎着篮子的农妇，一个是拎着几只鸡的中年男人。只见农妇刚跨上桥，又退了回去："对面的，你先过吧。集快散了，再晚就来不及了。"看男人过了桥，农妇也上了桥，一边走一边说："有句话叫'给别人让路，就是给自己让路'，看来真没错。"

    "这句话好像是说给我听的。"张三和李四都想道，然后就都脸红了。

20. 简单的赞扬

美国幽默作家马克·吐温曾说："一句得体的称赞，能够让我陶醉两个月。"没错，如果对方是发自内心地称赞我们，我们也会回味不已、心情舒畅。但是我想马克·吐温先生所谓的"得体"，除了"名副其实"之外，应该还有"简单"的意思。因为过犹不及，再得体的称赞，如果洋洋洒洒几千几万字，也会让被称赞者感觉不好意思甚至是起反感之心。关于这一点，我有深刻体会。从小到大，我一直都非常喜欢写作，发表的东西也不计其数。每逢有新文章发表，其后的几个月里我都会陆陆续续地收到大量读者的来信。看到那些连绵不断的溢美之词，我往往只是付之一笑，连看都没看完就放到了一边。所以，到今天为止，那些信里究竟写了些什么，我几乎一点也记不起来了。但是有一封信我却至今记得清清楚楚，那是我高中时的语文老师写给我的。当我诧异那薄薄的两页纸怎么会是我自己文章的复印件时，我看到了文章最后不怎么起眼的两个小字："精彩！"就因为这两个字，我好久都沉浸在愉悦里。至今，这封信我还保留着。看来，只有简单的赞扬才最让人感动。

21. 蜜蜂和天神

很久以前，蜜蜂们还没有刺，不会蜇人，所以它们酿成的蜜总会时不时被人偷走。为此，它们很是烦恼，便决定由蜂后出面去向天神求一件保护武器。

于是蜂后便从蜂房中飞出，飞到夏林比斯山上去见天神，然后把自己带来的香甜可口的蜂蜜献上，等着天神的赏赐。果然，尝过沁人心脾的新鲜蜂蜜，天神甚为高兴："小蜜蜂，我非常高兴你能为我送来如此好吃的蜂蜜，我要封赏你。请说吧，你想要什么？""我想要一根毒刺，让它长在我的尾巴上。"蜂后回答道。

"为什么？"天神大为迷惑。"哦，是这样，"蜂后略略犹豫了一下才说道，"人类总是偷我们辛辛苦苦酿成的蜂蜜，甚至会直接驱逐我们来抢蜂蜜，所以我们想要一根毒刺，等他们再来偷蜂蜜或是侵袭我们时，我们就可以蜇他们，让他们疼痛难忍，再也不敢骚扰我们。"

听到这话，天神很是生气，因为很久之前他也曾经是人，也曾偷吃过蜂蜜。但是由于有言在先，他已经不好再拒绝蜜蜂的请求，所以他便说道："你们可以得到刺，只是一旦你们用它来蜇人，就要因为失去它而死亡。"

> **大道理**
>
> 保护自己利益的权利是人人都可以并且应该拥有的，但如果为此便去无限度地伤害别人，那么自己也必然会遭到报应。

22. 华盛顿与佩恩

1754 年，华盛顿还只是一名上校，那年，他曾率领部下驻防在亚历山大市。

在弗吉尼亚州议会选举议员时，华盛顿与佩恩曾因为支持的候选人不同而发生过激烈的争论。当时，华盛顿说了一些冒犯佩恩的话，火冒三丈的佩恩想都没想便一拳把华盛顿打倒在了地上。恰在这时，华盛顿的部下赶来了，几个卫士上前拉住佩恩，想为自己的长官报仇。但出乎意料的是，华盛顿却一手抹着嘴角的血，一手拉住了部下："算了，算了，不要打。"然后又极力把他们劝回了营地。

第二天，华盛顿托人给佩恩送去一张纸条，说请他到附近的一个小酒馆喝酒。

佩恩料定必有一场决斗，便做好了充分的准备，而后才赶赴酒馆。但令他惊讶的是，华盛顿竟然真的如那张便条上所说，为他准备好了美酒而非手枪。

看到佩恩到来，华盛顿微笑着伸出手去："佩恩先生，我真诚地向你道歉，昨天确实是我不对。不过你已经采取行动挽回了面子，呵呵。如果你认为这件事可以到此为止的话，请跟我握握手，我们可以做个朋友。"

佩恩瞪大眼睛，几乎傻了似的握住华盛顿的手，从此成了华盛顿的狂热崇拜者。

大道理

以眼还眼、以牙还牙，这是大多数人解决矛盾的通常做法，但却并非最好做法，因为这只会使仇恨不断升级，而无助于化解矛盾。

23. 骆驼和商人

一个商人赶着骆驼去外地做生意，天色暗下来时，他正好走在一片草原上。看看前后都没有人家，商人只好支起帐篷，准备在野地里过夜。

他刚躺了一会儿，就觉得身边暖烘烘的，睁眼一看，原来是骆驼把头伸进了帐篷。

"主人啊，外面太冷了，你就让我把头伸进来暖和一会儿吧。"骆驼请求商人道。

"好吧。"商人想想答应了，把身子向旁边靠了靠。

不一会儿，只听骆驼又说道："主人啊，现在我的头虽然不冷了，可是脖子冻得要命，你让我把脖子也伸进来吧。"

商人又答应了，身体也又往旁边靠了靠。

再过一会儿，在征得主人同意的情况下，骆驼把半个身子都挤进了帐篷。这时，商人已经紧紧地贴住帐篷的边了。

当骆驼的屁股冷得不行，想请求主人让它全钻进来时，走了一天路、甚是疲倦的商人早已睡着了。"既然主人同意我的半个身子进来，他也肯定不会反对我的身子全进来。"这样想着，骆驼便把整个身子全都拱进了帐篷。可怜的商人，在熟睡之中被挤了出去。

第二天，太阳升起来了，浑身暖洋洋的骆驼从帐篷里钻出来，打着响鼻叫主人起来。可是商人却再也起不来了，他早就被冻死了。

> ## 大道理
>
> 有些人在追求自己的利益时总会得寸进尺、不知满足，并且不惜损害他人的正当利益。在这种情况下，如果你再不讲原则、一味退让，早晚会被他们逼至绝境。

24. 狡猾的狐狸

老虎大王因为年老体衰，已经无力再捕猎觅食了。为了解决自己的一日三餐问题，它决定使用计谋。于是它便躺在自己的洞里装起病来，并把头冲向洞口，时不时痛苦地呻吟几声，以便让附近的动物们听到。

果然，路过老虎洞口的百兽们听到今非昔比的大王呻吟，都很同情它，所以便一只一只地前来探望。老虎乘机把它们都吃掉了，吃不完的，就储藏起来以备以后的不测。

这天，狐狸也来探望老虎了，但是它刚刚走进洞口，又退了回来。它远远地站在洞外高呼道："老虎大王，我狐狸来看望您了，您还好吧？"

老虎在里面装成有气无力的样子回答道："我浑身疼痛，一点劲儿也没有，可能就快不行了。亲爱的狐狸，我感觉好孤独啊，你快进来陪我聊聊天吧。"

狐狸转转眼珠道："哦，不行啊大王，像您这种情况，我怎么敢进去呢？"

老虎在洞里面奇怪地问道："你害怕什么？"

狐狸指指老虎洞前的小路说："你看，这路上这么多的脚印，却都是进去的，没有一个出来的，我怎么会不害怕呢？"

说完，狐狸就转身跑了。

> ## 大道理
>
> 害人之心不可有，防人之心不可无，只有时刻提高警惕才可能保护好自己。与此同时，我们还应注意从他人的灾难中汲取教训，以便避免同样的灾难降临到自己的身上。

25. 婆媳之间

自从嫁到王家以后，翠花老觉得婆婆不顺眼，人又老又脏不说，还整天啰里啰唆地不停。

终于有一天，翠花受不了了，她悄悄找到一位医师问道："请问有什么秘方可以毒死我的婆婆，而且能让她死得神不知鬼不觉的？我实在是受不了她的精神虐待了。"

医师想了想问她："你的婆婆喜欢吃什么你知道吗？"

"知道，"翠花回答，"她最喜欢吃甜芋头了。"

医师听了对她说："太好了，你可以用甜芋头毒死她。据我所知，甜芋头里面含有一种有毒的成分，长期大量地吃，会让人的体内积蓄起剧毒，100天之后，她自然就会不治身亡了。"

翠花听了大喜，心想这个办法好，我天天给她做甜芋头吃，别人肯定以为我非常孝顺她，即便她最后被毒死了大家也不会怀疑到我的头上。

就这样，翠花开始了她的"孝顺之道"，天天殷勤地给婆婆做甜芋头吃。渐渐地，她发现婆婆竟然不那么爱唠叨了，而且还时不时地帮她干点活儿，有时还像对待亲闺女似的对她。

100天过去了，翠花到医师处大哭："快救救我那可怜的婆婆吧，她对我这么好，我实在是不想让她死啊。可现在她已经吃了将近100天的甜芋头了，这可怎么办啊。"

医师听完哈哈大笑道："恭喜你们婆媳和好，放心吧，你婆婆是不会死的。"

大道理

感情是互动的，付出恨只会收获更多的恨，而付出爱才可能收获更多的爱。所以，你想让别人怎么对待你，你就要首先怎么对待别人。

26. 6/6 的人生

某天，一位哲学家来到一片保持着原始风貌的山区游山玩水。在乘坐小船游江时，他问奋力摇橹的船夫："你懂数学吗？"

"不懂。"船夫回答。

"哦，那你失去了 1/6 的生命。"哲学家说，然后又问道，"你懂物理吗？"

"不懂。"船夫又回答。

"哦，那你失去了 2/6 的生命。化学呢？你懂不懂？"哲学家接着问。

"不懂。"船夫的回答依旧是那两字。

"天哪，你已经失去 3/6 的生命了。"哲学家惊呼道，"那天文呢？天文你总该懂一点吧？"

"不懂。"船夫还是摇头道。

"上帝，你 4/6 的生命都没有了，你的一生一定会毫无光彩。"哲学家很惋惜地说道，"文学你总该懂点吧？这可是我们日常工作和生活中必不可少的……"

"不懂。"不等哲学家说完，船夫便用一如既往的答案打断了他。

"完了，原来你早就失去 5/6 的生命了。"哲学家深深地叹息着。

这时，天空中突然风云大作，江面上顿时波涛滚滚，船夫把持不住，小船一下子翻了过来，船夫和哲学家都掉进了江里。

看着哲学家拼命挣扎的样子，船夫一边如鱼得水地向前游动，一边回头问道："你会游泳吗？"

"不会。"哲学家大声喊道，意思是让船夫快来救他。

"那你就要失去 6/6 的生命了。"船夫面无表情地回答。

大道理

　　用你的标准去衡量别人，很多人的人生都会没有意义，正如用他们的标准来衡量你，你的人生也毫无意义一样。所以说，在这种标准问题上，我们应该学会因人而异，而非推己及人。

27. 发泄

一天，陆军部长斯坦顿来到林肯那里，气呼呼地向他诉说一位少将侮辱他偏袒某些人的事情，林肯静静地听完后说道："你可以写一封内容十分尖刻的信来回敬那家伙啊。"

这倒是个好办法，斯坦顿想，于是开始着手写那封信。半个小时之后，他把已经写好的措辞激烈的信拿给林肯看。

"非常好，棒极了。"林肯总统高声称赞道，"要的就是这个，你真写绝了，斯坦顿，这下我们可以好好教训教训他了。"

斯坦顿的脸上也闪过得意扬扬的神色，他把信叠好装进信封里，正准备往外走时林肯叫住了他。

"你去干什么？"林肯问。

"寄出去啊。"斯坦顿很疑惑地望着林肯，似乎在说，这难道还用问吗？

"不要胡闹！"林肯大声说，"你快把这封信扔到炉子里去吧，凡是生气时写的信，都应该这么处理！"

"可是，这可是你让我写的啊。"斯坦顿糊涂了。

"没错，可是我让你写这封信是为了发泄。现在你已经解了气，还有什么必要再把它寄出去呢？如果你的怒火还没有完全平息的话，那请你再写第二封吧。"林肯说。

> **大道理**
>
> 有时候我们需要适当地发泄，但不良情绪是有害的，反击回去或发泄给别人都不是上策，林肯的处理方法很巧妙，值得我们借鉴。

28. 误会

在美国阿拉斯加州流传着一个关于"误会"的故事。它讲的是一对年轻人，结婚后许久才生下一个孩子，由于难产，太太生下孩子便死去了。从此，只有男人带着可怜的孩子孤苦地生活。

可是男人白天要做工，晚上要做家务，忙得实在没时间照顾孩子。送人吧，

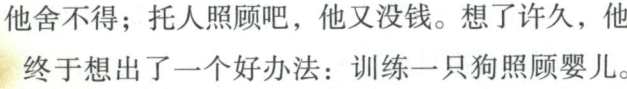

他舍不得；托人照顾吧，他又没钱。想了许久，他终于想出了一个好办法：训练一只狗照顾婴儿。

还好，不久之后，那只机灵的狗便被他训得聪明听话了，不但能保护孩子的安全，还能叼着奶瓶给孩子喂奶喝。

有一天，男人有事要出门，临行之前，他把狗叫过来吩咐它照顾好孩子，那狗像通人性似的点了点头。

当夜，因为途遇大雪，男人比预计的时间晚了好几个小时才到家。刚进门，他就发现哪里有点不对——闻声出来迎接他的狗竟然满身是血！他慌忙跑进屋，发现地板上、床上甚至墙上都是血，而孩子却不见了。

一定是这可恶的狗趁主人不在家，把孩子给吃掉了！男人痛苦地大叫了一声，拿起菜刀便朝身后的狗砍了下去，一下、两下……男人满眼通红，而狗渐渐被剁成了肉泥。

当他终于气喘吁吁地停下手时，眼前的情景却把他吓得一下子坐到了地上：只见孩子满脸是血地站在他面前，双眼惊恐无比地看着血淋淋的狗尸体。他一把把孩子揽在怀里，发现孩子竟然没有受伤。这到底是什么怎么回事？他糊涂了。

直到走进内屋，看到地上的狼尸体，他才明白：原来，家里来了狼，狗为了救小主人，与狼拼死搏斗，最后，狼死了，狗也满身是伤。

清楚了原委，男人顿感胸口一阵疼痛，不分青红皂白的误杀令他后悔莫及，又痛苦万分。

大道理

冲动是魔鬼，放纵自己的冲动是罪恶。在对别人有所决定与判断之前，请你先冷静下来，确定这并非"误会"，以免等到不可收拾时再追悔莫及。

---

29. 宽大

越战结束后，父母天天盼着服役的宝贝儿子早点回家。终于有一天，儿子从旧金山打过电话来了："爸妈，我正在途中，很快就能到家了。但是，我有个不情之请，我想带一个朋友跟我一起回家。"

"当然没有问题，"父母很愉快地答道，"我们很高兴见到他。"

"可有件事我得先告诉你们，"儿子接着说道，"我这位朋友曾受了重伤，少了一只胳膊和一条腿，所以他现在走投无路，也无法独立生活。我想请他回来和我们在一起，并麻烦你们照顾他，好吗？"

电话这端明显犹豫了，几秒钟之后，父亲说道："我很遗憾，儿子，你朋友的情况真让我感到非常难过。不过没关系，我或许可以帮他找个安身立命之处。"想了一想，父亲又继续道，"孩子，你知不知道你给自己找了个多大的麻烦，像他这种重度残障的人会给我们的生活造成很大负担的。我们还有自己的日子要过，不能就这样让他破坏了对不对？如果现在还有回旋的余地，我建议你甩掉他，赶快回家来，相信他会找到属于他自己的生存空间的。"刚说到这里，那头的儿子便挂断了电话。从此，父亲就再没有他的消息了。

半个月之后，父亲接到了来自旧金山警察局的电话，说他们亲爱的儿子已经服毒身亡了，并且证实这是单纯的自杀案件。当悲痛欲绝的父母飞到旧金山见到儿子的尸体时，他们都惊呆了：儿子居然只有一只胳膊和一条腿！

大道理

　　很多时候，对别人的残酷，即是对我们自己的残酷，同理，对别人的宽大，有时也会是对我们自己的宽大。虽然没有谁知道"爱"会在何时何地发生，但它却一定会带给我们独特的礼物。

---

30. 黑煤块与白窗帘

托马斯先生正在院子里收拾煤块，忽然看到10岁的儿子科迪气呼呼地进了门。

"你怎么了，亲爱的？在学校里遇到什么不愉快的事情了吗？"托马斯关切地问道。

"是的，爸爸，我现在非常生气。华科今天惹到我了，以后他再也甭想得意了，否则我会要他好看！"科迪怒气冲冲地说道，小脸都涨得通红了。

托马斯一边微笑着听儿子诉说，一边把地上的煤块收进了那只大簸箕里。

"来，科迪，跟我来。"托马斯端起簸箕叫儿子道，"现在，这条挂在绳子上的白窗帘就是华科，爸爸手里这一簸箕煤块就是天底下的倒霉事。你不是生他的气吗？那你就用这些'倒霉事'砸它好了，每砸中一下，就代表他倒了一次霉。你可以使劲儿地砸、尽量地砸，看看砸完以后情况会怎么样。"

"这可真是个好玩的游戏！"科迪欢快地喊着，便捡起煤块往窗帘上砸去。可是由于窗帘挂在比较远的绳子上，直到他把整簸箕煤块投完，也没有几块能砸中窗帘。

这时，托马斯走过来问儿子道："你现在感觉怎么样？"

"累死我了。"科迪有气无力地说道。

"除此之外呢？"托马斯又问。

"除此之外？除此之外就是我还是不开心！你看，窗帘上才这么几个黑点，华科遇到的倒霉事还不够多！我还要砸！"科迪满腹怨气地嚷嚷道。

"没问题，但是在继续砸之前，爸爸请你先看看你自己的样子。"托马斯说着，便从身后拿出了一面镜子。

科迪上前一照，发现自己竟然满身都是黑煤渣了，尤其是脸上，只能看到白眼球和牙齿了。

托马斯这时意味深长地说道："你看，为了报复别人，你把自己弄了个筋疲力尽，而他却还好好地站在那里。"说着，他便用手指了指身后还好好挂在绳子上的窗帘，"而且，他几乎没有变脏，而你自己却已经成了一个'黑人'。看来，虽然我们的坏念头会在别人身上兑现一些，但最倒霉的却总是自己。最重要的是，虽然按照计划报复了别人，你自己却还是没能获得应有的开心和快乐。"

> **大道理**
>
> 怨气、仇恨是一团火，要想用它烧伤别人，首先你得点燃自己。所以，无论哪种复仇手段，一旦在对方身上应验，你的身上也必会先留下难以消除的伤疤。

31. 天堂里的画眉

某天，上帝化作凡人来到了人间。经过一户人家时，他看到了一只被囚禁于笼中的画眉鸟。画眉羽毛鲜艳、眼睛灵活，上帝一下子就喜欢上它了。于是他问画眉："你愿意跟我到天堂去吗？"

"天堂？为什么要去那里呢？"画眉反问道。

"因为天堂里宽敞明亮，不愁吃喝，一派歌舞升平啊。"上帝回答它。

"可我现在也很好啊，主人每天都会给我充足的水和食物。刮风下雨时，他还会迅速把我挂到房间里去。另外，主人还会天天陪我说话、听我唱歌。"

"可是你自由吗？"上帝提出了一个至关重要的问题。

听到这里，画眉一下子沉默了。它静静地想了一会儿，便答应了跟上帝走。于是上帝以胜利者的姿态带回了这只可爱活泼的小画眉，并将它放置在天堂最富丽堂皇的翡翠宫中。然后，他便忙着去处理各种事务了。

大概过了一个月，终于闲下来的上帝才想起了小画眉，他匆匆赶到翡翠宫一看，只见可怜的小画眉正一声不吭地蹲在一只黄金暖壶上。

"我的孩子，你过得还好吗？"上帝关切地问。

"是啊，感谢上帝，我过得还好。"

"那么，你给我说说在天堂生活的感受吧。"上帝有些得意地问道。

"哦，这里什么都好。"画眉轻轻地回答道，忽然它长叹了一口气，"就是，就是没有人和我说话、听我唱歌，这可真让我无法忍受。如果以后我还是过这种日子的话，请您把我放回人间吧。"

听了这话，上帝的胜利感突然消失了，取而代之的是一番沉思和感慨。

大道理

人与人之间的沟通和互相欣赏不仅是情感的源泉，还是为人的本能和必需。缺少了这一点，即使生活在天堂，人们也难以找到快乐、自由的感觉。

32. 沉默的卡尔文

"沉默的卡尔文"，这个外号说的是美国第三十任总统柯立芝。如果论功劳，这位政绩平平的总统肯定不能和华盛顿、林肯等相比，但如果论特色，他却绝对不会输给任何一位名总统。他的特色就是：能不说就不说！并且事实上，他真的能做到只说三言两语，甚至是一言不发。举个例子：

在 1924 年的总统大选之际，一位心急的新闻记者找到柯立芝："柯立芝先生，关于这次竞选你有什么话要说吗？"

"没有。"柯立芝立即回答。

"那你能就世界局势给我们谈点什么吗？"记者又问。

"不能。"柯立芝依然是这个字。

"那，请您谈一下关于禁酒令的消息好吗？"记者还是不死心。

"不好。"柯立芝照样面无表情。

失望之下，这位记者只好知趣地转身离开。不想他刚一迈步，柯立芝便在后面开口了，于是他赶忙又转过身来，谁知满脸严肃的柯立芝只说了这样一句："记住，不要引用我的话。"

"我就是想引用，也没的引用！"记者半是赌气半是无奈地嘟囔道。

还有一次，柯立芝到加利福尼亚州旅行，就快返回华盛顿时，有电台记者采访了他，问他是不是有什么话要对加利福尼亚州的人民说。柯立芝静静地想了一会儿，说道："再见。"

美国文学家门肯曾经说过："柯立芝作为美国总统，有价值的记录几乎是个空白，所以肯定没有什么人记得他曾经做过什么，或者说过什么话。"但是，大家都错了，也许是"物以稀为贵"，柯立芝说过的很多话后来都成了名言警句。比如 1919 年，他担任马萨诸塞州的州长时，遭遇了一次波士顿警察大罢工。对此，他发表评论道："任何人，不论在任何地方、任何时候都没有权力举行罢工反对公共安全。"这句话立刻使他在全美国出了名，并且对他日后当选副总统起到了不可小觑的效果。

> **大道理**
>
> "病从口入，祸从口出"，人们的言谈往往是灾祸的发源地。因此，"谁能保护好自己的口舌，谁在今生与后世就是平安的。"犹太人如是说。

33. 玫瑰的朋友

一位商人在回家的路上，隐隐约约地闻到了一股香气，他顺着香味寻找，香源是一堆泥土。大喜过望的商人立刻小心翼翼地把泥土装进袋子，背回了家。

他把泥土盛在一只空花盆里，放进房间。过了几天，他的屋子就满是香气了。

利用这盆宝贝泥土，聪明的商人做起了
"观赏"生意，一时间，前来参观的人
络绎不绝，但包括商人自己在内，
谁都不晓得这盆泥土为何会这
么香。

　　一天晚上，把泥土当成"仙
土"的商人忍不住久久注视着它："你到
底是什么东西呢？你的外表非常像泥土。"

　　"我就是泥土啊。"泥土突然开口说道。

　　大吃一惊的商人立刻问道："那你是一种稀有的香料
土，还是一种价格昂贵的泥料？要不就是从遥远的
大城市来的泥土状珍宝？"

　　"都不是，我已经说过了，我就是泥土！"花盆里的泥土重
复道。

　　"可是，可是你为什么会这么香呢？"商人大惑不解地问道。

　　"哦，那只是因为我跟玫瑰花是朋友，曾经在玫瑰园里和它朝夕相处过很长一
段时间而已。"泥土打了个哈欠说道。

大道理

　　环境对人的影响是巨大的，和什么样的人相处，久而久之，我们就会向着
什么方向改变。知道了这一点，我们就要努力靠近优秀者，以求自我期勉。而
更重要的是，要把自己变为可以影响别人的优秀者。

第十一章
做事与成败

　　一个人做人的态度，大概也决定了他做事的态度。因此要想做好事，首先要做好人。一件事的成败虽然有一定的客观因素约束，但是自身的能力、态度、思维方式等，才是影响成败的关键。

1. 山田本一的秘诀

1984 年，在东京国际马拉松邀请赛中，名不见经传的日本选手山田本一出人意料地夺得了世界冠军。当记者问他有什么秘诀时，他很简短地回答道："我是用智慧战胜了对手。"听到这句话，人们均不屑地撇了撇嘴，认为他是在故弄玄虚。因为谁都知道，马拉松比赛比的是体力和耐力，跟智慧根本挂不上钩。

1986 年，在意大利国际马拉松邀请赛上，矮个子的山田本一又一次夺得了冠军。当记者再次提出同样的问题时，木讷的他还是重复着那句话："我用智慧战胜对手。"

这一下子，人们不再挖苦他了，而是纷纷猜测起这句话的意思来。但是一直到 10 年后，山田本一的自传出版，人们才知道了那句话的真正内涵："在比赛开始之前，我会首先开车熟悉一下全程路线，把沿途的醒目标志记下来，设定为一个一个的小目标。比赛开始之后，我就以百米冲刺的速度奋力向第一个目标冲去；到达后，我会再次以同样的速度向第二个目标冲去；然后第三个、第四个……直至最后一个，我都这样对待。40 多公里的路程，就这样被我分解成了许多小目标，然后轻松地跑完了。如果把目标定在终点线上，跑到十几公里时我就会疲惫不堪了。"

大道理

很多时候，我们之所以不能成功，不是因为难度太大，而是因为感觉成功太遥远。这时候，将大目标分解开来，时刻与成功相伴，便能事半功倍。

2. 要做的和在做的

现在，我的任务是把一块穿衣镜挂在墙上。

我比量了一下，镜子放在客厅里不错，这样，我就需要去找几枚钉子。钉子找来了，我又想如果能在钉子下面垫一片薄木片，钉子将能钉得更结实一些，于是我又去找木片。可惜木片没找到，只找来一个木块，所以我不得不去找锯子把它锯开。从邻居家借来锯子之后，我试了试发现那锯子太钝了，因此又去借磨刀石来磨锯片。两个钟头之后，锯片终于被我磨得又快又亮了，但是一锯子下去，我才发现找来的那块木头太软了，钉在墙上可能起不了什么作用，所以我想去砍一棵比较硬的野枣树回来。为了找到一棵合适的野枣树，我驱车跑了将近3个小时，好不容易找到时，又发现忘了带斧头。到附近商店买了斧头之后，我开始砍树。可是这斧头质量太次了，没砍几下斧柄就松了，我怕不安全，于是去找木匠修斧头。修斧头时，木匠发现钉子用光了，我便代他去买钉子，快走到商店时忽然想到自己家有钉子，就是我要用来钉镜子的那几枚。

但想到这里，我突然间就糊涂了，从大清早忙到现在快黄昏，我到底要做什么？我怎么也想不起来了。

大道理

我要做什么？我在做什么？做事情时，请时不时问问自己这两个问题，以防忘了自己的原始目标，忙忙碌碌却是徒劳无益。

3. 最佳答案

一次，英国某家报纸举办了一项奖金丰厚的有奖竞答活动，题目是：

3位科学家同时乘坐一个充气不足的热气球旅行。第一位是个环保专家，他的研究可以拯救无数人，使他们免于因为环境污染而面临死亡的厄运。第二位是个核专家，他有能力防止全球性的核战争，使地球免于遭遇灭亡的绝境。第三位是个粮食专家，他能够运用其专业知识在不毛之地成功地种植多种粮食，使成千上万的人脱离饥荒的命运。

此刻，热气球即将坠毁了，我们必须选出一个人，把他丢下去以减轻重量，使其余的两人得以存活，请问我们该丢下哪一位关系世界兴亡命运的科学家呢？

问题刊出后不久，各地的信件便如雪片般飞来了，大家谁都想拿到那笔诱人的丰厚奖金，因此每个人都竭尽所能，甚至是天马行空地阐述着他们认为必须丢下那位科学家的宏观见解。

但最后的结果却让所有人大吃一惊，巨额奖金的得主竟然是一个不到 10 岁的小男孩。他的答案是：把最胖的科学家丢下去。

无独有偶，法国一家报纸也曾进行过一次相似的有奖智力竞答，题目为："如果法国最大的博物馆罗浮宫不幸失火，情境危急只允许你抢救出一幅画，你会救哪一幅呢？"

在成千上万的回答者中，向来以机智聪慧著称的法国作家贝尔纳赢得了该题的奖金。他的答案是：抢离出口最近的那幅画。

> **大道理**
>
> 复杂的不是问题，而是看问题的眼光。要知道最佳的成功目标并非最有价值的那个，而是最有可能实现因此最能保证现实利益的那个。

4. 老鼠哪儿去了

有一天，朋友讲了一个这样的故事：有三只猎狗正在追一只老鼠，追着追着，只见老鼠动作迅速地钻进了一个树洞。猎狗们围着大树看了看，发现这个树洞只有一个出口，于是就守在那个出口处等着。可是不一会儿，树洞里居然钻出了一只兔子，兔子一看见猎狗凶恶的

目光，便立刻玩命地向前飞奔起来，三只猎狗则在后面紧紧地跟随着。跑啊跑啊，兔子终于发现了一棵枝繁叶茂的大树，并迅速爬了上去。看到在下面急得直打转转的猎狗们，树上的兔子不禁暗暗得意起来。但还没高兴完毕，它脚下一滑，已经直直地坠了下来，正好砸晕了正仰头看它的三只猎狗。就这样，兔子终于逃跑了。

故事讲完后，朋友问我："你觉得这个故事有什么问题吗？"

我想了想说："兔子是不会爬树的。"

朋友点点头："还有吗？""嗯，"我沉思了一下，"一只兔子不可能同时砸晕三只猎狗。"

朋友又点点头问道："还有吗？""还有？"我有点疑惑了，还有什么呢？我一时真想不起来了。

"还有就是老鼠哪里去了！"朋友强忍住笑说道，"这个问题已经难倒了无数人了。"

我恍然大悟，同时又颇有感悟：在整个故事中，半截里突然冒出的兔子让我们的思路在不知不觉中拐了弯，以至于直到结尾时，老鼠竟然在我们的大脑里消失得无影无踪。现实生活里，我们不也常常犯这种舍本逐末的错误吗？

看来，以后无论做什么事情，都需要常常提醒自己：老鼠哪里去了？自己心中的目标哪里去了？

大道理

在追求人生目标的过程中，我们常会不知不觉地为一些细枝末节分散精力，以致中途停下或者走上岔路。要想避免这种情况的发生，我们必须学会时常询问自己：我最原始的目标是什么？

5. 目标等于一半生命

这是一个真实的故事：

斯尔曼是英国著名的登山运动员。你可能无法想象，这样一位世界级的登山者，居然是位残疾青年——他的双腿患有慢性肌肉萎缩症，走路很不方便。但是，他却创造了许多连健全人都难以成就的奇迹：19岁时，他登上了世界屋脊珠穆朗玛峰；21岁时，他征服了著名的阿尔卑斯山；22岁时，他又站到了他父母曾经遇难的乞力马扎罗山的最高峰上；28岁之前，世界上所有著名的高山几乎都曾被他踩在脚下。

只是，令所有人大惑不解的是：这位意志力如此坚强、生命力如此顽强的英雄，居然在他生命最辉煌的时刻，选择了自我毁灭——28岁时，他在自己的寓所里自杀了。

这是怎么回事呢？斯尔曼的遗嘱告诉了我们答案。原来，他的父母也是登山运动员，不幸的是，这对夫妇在攀登乞力马扎罗山时，因为遭遇雪崩而双双遇难。当时，斯尔曼才11岁。为了纪念自己至爱的双亲，小斯尔曼决定遵循父母出发前对他的嘱托：如果我们不幸遇难，请代我们完成征服世界著名高山的心愿。因此，斯尔曼从小就有了明确而具体的目标，这目标不但是他生活的动力，还是他活着的意义。可是，当28岁他完成了所有的目标时，他一下子迷失了方向，再也找不到活着的理由了。他感到空前的孤独、无奈以及迷茫，于是绝望之下，他选择了自杀。

"如今，功成名就的我感到无事可做了，我已经没有了新的目标。失去了生命的意义，一个人也便再无活着的必要……"斯尔曼在遗嘱的最后说道。

大道理

目标是一个人生命的意义和方向，缺失了它，我们就失去了前进的原动力，变成了迷茫麻木的行尸走肉。因此，我们每时每刻都要有明确的目标，而更重要的是，还要根据情势变化不断提升自己的目标。

---

6. 减少目标与减少挫折

世界上没有哪一条成功路是平坦而宽阔的，无论是谁，都会在向目标冲刺的途中遭遇一些挫折。而如何降低遭遇挫折的概率，也就成了大家迫切想解开的难题。对于这个问题，理想的答案是：尽量减少目标——既然任何一条路上都有坎坷，那么少设几个目标，少走几条没有太大意义的路，不就可以很容易地减少挫折了吗？

当然，这并不是让大家放弃广泛的兴趣与追求，更不是暗示大家停止奋斗、裹足不前，而只是想给"如何减少挫折"一个建议性的答案。不知道大家是不是听过一个这样的故事：

第二次世界大战期间，由于德国潜艇神出鬼没的袭击，同盟军运输船队总是在大西洋遭遇惨重的损失。为此，某盟军将领专门去向一位数学家请教，问他如何才能降低遇到敌军的概率。数学家运用概率学分析之后，发现船队与敌潜艇相遇只是一个随机事件，而且具有一定的规律性：一定数量的船编队规模越小，编次就会越多；而编次越多，与敌人相遇的概率也就越大。因此数学家建议：尽可能扩大编队规模，以降低危险的概率。盟军将领接受了这一建议，命令运输船队集体通过大西洋海域。结果，运输船队遭袭沉没的概率一下子由原来的25%下降到了1%，大大减少了损失。

人生遭遇挫折，其实也像盟军船队遭遇敌潜艇一样，是一个随机事件，并且有一定的规律可循。比方说，如果我们把智慧、精力集中到一个目标或者是少数目标上，我们就会更多、更容易地发现并避免某些可能到来的困难与失败，而且即便遇到挫折，我们也有比较充分的力量去战胜它；相反，如果让多个目标分散了我们的力量和精力，则与挫折相遇的概率就会增大，战胜挫折的可能性就会减小。因此，要想尽可能地减少遭遇挫败的机会、降低损失的程度，我们必须也只能尽量缩小目标范围，甚至把所有的力量都集中在一个目标上。

大道理

只有全身心地瞄准一个目标，倾注于一项事业，我们遭遇挫败的机会才会减少，成功的概率才会增大。

7. 爱因斯坦

爱因斯坦是20世纪最伟大的科学家，他之所以能够取得如此令人瞩目的成就，与他一生拥有明确的奋斗目标是分不开的。

爱因斯坦出生于德国一个贫穷的犹太人家庭，小学、中学时的学习成绩都不算好，可是他非常想向科学领域发展。怎么办呢？颇有自知之明的他根据成绩对自己进行了分析，他发现：自己对物理的兴趣最高，而且其成绩也在所有功课当中最好。于是，在读大学时，他选择了瑞士苏黎世联邦理工学院的物理学专业。由于自我定位非常准确，很快，爱因斯坦在物理方面的潜能便得到了超长的发挥。26岁那年，他就发表了科研论文《论分子尺度的新测定》。此后几年，他又先后发表了数篇在全世界都很有影响力的论文，不但发展了普朗克的量子概念，解释了光电效应，还宣布了狭义相对论，推动了人类认识宇宙的重大变革。

想想看，如果当年爱因斯坦所定的目标是天文学、文艺学或者其他什么学科，

恐怕就很难取得像在物理领域这样辉煌的成绩了吧？

更值得一提的是，他不但有可贵的自知之明，而且对已经确定了的目标从不半途而废。比如说1952年，鉴于他的突出成就，以色列人民在第一任总统逝世后邀请他接受总统职务，他立刻拒绝了。的确，如果爱因斯坦真的当了总统的话，之后那么大的建树恐怕也就无从谈起了。

大道理

即便百发百中的神枪手，如果他漫无目标地乱射，也不能达到目的、取得胜利。人生也一样，如果没有明确的目标，做什么事就都很难成功。

---

8. 如何集资

几年前的一个晚上，龙卷风忽然横扫了多伦多北部的巴里城。这场灾难造成数十人死亡，并造成了数百万美元的损失。

那天晚上，泰利米迪亚通信技术公司的副总裁泰姆卜莱顿正好经过那条公路，目睹了灾民的惨状。他认为自己有责任帮助这些遭受苦难的人们。顺便说一下，他是想利用电台，因为他所主管的通信技术公司拥有安大略省和魁北克省的多家电台。

于是几天后，他一回到公司，便把泰利米迪亚的所有行政人员都召进了自己的办公室。在身后的挂图上，他接连写了3个大大的"3"。然后，他转身问那些行政人员道："从今天开始，你们愿意在3天之内用3个小时，为巴里城的灾民们筹集300万美元的救灾款吗？"

顿时，办公室里鸦雀无声，谁都不敢应声，因为这实在不是一件简单的事。终于，一位级别比较高的行政人员说："副总，您这不是犯糊涂吗？我们无论如何也不可能做到的。"

"我没有问你们是否能做到！"泰姆卜莱顿正色道，"我只是问你们愿不愿意去做。"

"我们当然愿意！"大家异口同声地答道。

"好，"泰姆卜莱顿说道，"既然如此，下面就让我们来想想该怎么做吧。今天下午，我们就一起来想这个问题，想不出来的话，我们就不出这间办公室。"

房间里立刻又沉寂了下来，大家都陷入了深思。许久之后，才有一个人说道："我们可以利用电台在加拿大全境播出一个有关捐款赈灾的专题节目。"

"这是一个好主意！"泰姆卜莱顿称赞道。

但是立即有人反对说："我们的电台频率有限，不可能遍及加拿大全境。"

"没错，"泰姆卜莱顿点点头，"所以接下来，我们就该考虑：如何在我们力所能及的范围内尽可能多地集资。"

这时，有一个人说道："我们可以去请全加拿大最有名气的主持人柯克和罗宾逊来主持这个专题节目。"

"太有创意了！"泰姆卜莱顿很赞同这个主意。

于是3天之中，他们就成功联络了多家电台，并策划了一个专题节目。在"名嘴"柯克和罗宾逊的主持下，他们果然用3个工作日的3个小时成功筹集到了300万美元。

"只要你一直朝着'如何去做到'努力，你就一定能成功。"泰姆卜莱顿说。

大道理

如果你想做到，你就能做到。一旦确立一个目标，你的精力就应该立刻全部集中到"如何去实现它"，而不是"可能会失败"上。只有这样，你才可能成功。

---

9. 切木板

他是个名人，每当有人问起他为什么会有今天的成就，他就会提起小时候的一件事。

很小的时候，他是一个没有耐性的孩子，哪怕碰到一点困难，他都会半途而废。其实只要他稍微努力一下，事情就可以做好了，但他就是缺少那一点耐心。

一天，父亲给了他一块木板和一把小刀，要他在木板上切一条刀痕，并且再三强调：只允许在木板上切一刀。当时，他不明白父亲的用意，只把这当成了一个好玩的游戏。

谁知从那以后，每天父亲都要他在切过的痕迹上再切一次。

终于，他忍不住问父亲道："为什么我不能多刻几刀呢？我实在不明白您到底想让我做什么。"

父亲笑着对他说："不要着急，过几天你就会知道了。"

许多天过去了，木板上的刀痕越来越深了。某天，他一刀下去，木板被切成了两半。

"爸爸，木板被切成两半了。"幼小的他得意地挥着手中的木板。

"是啊，"父亲忽然意味深长地问他，"这次你只用了和平常一样的力气，却能把木板切成两半。想想看，这是为什么呢？"

"因为以前我已经切了很多刀啊。"他立刻答道。

"那么如果你很用力，却只切一刀的话，木板会不会断呢？"父亲又问。

"不会。"他摇头道。

"没错，好孩子！"父亲忽然感慨地叹道，"所以你应该记住，人一生的成败，并不在于一下子用多大力气，而在于是否能持之以恒。"

这句话像一道闪电，照亮了他幼时的心。至今，他还记得父亲当时的语气。

大道理

有耐心，是成功的必要条件之一。确定目标之后，持之以恒、锲而不舍地行动，才可能到达所希望的目的地。

10. 神枪手与徒弟

很久以前，某地出了一位神枪手，他的枪法被人们传得神乎其神。某天，三个年轻人慕名而来，拜他为师。教了一段时间后，神枪手发现了问题，他把三个徒弟带到了大草原。

神枪手告诉三个徒弟说："今天，我要大家打野兔。现在，你们告诉我，你们都看到了什么？"说着，神枪手比画了一下眼前的草原。

大徒弟首先回答道："我看到了湛蓝的天空、碧绿的大草原、天上飞翔的小鸟以及草原上奔跑着的野兔、野猪、狐狸等猎物。"

看到师父脸上不满意的表情，滑头的二徒弟说："我看到了师父您、师兄、师弟，还有我手里的猎枪和草原上的野兔。"

最后，三徒弟看着眼前奔跑的野兔说："我只看到了野兔。"

神枪手这才点头说："你们记住，眼睛里只有一个目标，你们才会知道自己的枪要指向何处，才不至于浪费子弹还打不着猎物，这是作为一个好猎手的最基本条件。同样的道理，你们拜我为师，想学好枪法，心中也只能有一个目标，如果既想学这个又想学那个最后只会让你们学无所成。"

这一课使得三个徒弟大受启发，从此去掉了不专心的毛病。三年之后，三个徒弟也成了名震一时的神枪手。

大道理

目标太多，等于没有目标。目标是我们前行的方向，一心一意朝着一个方向前进，我们才能尽快取得成功；如果精力分散，今天向东，明天向西，再努力也只会一事无成。

11. 一个鸡蛋的家当

他是个穷得不能再穷的流浪汉，经常吃了上顿没下顿，因为没有房子，只能睡在小草棚里。冬天，是他最难熬的季节。

一天，他拾到了一个鸡蛋，于是欣喜若狂的他对着这个鸡蛋做起梦来：如果我把这个鸡蛋孵成一只鸡，鸡长大以后便会生蛋，生了蛋以后呢，我就把一部分拿去卖钱，另一部分再孵成小鸡，那些小鸡长大以后又会生蛋，

我就可以再去卖钱和孵鸡……

流浪汉越想越兴奋，干脆把鸡蛋捧回家，然后躺在草窝里做起发财梦来，他美美地想了三天三夜：未来的某一天，自己成了一个养鸡大王，钱多得数也数不清，穿的是绫罗绸缎，住的是豪华宫殿，开的是世界名车，吃的是山珍海味，身旁还有年轻貌美的老婆陪伴着……流浪汉简直是太高兴了，他大笑着坐起来，使劲拍着巴掌大叫道："好！好！"而那个鸡蛋，一下子被他拍碎了，蛋清蛋黄流了他一手——就像是流产的美梦一般。

他看看自己，还是那身破衣烂衫；看看四周，还是那个四处透风的小草棚。一切都没有变！

大道理

行动是架在现实与梦想之间的桥梁，如果只做梦不做事，即便成为心动大师，也只会收获美梦醒来后的悲哀。

---

12. 一捆筷子

一位老人辛苦一生，积蓄起了丰厚的家产。本来，他打算临终前把财产平均分给三个儿子，可是没想到，自己刚一病倒，三个儿子便争起家产来，闹得全家不和不说，邻居还趁机抢起他家的土地来。

老人很伤心，弥留之际，决定给儿子们上最后一课。于是，他把三个儿子叫到床前，拿出一把筷子，给每人分了一根，说："你们折断它。"三个儿子不费吹灰之力便把手中的筷子折断了。

这时候，老人把剩下的筷子绑在一起，递给老大说："你再折。"结果，老大使出吃奶的劲儿也没折断，老二、老三也一样，都没能折断。

老人道："你们兄弟三人，每人都相当于一根筷子。如果彼此分离，别人会很容易把你们一一折断；倘若绑在一起，那就什么力量都不能把你们摧毁了。这就是我临终之前要告诉你们的话。"

看到三个儿子恍然大悟的表情，老人放心地闭上了双眼。

后来，三兄弟真的像父亲希望的那样紧紧绑在一起了，并用父亲的遗产一起创办了一家工厂，日子越过越好。

大道理

堡垒最容易从内部攻破，如果发生内讧，家庭、组织就会很容易走向衰败。而团结就是力量，众人一心，则能无坚不摧。

13. 只写过一部书

这是世界文学座谈会的现场，一位衣着朴素的小姐正安静地坐在角落里。她的身旁是一位匈牙利的男作家，看到相貌平平的小姐，那位男作家满脸傲气地过去搭讪。

"嗨，"他打招呼道，"你也是来参加座谈会的作家？"

"哦，是的。"小姐面带微笑，语调很是和气。

"那你都写过什么呀？"男作家问道。

"哦，我没有写过多少东西，只是写小说罢了。"小姐谦虚地答道。

"这可不行。一个伟大的作家是要什么都会写的。你知道吗？到目前为止，我已经出版了三十几部小说、七八部散文集，还有无数的诗歌，不久之后，我的诗集也会出版了。"

"哦，祝贺你。"小姐很真诚地回复道。

"你说你擅长写小说，那你写过多少部小说呢？"男作家又问道。

"哦，只有一部而已。"小姐回答道。

"啊，才一部啊，看来你真是非常荣幸了，要知道这么有名的座谈会一般来说只请非常有名的作家。你那一部小说叫什么名字？"男作家再次问道。

"《飘》。"小姐很简短地回答道。

男作家一下子傻了，原来，她就是大名鼎鼎的玛格丽特·米歇尔！

那天晚上，米歇尔是唯一的金奖得主。

> **大道理**
>
> 质量胜于数量。做事不在大小、不在多少，关键在于你的态度和做事的结果，认真做好一件小事远胜于马虎地做一些大事。

14. 只因缺少一颗铁钉

几百年前，在一场决定谁来统治英国的战争中，原英国国王理查三世失败了。而其失败的原因，说出来会令每个人都扼腕叹息。

在战斗开始的前一天，理查派马夫去准备一匹好马给自己，但是这位马夫是个粗枝大叶的人，在马掌还没有钉好的时候便把马牵了回来。没想到的是，问题恰恰出在这只没有钉好的马掌上！

当战斗进行到一半时，几名士兵打算临阵脱逃，理查发现后，立刻策马扬鞭冲向那个缺口，准备召唤士兵调头。可是刚走了几步，那只没有钉好钉子的马掌就掉了，战马疼痛不堪，一下子跌翻在地，理查也被掀在了地上。没等他再次抓住缰绳，敌人的军队便包围了过来——理查被敌军俘获了，原英国的统治被颠覆了。

少了一颗铁钉，丢了一只马掌。

丢了一只马掌，伤了一匹战马。

伤了一匹战马，死了一位统帅。

死了一位统帅，输了一场战役。

输了一场战役，亡了一个国家。

这几句流传至今的话，正是由这次战役而来。

所有的损失都是因为少了一颗马掌钉。多少年来，这个故事一直像警钟一样长鸣不已，时刻提醒着人们一个小小的疏忽会带来多大的灾难。

> **大道理**
>
> 细节决定成败。很多时候，让我们功败垂成的并非对手的强大、客观环境的恶劣或者自己实力的弱小，而是让我们不屑一顾的细节。

15. 王安的遗憾

华裔电脑名人王安博士至今仍对一件小事耿耿于怀。

那时候，他还是个不满 6 岁的小男孩。一次风雨过后，他到外面玩，发现一个被大风吹落在地的鸟巢，里面有一只嗷嗷待哺的小麻雀。不知是因为寒冷、饥饿还是害怕，小麻雀睁着黑溜溜的眼睛盯着王安，小身子一个劲儿地发抖。动了恻隐之心的王安决定把它拿回家去喂养。

可是当他捧着小麻雀进门时，妈妈的话把他挡在了门外："不许在家里养小动物。"他看了看小麻雀的可怜相，实在是不忍心把它丢弃，于是便把它暂时放在门口，跑进厨房去哀求妈妈。最终，拗不住善良的孩子，妈妈答应了。

王安满心欢喜地跑到门口，却发现小麻雀不见了，只剩下两根带血的羽毛在地上躺着，旁边有只大花猫正意犹未尽地舔着嘴巴。王安立刻伤心地哭了起来，之后很长时间都不能原谅自己。

这件事让他得到了一个教训：只要自己认为对的事情，不可优柔寡断，必须马上付诸行动。正是凭着这个信念，他最终成为优秀的电脑专家。

大道理

在人生中，思虑周全固然可以免去一些做错事的可能，但更大的可能是会失去更多成功的机遇。

16. 卖房子

他已经快 70 岁了，身体越来越差，终于再不能自理了，于是他决定搬到养老院去住。他无儿无女，唯一牵挂的就是这座房子，这座白色的小别墅是他一生的心血，上面每一颗钉子都经他的手抚摸过。他舍不得，真的舍不得，可是他又能怎么样呢？卖吧！

15万元的底价吸引了大批的买房者，要知道在这个地段，这么漂亮的房子要价都在30万元左右的。半个月之后，这座别墅的底价被购买者们炒到了20万，可是老人依然有不舍之意。

这位年轻人进来时，老人正在往院子里搬一把沉重的藤椅，看到老人吃力的样子，他急忙跑上前去帮他把藤椅搬了出来。

"我只有5万块钱，但是我很想买下这座房子。"年轻人说。

"哦，这恐怕不行，你知道现在底价都已经到了20万。"老人回答说。

"我与其他的购买者不同，"年轻人语气相当诚恳，"如果您肯把房子卖给我，您可以继续在这里住，所有的东西都可以不动。而且，我也会像儿子对待父亲那样照顾您、侍奉您，就像刚才那样。"

这个提议立刻让眷恋房子的老人眼睛一亮，犹豫了几秒钟之后，他便让年轻人实现了这个几乎是不可能的梦想。

大道理

实现梦想、赢得竞争，不一定非得和汗水、残酷、欺诈等字眼相连，一颗仁爱之心，往往能让一个人成为最大的赢家。

---

17. 水牛和阳雀之赛

烈日炎炎，大水牛正尽情地泡在一条大河流里。忽然，"扑棱棱"一声响，河边树上飞下来一只阳雀。

"嗨，你好啊，水牛大哥。"阳雀热情地跟水牛打招呼。

"你来这里做什么？"水牛抬起头问阳雀。

"喝水啊。"阳雀回答。

听到这话，水牛立刻笑起来："你那么大点，还用得着到这么大的河流来喝水吗？随便找几滴水不就得了吗？"

"不然，不然。"阳雀笑道，"你不知道，我比你还能喝呢！"

"不可能！"水牛嗤之以鼻地说道。

"不信咱就比比啊。"阳雀挺挺脖子说道，"你先来，你喝不动我再喝，咱看看谁能把河水喝少。"

水牛一听，二话没说就低下头，张开大口用力地喝了起来，可是不管它如何努力，河里的水就是不见少。一个小时之后，水牛的肚子已经鼓得像个横放的大缸，它再也喝不下去了。

这时，阳雀飞过来，把嘴伸进了水里，还没几分钟，水便明显地减少了。

"哎呀，阳雀小弟，你可真是太厉害了，原来你真的比我能喝啊！"水牛惊呼道。它永远不知道，阳雀之所以在这个时候把嘴伸进水里，是因为它知道河水马上就要退潮了。

大道理

几乎没有什么事情不能靠智慧解决，而智慧又永远比力气有力量。那些想都不想便使用蛮力去拼的人，不但会成为智慧者的臣民，还会连自己是怎么输的都想不明白。

18. 天堂与地狱

一个生前经常行善的人死后见到了上帝，便向上帝请教那个他好奇了一辈子的问题：天堂和地狱有什么区别。于是上帝便让天使带他去参观一下天堂和地狱，让他自己去感受。

天使首先带他来到了地狱。只见房中摆了一张很大的餐桌，上面放满了色香味俱全的丰盛佳肴和十几把几尺长的大勺子。

"这是地狱？"善人有点迷惑，地狱里的生活怎么会这么好呢？

"不要着急，慢慢看。"天使微笑着提醒他道。

正说着，进餐的时间到了。只见地狱里的人一个接一个地走进房间开始吃饭，可是勺子实在是太长了，尽管他们每个人都非常努力，却依然无法把勺子里的饭送到自己口中，所以这些人全都饿得骨瘦如柴、有气无力的。

看过了地狱，天使又带着善人来到了天堂。但是没想到，天堂里竟然摆着和地狱里一模一样的一桌佳肴，而且还是那样的大勺子。

"这，你是不是弄错了？"善人非常惊讶。

"不，你看他们。"天使微笑着指着吃饭的人们。

原来，由于勺子太长，天堂的人们都在相互喂对面的人吃，这样，不但谁都能吃饱，还促进了彼此的关系。现在他们每个人脸上都挂着满意的微笑，显然吃

得非常愉快。

　　善人一下子明白了：看来，是生活在天堂还是地狱，只看你愿不愿意跟人合作啊！

> **大道理**
>
> 　　每个人的才能和力量都是有限的，单靠自己，有些事情往往难以做到。学会与人合作，不仅是生存的前提，还是快乐的源泉。

19. 施氏与孟氏

　　春秋时期，施姓人家有两个儿子，一个爱好学术，一个精通兵法。爱好学术的儿子以仁义之说来游说齐王，齐王闻之有理，遂命其为众公子的老师。精通兵法的儿子以用兵之道来游说楚王，楚王大喜，也重用了他，任命其为军师。靠着这两个儿子，施家不仅衣食无忧，还盛名远扬，这让两位老人感觉甚为荣耀。

　　看到这种情况，施家的邻居孟家很是羡慕，于是也把自己的两个儿子培养成了一个爱文、一个好武。爱文的儿子来到了秦国，可是当他以仁义之道游说秦王时，却惹得秦王大怒："当前诸侯争战激烈，我们最迫切的需要是筹集良马与军饷。

你让我以仁义来治国，岂不是让我自取灭亡！"遂下令对他施以宫刑。

好武的儿子前往魏国，以兵法游说魏王。魏王皱着眉头说："我们是个小国，民少国衰，夹在诸大国之中，尽心服从尚且不足自保，你还让我对其动武，这不是明摆着让我自取灭亡吗？"想一想又接着说道，"如果我让你全身而退，你肯定会再到别国去游说，这很可能对我国造成极大的祸害，所以……"魏王挥挥手，命人砍去了他的双脚。

看着伤痕累累的两个儿子，孟家父母捶胸顿足、痛哭不已，并不断抱怨起施氏来。

施氏正色道："凡事能把握时机者方能昌盛，断送时机者则会灭亡。您儿子跟我儿子的学问一样，结果却不同，这并非由于他们方法不对，而只是错过了时机。

"要知道天下的事情并没有永远的对与错，以前的所用，今天或许就被抛弃；而今天抛弃的，明天也许还会派上用场。这种用与不用，并没有绝对客观的标准。所以说，一个人只有懂得见机行事，才可能长久立于不败之地。否则，即使拥有孔丘那么渊博的学问，或者拥有姜尚那么精湛的战术，又有什么用呢？"

一番话说得孟家大小哑口无言。

大道理

即便一样的才华，运用的对象与时机不同，结果也会迥然不同。只有懂得变通，见机行事，我们才可能成为掌控时局的主人。

---

20. 袋鼠与围栏

动物园新来了一只袋鼠，管理员把它关在一片草地上，草地四周的围栏大概有 1 米高。

第二天早晨，管理员准备喂袋鼠时，发现袋鼠竟然在围栏外的树丛里蹦跳着。他意识到是围栏太低了，于是立刻请人把围栏的高度加到了 2 米，然后把袋鼠关了进去。

第三天早晨，管理员又看见袋鼠跑到了草地旁的树林里，于是再次把围栏加高到了 3 米，把袋鼠关了进去。

结果第四天，可怜的管理员发现袋鼠还是在围栏外站着，他真是头疼死了：难道就没有什么办法能关住袋鼠吗？

正在这时，袋鼠的邻居长颈鹿从它的围栏中探出头来，问袋鼠道："根据你的经验，这围栏到底要加到多高才关得住你呢？"

袋鼠回答说："这我可不知道，也许 5 米，也许 10 米，也许 100 米都关不住我——如果这位管理员还是忘记把围栏门锁上的话。"

大道理

有因才有果，失败的结果必然是由错误的行为引起的。如果不能正确分析失败的原因，做再多的努力也于事无补。

21. 拯救海星

大海刚刚退潮，渔民便发现自己 7 岁的小儿子不见了，他慌忙跑出去寻找。快到海边时，他看见儿子小小的身影正在海滩上一直一弯地跳舞。等到再走近些，他才看清楚儿子并不是在玩耍，而是在捡涨潮时被海水冲到沙滩上的海星，并且每捡到一个，儿子便颠着小脚丫把它送到海里去。

"你在干什么，儿子？"渔民大声喊道。

"我在拯救海星，爸爸。"儿子以稚嫩的声音回答道，然后冲爸爸做了一个表示有力量的动作。

"你为什么要这么做？"渔民奇怪地问。

"你看这些海星多可怜啊，它们被海水冲到岸上好久了，都快渴死了。"儿子一边抹汗一边回答爸爸。

"哦，我明白了。但是光这片海滩就有数不尽的海星，你这样一个一个地捡，得捡到什么时候啊？"渔民微笑着反问儿子。

7 岁的小男孩愣愣地站在那里，显然他根本就没有意识到这个问题。

"所以，快跟爸爸回家吧，这样做是没用的。"说

完，渔民便拉起了儿子的小手。

没想到儿子却固执地甩开了："不，爸爸，最起码，这只海星可以活下来。"他摊开手，在他小小的掌心里，静静地卧着一只奄奄一息的小海星。

渔民愣住了，继而，他的眼睛里含满了亮晶晶的东西："你是对的，儿子。没错，最起码，这只海星可以活下来。"说着，渔民便弯下腰，和儿子一样拯救起海星来。

是啊，虽然时间、能力等有限，很多美好的事情我们都不能做到，但是，做一些力所能及的小事，改变其他人或事物的命运，不也是一种美好吗？

大道理

一沙一世界，一花一天堂，并非只有惊天动地的大事情才能阐述世界的意义，体现人生的价值。改变命运，应从现在开始，从点滴开始。

22. 杂技团的新弟子

杂技团里刚来了个新人，教练安排他从走钢丝开始。

第一天，他总是没走几步就掉下来，摔得鼻青脸肿。

第二天，他还是没走几步就掉下来，照样摔得不成样子。

第三天，这男孩儿说什么也不起来了，抱着脑袋赖在床上喊头痛。心知肚明的教练一把把他拽起来，强行拉到了钢丝两边的台子上。

"走！"教练严厉地喊道。

迫不得已之下，男孩只好再次颤巍巍地踩上了钢丝。可能是因为紧张之外又多了一层对教练的畏惧，刚走了一步他便跌了下来。

捂着疼痛不已的膝盖，男孩委屈地哭起来，一边哭一边问教练道："老师，我是不是太笨了，为什么我老是走不好呢？"

教练在旁边长长地叹了一口气："唉，孩子，你不是笨，而是杂念太多。"

"杂念太多？"男孩不解地重复了一下这几个字，然后接着说道，"没有啊，我心里一直装着'走钢丝'几个字，绝对没有其他的念头！"

"我说的就是这个意思！你只有把这个念头也挖去，完全忘记自己是在走钢丝，忘记还有摔下来这回事，你才可能走得稳、走得长！"教练大声说道。

男孩心有所悟，立刻重新走了一次。果然，这次虽然也跌跌撞撞，但最后还是走到了头，第一次！

大道理

越是在意脚下，我们就越不容易走稳。放下得失心，心无旁骛地看问题、做事情，自己的水平才可能很好甚至是超常发挥出来。

---

23. 必胜的丘吉尔

据说第二次世界大战之前，丘吉尔曾经和德国的大独裁者希特勒在一次政府要员会晤中见过面。在会晤中某个闲暇的下午，两人在花园中边走边谈。来到一个水池边时，为了缓和所谈话题的严肃气氛，也为了暗示一下自己的必胜心态，丘吉尔忽然提议跟希特勒打个赌：看谁能不用钓具将水池中的鱼捉起来。

希特勒心想，这还不容易！谁不知道死鱼会漂到水面上来，我先把鱼打死，等它们漂上来我伸手一抓就是！想到这里，他拔出手枪便朝池中射去，但由于子弹一到水里就会失去威力，所以接连放了七八枪之后，水面上还没有一丝死鱼的影子。希特勒尴尬无比，只好搓搓手说："我放弃了，看你的吧。"

只见丘吉尔不慌不忙地把一把小汤匙从上衣口袋里掏了出来，然后走到池边，蹲下身去，开始一勺一勺地往池外舀水。

"啊？"希特勒大声喊道，"你开什么玩笑！这也太慢了，得等到什么时候啊！"

"这办法是慢了点，"丘吉尔笑眯眯地回答道，"可是你不得不承认，最后的胜利必然是属于我的。"

大道理

一事当前，人们的通病是寻找"多快好省"的巧方法，一旦巧方法无济于事，便立刻宣布放弃。其实，笨方法也是解决问题的有效途径，无计可施之下，何妨一试呢？

24. 船长的高招

第一次坐船到密西西比河游玩，某乘客对船长高超精湛的技术佩服至极，于是便找机会同船长闲聊了起来。

乘客问："船长先生，您的技术真是让人叹服，我想您肯定对这条河里的每一处暗礁都摸得一清二楚吧？"

"哦不，"船长立即答道，"不是这样的。我虽然在这条号称'老人河'的大河上已经行进了几十年，积累了不少经验，但是我并不敢说已经清楚了全部暗礁，因为这样做几乎没有任何意义，简直就是在浪费时间。"

"什么？浪费时间？"乘客大吃一惊，继而大感不解地问道，"如果连哪里有暗礁你都不知道，怎么能如此准确无误地领航呢？"

船长如同没听到乘客的疑问一般，又重复了一遍刚才说过的话："是的，弄清楚哪里有暗礁是在浪费时间。我为什么非要在暗礁之间摸索呢？对于我来说，知道深水在哪里，不就足够了吗？"

乘客一听，拍案叫绝又似有所悟。

大道理

我们需要的是成功，失败只是副产品而已。虽然失败是成功之母，可是对于我们来说，如何走向成功比如何避免失败更有价值。

25. 威廉·奥斯勒爵士的秘诀

这位年轻人名叫威廉·奥斯勒，是蒙特瑞综合医科学院的学生。眼看就要期末考试了，威廉的心里充满了忧虑，他不但担心是否能够通过考试，还担心近在眼前的毕业问题：毕业后怎样才能找到工作？怎样才能生活？自己的前途到底在哪里？自己最后将走出一个怎样的人生？

这天下午，忧心忡忡的威廉无聊地走进了图书馆，当他漫不经心地翻阅书架上的过期杂志时，某本书上的一句话忽然映入了他的眼帘。因为那句话，威廉的满心愁云被一扫而光了。他快步走出图书馆，心里充满了激动和力量，他感觉到：自己眼前的路明晰了，他知道应该做什么以及怎么做了。

许多年后，威廉·奥斯勒已经成了他那一代人中最有名的医学家，并创建了全世界知名的约翰霍普金斯大学，成为牛津大学医学院的教授，还被英国国王封为爵士。

40多年后的一天，威廉·奥斯勒爵士在耶鲁大学发表了演讲，当回答学生提出的问题"你成功的最大秘诀是什么"时，他说道："我之所以成功，完全是因为一句话的影响，那句话让我学会了活在'一个完全独立的今天里'，正因为每天我都能如此，所以才拥有了这意义非凡的一生。

"每个人的组织都比大海轮的组织要精密得多，所要走的航程也会远得多，而要想控制好这一切，时刻活在'一个完全独立的今天里'可谓是确保安全的最好方法。按下按钮，隔断那些尚未到来的明天和已经过去的昨天，然后你就保险了，因为你拥有的只是今天。另外，请养成一个'立即去做'的好习惯，要知道为明天做准备的最好办法就是集中所有的智慧、所有的热忱，把今天的工作做到尽善尽美。这也是你应付未来的最好方法和唯一方法。

"说了这么多，我终于可以把那句影响我一生的话告诉大家了，希望你们都能记住，它就是'不要去看远方模糊的，去做眼前清楚的'。"

大道理

　精心、实际地设计自己的未来很重要，踏踏实实地抓住今天更重要。所以，请不要一味去看远方模糊的东西，而应立即动手去做眼前清楚的事情。

---

26. 一根头发

春秋时期的晋文公非常喜欢吃烤肉，自然，专为他烤肉的厨师便受到了特别优厚的待遇。

这一点引起了其他厨师的嫉妒，心想自己的技术并不比他差，只不过没有得到那个机会罢了。想归想，有一位厨师还真这么做了——他偷偷地在已经烤好即将呈给晋文公的肉上放了一根头发，企图以此来激怒晋文公，治罪于烤肉厨师，然后由自己乘虚而入。

果然，晋文公看到烤肉上的头发后勃然大怒，命人押来烤肉厨师，想立即治他的不敬之罪。没想到厨师磕了个头说："公若治鄙人之罪，请将三条大罪一并惩治。"

晋文公觉得奇怪，便问他为什么自称有三条大罪。

烤肉厨师不慌不忙地说道："第一，我把刀磨得飞快，却没能切断这根头发；第二，我一个个把肉丁穿到签子上，却没发现有根头发；第三，我把炉火生得那么旺，把肉都烤熟了，却没能烧掉这根头发。"

晋文公顿时有所领悟，便问他意指何人。烤肉厨师便把那个一直跟自己过不去的厨师报了上来。

晋文公命人将之带来审问，果然，这个人一进门便双腿发抖，暴露了其心中有鬼。没问几句，他便认罪服法了。

晋文公拍拍额头："唉，我差点错怪好人。"

大道理

遇事时首先要冷静分析，不要单从事情的表面去判断其原因，然后匆忙行事。否则，就很容易让自己成为别人手中的棋子。

27. 成功秘诀

台湾有个著名的塑料制品企业家叫王永庆，他在一篇自传式的小文中，提到了自己的成长经历，读来很是令人感动。

王永庆出生在台北市新店县一个叫直潭的小地方，作为长子，他从小就承担了许多格外粗重的活计，比如挑水。还在十来岁的时候，小永庆便包下了这个任务。那时，他每天都需要很早就起床，赤着脚，扛着扁担和水桶，一步步爬上屋后200多米高的小山坡，再走到山下汲水，然后再循原路挑水回家。往往反复五六趟，连挑十几桶水后，他才算完成任务。做完这些工作之后，他便匆匆赶六里地的山路去上学。

由于从小就生活在这样的环境里，所以小永庆一直在心理上认为：这些苦役都是自己的分内之事，所以并不应该叫"苦"。可见，吃苦对于渐渐长大的他来说，已经成了一种习惯。

小学毕业后，王永庆背井离乡，来到嘉义的一家米店当学徒。一年之后，颇有眼光的父亲给他贷了200块钱，帮他开起了自己的米店。

自打有了自己的米店以后，王永庆便展开了独具一格的经营模式——他首先按买主家的人口计算出其一个月所需要的米量，然后定期主动上门寻找生意。结果，这种"服务到家"的计划给他带来了非常可观的收益。另外，在回收米款上，他也设计出了颇具自己特色的方式，即总是等到顾客领薪的日子前去收米钱，自然，十之八九他都非常顺利地拿到了钱。

有了一定的经济基础和顾客群之后，单单经营米店已经满足不了这位大器之才的心了。于是第二年，他便增添了碾米设备，开始了从原材料到成品的"一条龙"服务。当时，他米店的隔壁有一家日本人经营的碾米厂，为了跟条件优越的日本人一争高下，王永庆想出了种种省钱的招儿。辛苦劳作之下，他最终真的克服了条件上的差异，使得业绩远远超过了日本经营者。

用心经营多年之后，那种粗浅经验已经成了王永庆的一笔巨大财富。后来，他把这笔"财富"用在了自己的台塑企业管理制度上，使得新事业也更上一层楼。

"成功虽然也需要风云际会，但更重要的是，当机会来临时，你本身早已做好了准备。对我而言，这种准备是用多年的吃苦换来的。"王永庆这样总结道。

大道理

"怕吃苦，苦一辈子；不怕吃苦，苦半辈子。"所以，成功的秘诀就是——吃必要的苦，耐必要的劳；并在其间积蓄起寻找和迎接成功机会的能力。

---

28. 罗斯福夫人的忠告

一天，某报的记者前去采访罗斯福总统夫人，接近尾声时，这位记者问出了这样一个问题："尊敬的夫人，您能给那些渴求成功特别是那些年轻的、刚刚走出校门的人一些建议吗？"

总统夫人先是谦虚地摇了摇头，然后她便回忆起自己年轻时候的一件事来。

几十年前，还不是罗斯福夫人的她尚在本宁顿学院念书。为了更好地锻炼自己，她决定边学习边做份工作，并且最好是在电信业，因为这不仅是她的兴趣所在，还可以让她顺便多修几个学分。于是，她让父亲帮自己联系一下。没过多久，父亲的朋友、美国无线电公司的董事长萨尔洛夫将军便约她前去见面。

当她单独见到萨尔洛夫将军时，对方直截了当地问她想干份什么样的工作，并要求她说出具体工种来。可是当时的她却想：只要是电信业，任何工种我都喜欢，所以她回答："随便哪份工作都行！"

不想这句话却险些激怒了对面的将军，只见他立刻停下手中忙碌的工作，用严厉的目光打量起这个不知所措的年轻姑娘来，然后非常严肃地说道："年轻人，世界上并没有一类工作叫'随便'，成功的道路是用目标铺成的！"

顿时，她面红耳赤，但是这句发人深省的话却从此伴随了她一生，并时刻激励着她认真地去对待每一份新的工作。

"如果非让我给那些渴求成功的人士一句忠告，那我就把这句话告诉大家吧：世上没有一类工作叫'随便'，成功的道路是用目标铺成的。"罗斯福夫人最后说。

> **大道理**
>
> 世界上并没有"随便"这类工作，任何成功的道路都是用目标铺成的。如果有谁随随便便地对待工作和时间，那他必然也会随随便便地对待自己的人生，最终一事无成。

29. 采访沃尔顿

沃尔玛公司是全球最大的零售业之王，它的创始人是萨姆·沃尔顿。

一次，《财富》杂志的一名记者约好了去采访沃尔顿，可是当他早早来到沃尔顿的办公室，等了半个小时之后，还没有看见沃尔顿出现。这时，沃尔顿的秘书刚好经过办公室门口，当看到有记者在办公室里等待时，她便说道："你在这里怎么能等到他呢，他应该在前面 20 米处的零售店门外。"

听了这话，记者立即起身去找沃尔顿，不想正好看见他在为顾客将货物装箱并抬入货车中。一个如此有钱、身份如此之高的人，居然做这些工作，真是大大出乎记者的意料。

等到沃尔顿忙完，记者问他："您不是答应我在办公室等我的吗？"

"我就是在等你啊，"沃尔顿回答说，"只不过忘了告诉你，我的办公室设在大街上，因为这里有需要我的客人。怎么？你难道认为它应该在冷气房里吗？"

说完，沃尔顿一笑，又弯下腰去干另一批活了。结果，整个采访过程都是在他的劳动过程中进行的。

"沃尔顿家族是做零售小生意的，而我却非常富有。那些做大生意的人，也未必能像我这么有钱。"沃尔顿自豪地说。

采访完毕后，记者随沃尔顿参观了整个超市。当看到客人们排起长队付钱时，记者禁不住连声夸赞他生意真好，谁知沃尔顿却说："如果真成功的话，就不用客户排队付钱了，所以这证明，我们还有改良的必要，而且事实上，成功人士不单单要学习，还要不断更新我们的思维。"

记得有位哲人曾说，一个人能把握的财富就在身边25米之内，但人们却常常舍近求远，看不到身边的机会而越走越远。从记者采访沃尔顿的这个小故事中，我们是不是能够更加深刻地领悟这个道理呢？

大道理

不要抱怨自己老是失败，要知道你的失败并非因为命运不公平，而是因为你没有抓住身边组成成功的每个微小分子，却只顾着看前方成功的荣耀。

30. "第一CEO"的故事

杰克·韦尔奇出生在一个极普通的美国家庭，他身材矮小，其貌不扬，而且还有点口吃，但是，他却是一个争强好胜的小男孩。

在塞勒姆高中读最后一年时，杰克参加了学校的冰球队，并担任副队长。当那个赛季最后一场冰球赛来临时，他决心带领全队打一场精彩的球，以便"在学校的历史上留名"。的确，在前三场比赛中，他们分别击败了三个球队，连赢了三场。可是不料，接下来的六场比赛他们居然全都输掉了，而且其中五场都是因为一球之差。所以，当最后一场比赛到来时，全队都极度渴求起胜利来，作为副队长的杰克更是力挽狂澜，独进了两球。顿时，大家都信心十足，觉得运气相当不错。确实，那是一场十分精彩的比赛。最后，双方打成了 2 比 2 平，使得裁判不得不宣布进入加时赛。谁知正是在短短 3 分钟的加时赛里，对方又进了一球——杰克的球队又输了！这已经是他们连续第七场失利了。

沮丧之下，杰克愤怒地将球棍摔了出去，然后头也不回地冲进了休息室。正当大家在换冰鞋和球衣时，休息室的门突然被打开了，杰克的母亲闯了进来。只见她一把揪住杰克的衣领，大声训斥起来："你这个窝囊废！你干吗那么自信，那么争强好胜！如果你不知道失败是什么，你就永远都不会知道怎样才能获得成功。如果你真的不明白这一点，你就最好不要来参加比赛！"

由于在朋友面前遭到了羞辱，小杰克当时既委屈又愤然，但是母亲的那句话却如同烙印一般刻在了他的心上，并对他的一生都产生了重大影响。那句话不仅让他明白了竞争的价值，更让他知道了如何面对胜利的喜悦和前进中不可避免的失败。

在这样一位好母亲的教育下，小杰克渐渐长大了。1960 年，他加入了由托马斯·爱迪生创建的通用电气公司（GE）。20 年后，他成了该公司历史上最年轻的董事长兼首席执行官。在接下来的 20 年中，他大刀阔斧地进行改革，不仅为 GE 的股东们创造了巨额财富，使 GE 成为全球第一大公司，还塑造了最优秀的企业文化，使它成为世界各大公司的最佳楷模。而他本人，也获得了"第一 CEO"的美誉。

可是，一直到成为所有 CEO 效仿的典范，杰克依然把自己的绝大部分成就归功于母亲，"我一直记得高中时的那件事……"他说。

大道理

要想获得成功，你必须首先学会失败，如果不知道失败是什么，你永远都不会知道怎样才能成功。因此，如果你根本不想失败，那你最好什么也不要做。

31. 卢拉的故事

卢拉出生在一个条件非常贫苦的家庭，为了维持生计，他 3 岁就上街给人擦皮鞋，12 岁就到洗染店当学徒，14 岁就进厂做工，承担了一个成年人的任务。下面关于他的这则小故事发生在他读小学期间，顺便说一下，小学他只读了 5 年，并且一生只读过这 5 年小学。

一个秋天的傍晚，十来岁的卢拉放学回家，在准备开门时，他却发现钥匙找不到了。于是小卢拉一下子慌了——爸爸妈妈都在外面工作，星期天才能回来，这可怎么办啊？想了许久，他开始用自己的胸卡去捣鼓那把锁，可是塑料卡怎么能奈何得了"铁将军"呢？不一会儿，胸卡就被捣烂了，但锁却依旧纹丝不动。坐在房门下休息了一会儿，小卢拉打起精神转到了房子后面，看样子他只有跳窗户爬进去了，可是窗子是从里面关死的，不砸坏根本就无法进入。为了不给自己找更多的麻烦，他费劲儿地爬上房顶，准备从天窗跳进去。

这时候，邻居博尔巴先生看到了他，一下子大喊起来："孩子，你想干什么？"

"我的钥匙丢了，我没法从门里进去了。"卢拉回答道。

"钥匙丢了，难道你就不能想点别的办法吗？"对方问。

"我已经想尽了所有的办法。"卢拉委屈地嘟囔道。

"不，你根本没有想尽所有的办法！"博尔巴先生以一种教训的口气说，"至少你没有请求我的帮助！"

"你？"卢拉有点迷惑地重复了一下，"门是锁着的，你能怎么办呢？"

博尔巴先生不说话，只是从口袋里掏出钥匙，转眼就把卢拉家的锁打开了。顿时，小卢拉蒙了。原来，妈妈走的时候曾给这位邻居留了一把自家的钥匙，以防儿子遇到麻烦。

这时，只听博尔巴先生对卢拉说："碰到难题时，请求别人的帮助也是解决之道。"

这句话一下子把卢拉震住了。从那天后，无论遇到什么难以解决的事情，他都会不由自主地想起博尔巴先生，想起他的这句话。

靠着"别人的帮助"，渐渐长大的卢拉越走越顺利。几十年后，这位出身贫寒、只读过5年小学的卢拉，已经通过选举成了巴西总统。对于巴西乃至全世界的人民来说，这都如同一个现代神话，但是，它的确是真的。

大道理

求助也是解决之道。遇到问题时，人应该首先独立思考，争取自己解决，一旦不能成功，就应该真诚地去求助能帮助自己解决的人。大多数人是愿意帮助你的，这样，就再不会有什么困难能阻挡住你前进的脚步。

32. 弗雷德先生的教诲

学校自办报纸《校园新闻》刚一成立，14 岁的沃尔特便自告奋勇地报名当了小记者，因为他从小就对新闻非常感兴趣，做记者更是他的梦想。

为了表示对这份报纸的重视，学校从休斯敦市的某日报社请来一位名叫弗雷德·伯尼的新闻编辑做兼职教师。弗雷德先生很敬业，他每周都会准时到沃尔特所在的学校讲授一节新闻课程，并指导《校园新闻》报的编辑工作。

有一次，弗雷德先生指定由沃尔特负责采写一篇关于学校田径教练卡普·哈丁的文章，沃尔特很高兴地答应了。但由于当天有一个同学聚会，他最后敷衍了事，随便写了篇稿子交了上去。

第二天，弗雷德先生把小沃尔特单独叫进了办公室，指着那篇文章说道："孩子，这篇文章很糟糕，你根本没有问他你应该问的问题，也没有对他做全面的报道，你甚至连他是干什么的都没有搞清楚。"

顿时，小沃尔特面红耳赤，尴尬万分。

这时，弗雷德又说了一句令他终生难忘的话："你应该记住一点，如果你认为有什么事情值得去做，就得把它做好。"

这件事算不得什么大事，所以很快就过去了，但是弗雷德先生说的那句话却足足影响了沃尔特的一生。在此后 70 多年的新闻职业生涯中，他始终牢记弗雷德先生当年的教诲，对新闻事业忠贞不渝。正因为这种负责态度，他最后成了美国著名的电视新闻节目主持人——沃尔特·克朗凯特。

大道理

　　如果有什么事情值得去做，你一定得把它做好。如果连值得做的事情都做不好，你还能做成什么事呢？又有谁肯给你做事的机会呢？

33. 卖梳子

某公司又给员工们出了那个著名的试题："把梳子卖给和尚"，并且明确声明，不许克隆前人的经验，比如借梳子已经开过光吸引和尚等。接到"任务"之后，3位营销员各自背上几百把梳子就去了寺院。

第一位营销员想来想去没想出什么好办法，只好扯着嗓门大喊自己的梳子物美价廉，就算用不着买了也不吃亏。结果他一把都没卖掉。

第二位营销员还算聪明，他介绍经验说：经常用梳子梳头皮，可以活络血脉，有助于益寿延年。最后，他卖掉了十几把。

第三位营销员回到公司时喜气洋洋。"我全卖光了，"我对住持说，"你看香客们磕完头以后头发总会乱了，你把梳子摆在前堂案上，让他们可以梳梳头发，这样他们便会感觉到您的菩萨心肠，下次拜佛时一定还会再来这里。或者，你也可以在梳子上写上'积善梳'几个字，当成礼品回报给对庙堂有所捐赠的人。你想想，如果有佛家的礼品相报，那些香客是不是更会踊跃地捐赠？住持听了很高兴，不但立刻把梳子全买下了，还告诉我每隔一段时间就给他送一批货去。"众人一听，佩服得鼓起掌来。

大道理

只要肯开动脑筋去思考，任何事情都会有解决的办法。而且，没有最好，只有更好，不断地寻找更为合适的突破口，事情便总会朝着更好的方向发展。

第十二章
亲情与爱情

　　归根结底，人类是一种情感动物。一个完善的人生，亲情和爱情是缺一不可的。亲人和爱人，永远是我们最坚强的后盾，无论贫穷或富有，无论健康或疾病，甚至无论善恶。

1. 给母亲洗脚

某毕业生到一家大公司应聘，面试官最后提了一个这样的问题："你给母亲洗过脚吗？"

"没有。"这位青年犹疑了一下，红着脸答道。

"那你明天再来吧，回去之后给你母亲洗次脚，然后把你的感受告诉我。"面试官说道。

青年满心疑惑地退了出来，虽然不明所以，他还是照做了。等他把母亲的鞋袜脱掉时，他感觉自己的神经僵了，连血液都停止了流动。他突然明白了为什么面试官会出这

么一个问题：母亲的脚干枯极了，像久经风霜的老树皮一样粗糙，像水分尽失的干木棒一样僵硬。10个脚趾均已经扭曲变形，趾甲里藏满了泥垢。脚背上，好几处磨破后又新生的鲜肉痕迹。脚后跟上，粘在裂口上的白色膏药已经发黑。

青年的眼泪一滴滴落在母亲的脚上，他看到了母亲每日的拼命劳作，看到了母亲被生活重担压弯的腰身，看到了母亲强忍着的委屈与疲惫——自从父亲去世后，是母亲一个人在承担自己每年高昂的学费啊！

第二天，青年准时到了那家公司，面试官从他的表情中读出了一切，于是立刻叫秘书进来给他安排了职位。

后来，这位青年成了一名非常优秀的企业家。

大道理

付出爱，从离你最近的亲人开始。如果一个人连对自己付出最多的亲人都漠然视之，他又怎么会去关爱别人呢？而博爱之人，才能成就大事业。

2. 救命之水！要命之水！

在撒哈拉大沙漠里行走，水是最不可或缺的。你看，连以耐渴著称的"沙漠之舟"骆驼们都快支撑不住了。

这队骆驼显然是一个母子群，那只大的是骆驼妈妈，几只小的是它的孩子。在炙热的太阳下，驼队走得缓慢而无力，眼看着就要渴死了。

可是即便在生命不保的情况下，一个令人感动的细节还在重复着：骆驼妈妈不停地朝不同方向驱赶着自己的孩子，以使它们尽量走在自己的影子里，少遭受一点儿炙热之害。

终于，在黄昏到来之前，它们找到了一个不大的泉。见到清澈见底的泉水，几只骆驼兴奋地跑起来，一边跑一边打着响鼻。可是等它们来到泉水前面时，却又异常失望了：泉水深了些，站在高处的骆驼们怎么也无法喝到泉里的水。

怎么办？骆驼妈妈焦急地望着泉水，然后开始绕着孩子们走，一个接一个地亲吻着，显得极为恋恋不舍。

突然间，泉里溅起了一片白色的水花，骆驼妈妈不见了——为了让孩子们喝到救命的水，它纵身跳入了深潭，而涨高的泉水，刚好能让小骆驼们喝到！

> **大道理**
>
> 世界上最细腻的人是母亲，最伟大的爱是母爱，为了换取孩子的幸福与生命，母亲会不计一切代价、心甘情愿地去吃苦受罪，有时候甚至会毫不犹豫地献出自己的生命！

3. 永不上锁的门

某乡下一处偏僻的小院里住着一对母女，多年来一直被穷困折磨的母亲很怕遭窃，因此总是一到傍晚就在门把上连锁几道锁。为此，女儿没少跟母亲争论，她厌恶一到夏天就尘土飞扬的农村，不喜欢母亲用这么多道锁把家锁住——就像贫苦的生活锁住了自己的青春一般。

某天，因为一点小事，任性的女儿跟一直非常疼爱自己的母亲大吵了一架。半夜时分，还在负气的她决定离家出走，到自己一直向往的大都市去。

她这样做了，但花光了身上仅有的一点钱之后，她在坏人的引诱和威胁下被迫堕落了，过着出卖肉体、纸醉金迷的生活。

多年之后，她年老色衰，无计生存之下，只得靠着政府的救济苦挨时日。某天，当她又慵懒地排队等候政府的免费午餐时，忽然发现墙上寻人启事中的照片很像小时候的自己。她奔过去一看，果然是自己，旁边还画有她已经白发苍苍的妈妈，最下面则是妈妈歪歪扭扭的亲笔字："妈妈依然爱着你，无论你怎样……回来吧，我的女儿。"她顿时泪流满面。

当她跌跌撞撞跑回家时，已是凌晨两点钟，她不想打扰已经睡熟的母亲，于是便决定在门口坐到第二天天亮。没想到身体刚倚上门，门便吱吱嘎嘎地开了，夜里两点钟，家里的门竟然没有锁！"难道，难道家里进了贼不成？"她大吃一惊，立刻推门而入。

"谁呀？"母亲那熟悉又苍老的声音立刻传了出来，然后又突然换成了惊喜的语气，"是你吗？孩子？是你回来了吗？"

"妈……妈……"女儿泣不成声地回复着母亲。

"孩子，妈妈终于等到了你！你知道吗？自从你走后，家里的门就再也没有锁过，我怕你好不容易回来的时候，因为进不了家门而再次转身走开。要是那样的话，我可能就再也见不到你了。"妈妈紧紧地搂住女儿说。

大道理

对于任何人来说，父母的爱之门会无条件地永不关闭。朋友、爱人等皆有可能忘记我们、抛弃我们，唯有父母之爱永远存在，永远不变。

4. 另一个儿子

在美国历史上的诸位总统中，杜鲁门算是极为著名的一位。他的家庭条件不算好，职业生涯也算不得顺利，但是最后他终于克服重重困难，坐在了总统宝座上。

在他当选美国总统后不久，一位记者去他的家乡采访他的母亲。聊起儿子的奋斗经历，已经白发苍苍的母亲真是滔滔不绝，一直到最后，她布满皱纹的脸上都挂着极为自豪的表情。

"有哈里这样杰出的儿子，您一定感到十分自豪吧。"记者不失时机地恭维道。

"当然，当然是这样。"杜鲁门的母亲十分赞同地说道，"不过，我还有另外一个儿子，他也同样使我感到自豪。"

接下来，这位母亲便开始给记者说起她另外一位儿子的奋斗经历，的确，听起来这也是一位坚韧不拔、忠诚可靠的优秀人物。有这样的儿子，身为母亲当然也会感到自豪。

正说着，一位风尘仆仆的年轻人从外面进来了，肩上扛着好大一袋东西，母亲见状赶紧起身走过去帮忙。

"他是谁？"记者问道。

"我的另外一个儿子。"母亲回答。

"他是做什么的？"记者疑惑了。

"哦，他是个农民，刚从地里给我挖土豆回家。"母亲的回答非常出乎记者的意料。

大道理

孩子的成就高低并不会影响他在母亲心中的地位。只要能认真做事、自食其力、快乐生活，每个孩子都值得母亲骄傲。

5. 买幸福

"爸爸，我想问你一个问题。"小男孩站在门口，怯怯地对正欲出门的爸爸说。

"说吧，快点。"爸爸很着急，他需要多一点时间工作，那样才能赚到更多的钱养家。

"你1小时能赚多少钱？"小男孩问。

"10块钱，怎么了？"爸爸反问。

"那，你可以给我5块吗？"小男孩的声音低低的，好像有点害怕。

爸爸当时就火了："你又想干什么？买玩具？我给你买的玩具还少吗？爸爸整天这么累，这么忙，还不是为了多赚点钱让你生活得更幸福，你怎么一点也不理解爸爸，还任着性子花钱呢！"

小男孩当时就吓得哭了起来，爸爸似乎有点心疼了，所以不耐烦地从兜里掏出 5 块钱说:"拿去,拿去。"

拿到这 5 块钱,小男孩一下子破涕为笑了,他转身跑进自己的房间旋即又跑回来,小手里抓着一把毛票,连同那张 5 块的钱一齐塞到爸爸手里:"爸爸,这是 10 块钱,我想买你 1 小时,让你陪我吃顿晚饭,因为我觉得那样会很幸福。"

爸爸一下子愣住了,然后他含着泪花缓缓蹲下身去抱住儿子:"好,我答应你,宝贝儿。并且,从今天开始,爸爸会天天陪你吃晚饭。"

大道理

时间可以换来金钱和幸福,但金钱却换不来时间和幸福。如果有一天,你可以用金钱买来时间和幸福的话,请一定要好好把握住,要知道,那绝对物超所值。

6. 半年前后

半年之前,这个家庭正濒临破裂。女主人因为琐碎零乱的家务而忧愁不堪,每次照镜子,镜子里都会是一张充满疲倦的、灰暗的脸,眉毛紧拧着,嘴角下垂着,眼里装满烦忧。而男主人则因为辛劳的生活和超负荷的重担不住地抱怨,有时他还会借酒消愁,喝醉了就把老婆、孩子一顿乱打。

"真的支撑不下去了,我有好几次都想提出离婚。"女主人说。

半年之后,这个家似乎是全世界最和睦友爱的家庭。房间内外总是被收拾得干干净净,女主人本身也整齐利落,最重要的是,她的脸上永远挂着迷人的微笑。而男主人,每天进门之后,都会首先给妻子一个吻,然后帮着妻子做家务。做这一切的时候,他的脸上也会永远挂着微笑。

"为什么会有这么大的变化呢?"

"因为它。"女主人微笑着指指背后的门,门上贴着一张纸条:"进门前,脱去烦恼;回家时,带上快乐。"

大道理

家庭是一个情感银行,家人的情绪是其中的储蓄。如果你储存的是快乐,你便能收获带着利息的更多快乐;如果你储存的是烦忧,得到的自然是更多的烦忧。

7. 儿子与车

攒了数年的钱，罗伯特先生终于买下了自己梦寐以求的那款车。他美滋滋地把车开回家，然后到水房提水，准备清洗一下。

5岁的小儿子看到这里，很想帮父亲一把，于是便跑到厨房把妈妈平常洗碗用的钢丝球拿了出来，蘸一蘸父亲刚提来的水，就开始使劲儿擦起这部新车来。

父亲的心情很是愉快，他一边摇着手里的抹布一边朝这边走来，等走到跟前时，他才发现自己的儿子正在干什么。

"噢，上帝！"罗伯特心疼地大叫了一声，只见车身上，随着儿子手中钢丝球的运动轨迹显现出一道又一道的花纹！

听见父亲的叫声，小儿子高兴地抬起头来："爸爸，我要帮你一起擦车，你看——"儿子的小手指着刚擦过的地方，当他的小脑袋随之转过去时，他才看见那些刺眼的花纹。

儿子显然是吓坏了，他满目惊恐地垂下头去，两条小腿不停地打战，心惊肉跳地等着即将到来的责罚。

"我该怎么做？我该怎么惩罚我的儿子？这可是我新买的车！"父亲心里的怒火不停地翻滚着，陷入了极度的矛盾中。但是突然，他蹲下身去，抱住了自己哭泣的儿子："傻孩子，谢谢你帮爸爸擦车。爸爸爱车，但更爱你。"

大道理

是否应该惩罚孩子，标准在于他做事的初衷而非事情的结果。因为，如果这两者不统一的话，他其实已经受过了惩罚。

8. 最漂亮的和最丑陋的

"干吗去呀，猫大哥？"看见一只健壮威武的大花猫在林子里散步，猫头鹰打招呼道。

341

大花猫瞅了它一眼："我到林子里来散散步，顺便捉几只鸟吃。"

"啊，猫大哥，"猫头鹰一听急忙讨好道，"咱们都姓'猫'，可是一家人，看见我的孩子，你可千万要口下留情啊，想想看，它们不也是您的晚辈嘛！"

"行，"大花猫懒懒地答道，"那你告诉我你的孩子长什么样吧。"

"我的孩子是这个林子里最漂亮的鸟，它们羽毛柔顺，眼睛明亮……"猫头鹰赶紧形容道。

没等它说完，大花猫便打断道："最漂亮的是吧？行，我记住了。"然后就走了。

大花猫在林子里溜达着，每遇到有鸟窝的树它都会爬上去看看。它一会儿看到刚破壳的画眉，一会儿看见还不会飞的黄鹂，还有几只惊恐万分的小杜鹃，可是它们都长得那么漂亮，大花猫再垂涎欲滴也是不能吃的——答应了人家就要做到，这可是它一向遵守的处世原则。

终于，那窝最丑陋的小鸟给大花猫找到了，看着它们乱蓬蓬的羽毛，向外鼓起的难看的眼睛，大花猫一口咬了下去：这肯定不是猫头鹰的孩子。

但是猫头鹰回到家时，却发现它的孩子一个都不见了，只有几根猫的胡须静静地躺在窝里。

大道理

谨防爱的误区。你可以在想法上认为自己的孩子是最好的，但是如果实际行动中你也对他们的缺点视而不见，结果只会是害了他们。

---

9. 永恒的母爱

儿子满1周岁了，登山运动员夫妇决定送给儿子一份特殊的礼物——带他攀登家乡的山，那座山有3000多米高。

在一个风和日丽的日子里，这对夫妇抱着孩子出发了。刚开始，一切看起来都平安无事，但午后2点左右，山中突降大雪，气温骤降了20几度。夫妇俩赶紧抱着孩子躲进了山洞，准备等雪停了再走。可是老天爷就像是在跟他们作对，大雪一直到夜幕降临还没有停的意思。

看着儿子因为饥饿不住地哇哇哭，妻子撩起衣服就准备给孩子喂奶，不想手却被丈夫一把按住："不行，你会冻死的！"是啊，在这种气温条件下，如果再损耗体能，妻子就会必死无疑。可是一个小时、两个小时过去了，雪还在下！妻子几乎疯了似的求着丈夫，她不能眼睁睁地看着儿子饿死。终于，她以体温下降了2摄氏度为代价换来了儿子的温饱。

在接下来的一夜里，为了保证孩子的体能，妻子一次又一次给儿子喂着奶。

第二天早晨，当救援队发现他们时，小儿子正在已经冻僵了的爸爸的怀里安然无恙地睡着，他们的旁边，就是那位已经被冻死，但还保持着喂奶姿势的母亲！

后来，丈夫坚持把妻子喂奶的姿势雕成石像，让这份母爱能够永远地流传。

大道理

当与母爱相连时，任何东西都能变得神圣。即便是一个普通的姿势，只要倾注了生命的爱，也可以伟大并且永恒。

10. 独生子

老李快 40 岁时才有了一个儿子，老来得子的他简直把这个儿子看成了稀世珍宝，含在嘴里怕化了，放在手里怕掉了，天天目不转睛地看护着儿子。

儿子五六岁时，偶然有一天，老李发现他竟然跟着大孩子们在村口的河里玩，老李的心瞬间揪紧了——盼了几十年，才盼来这么一个宝贝疙瘩，整天在水里来来去去的，岂不是太危险了吗？不行，得赶快想想办法。

那天晚上，老李和老婆第一次下狠心打了孩子，还编造了许多关于水怪、水妖的故事吓唬他。紧接着，他们就关着他看着他，甚至威胁不给饭吃，就是为了让孩子有所顾虑，不再踏上河岸半步。每逢外面有孩子呼朋引伴地去玩水时，老李夫妇就赶紧把儿子拽进屋里，再不行就用严厉的目光浇灭他的渴望。

几年后，一场史无前例的洪涝灾害突然降临了，村里的老老少少们赶紧逃生。幸好他们的孩子从小在水里玩惯了，游泳技术一流，所以不费吹灰之力就逃出了死亡圈。可是老李夫妇呢？丢下孩子吧，他们舍不得，不丢吧，自己的性命都难保。正当他们不知如何是好时，又一大股洪水涌来了，儿子连同他们的包裹一下子都沉向了水底。

悲伤的父母欲哭无泪，他们太爱儿子了，可是他们只知道溺爱，始终都没有明白：对于在河边长大的孩子来说，让他们学会游泳，才是对他们最大的爱。

11. 家是什么

第二次世界大战时期的某个晚上，一个喝得醉醺醺的中年男人躺在了美国洛杉矶的街头。警察走过去，呵斥他快点起来回家。

"我没有家！"醉汉恨恨地甩出一句，扭头看了警察一眼。这时候警察才发现，原来对方是当地的一位富翁。于是他指着不远处的别墅问醉汉道："那难道不是你的家吗？"

"那是我的房子！"醉汉反驳道。

警察顿时无语了。也许在他的心中，房子跟家没有什么区别，但是对于富翁来说，"家"一定还有其他的意义。

后来，警察了解到，这位富翁原本是犹太人，由于希特勒的灭绝政策，他们全家十多口人几乎全遭了毒手。慌乱中，富翁带着两个幼小的孩子幸运地逃了出来，却又在一次敌机袭击中离散了。想想自己一个大人都九死一生，那两个尚不足10岁的孩子又怎么可能逃得过呢？所以从那以后，尽管富翁不惜重金买下了这幢豪宅期待有朝一日能跟儿女共享，却在与家人团聚之前怎么也不肯承认这是他的"家"。

一年之后，这位警察很偶然地从流浪儿的花名册上看到了一位名叫达娅的犹太小姑娘，这个达娅与他了解的富翁的女儿简直一模一样，所以他赶紧通知富翁前来认领。不到半个小时，富翁便急匆匆地赶来了。当看到达娅时，富翁两眼放光，一把把女儿搂进了怀里，悲喜交加地喊道："我终于又有家了！"

站在一旁的警察顿时领悟了富翁心中其实也是许多人心中的"家"的意义。

12. 奇怪的脚印

有一个基督教徒毕生都在虔诚地信奉上帝，按照上帝的规则，他死了之后，进入了天堂。

当他从天堂往下看，回顾自己一生所走过的道路时，他很惊讶地发现了一个现象：从儿时到年青再到老年，贯穿他一生的，都有另一双脚印相伴随。但是，那双脚印并不是时时刻刻都有的，偶尔地，它会消失，让路上只剩下他一个人的脚印。值得一提的是，当只剩下他一个人的脚印时，刚好是他人生最低潮、最悲观、最痛苦的时段。

他怎么想也想不明白这是怎么回事，于是便回头问上帝："上帝，那个一直伴随着我的人到底是谁？"

"是我。"上帝微笑着回答说。

"天哪，不可能！"基督徒立刻否定道。

"为什么不可能呢？"上帝反问。

"如果是您的话，您怎么会在我最不如意的时候离开我呢？您说过，您会一直与我同在。"基督徒不解地说道。

"我并没有食言，我的确一直在伴随着你啊，孩子。"上帝有点奇怪了。

"可是你看，在我人生最糟糕的时候，只有一组足迹。这难道还不足以证明那时候你离开了我吗？"基督徒委屈地说道。

"哦，我可爱的孩子，你错了，那些时候之所以路上只有一组足迹，是因为我在背着你走。"上帝回答道。

大道理

上帝存不存在谁都不知道，但在我们的一生中，有个人的爱却的的确确不曾离开，并且当我们经受考验与挫折时，她会毫无怨言地将我们背起，这个人叫母亲。

13. 怜悯可以走多远

这个男孩天生内向，一直到上小学，他还保持着沉默寡言的习惯。这本不是什么大问题，可是当老师提问他，他还是一声不吭时，老师便无法忍受了。他把男孩的家长叫到了学校，声称他们的儿子智力上有问题，甚至建议让他们的儿子退学。

那天放学后，男孩受到了父亲严厉地训斥："除了养猫、养狗、捉老鼠之外，你什么都不会，什么心都不操，我看你以后怎么过！你简直就是在辱没你自己，辱没我们的家庭！"男孩委屈地流下了眼泪，但是很快，他就又一个人坐在房后花园里看花草小虫了。对于他来说，除了妈妈，这是唯一能给他安慰的东西——老师冷落他，同学讥笑他，父亲训斥他，连姐妹们都瞧不起他。

说到他的妈妈，那真是位伟大的女性，她毫不理会别人对男孩的奚落，她坚信儿子是最好的，只是欠缺一个发现他长处和优点的人而已，所以她一直坚定不移地支持着、护佑着儿子。以至于丈夫很不屑地对她说："你这是怜悯，不是教育，你这样会毁了他的一生！"但是不管怎么着，母亲就是固执地安慰和鼓励着小儿子。

她很支持孩子到花园中去，而且任由他目不转睛地观察那些花草昆虫，因为她觉得孩子在这方面似乎很有天赋。比如他总能比其他孩子更快地辨认出各种不同的花草，总能回答出妈妈都认为比较刁钻古怪的问题。

对于妻子的做法，丈夫一直坚决反对，他认为这种怜悯对儿子的成长毫无益处。但是幸好这位妈妈始终如一地坚持了下来，这才有了后来震惊全人类的生物学家——达尔文。

大道理

每个孩子都是带着一项独特的使命来到世上的，但由于这项使命神秘莫测，很多人终生都未能知晓其内容，更没有完成。帮助孩子找到他们的使命，并树立起完成这项使命的信心，是做父母的重要责任。

14. 老题新问

"你和你的母亲、妻子、儿子正同乘一条船游玩，忽然一阵狂风吹来，船被打翻了，你们四个人同时落水。如果你只能成功救上一个人，你会选择救谁？"

某电视台"大家乐"节目现场，主持人正在用这道老题向前来参加节目的五位丈夫发难。

提问结束后，主持人把话筒递给了第一位丈夫。只见他皱了皱眉头，决心很大地答道："如果只能救一个，我就选择救妻子。因为母亲已经走过大半人生，而儿子——"他咬了咬嘴唇，"只要妻子活着，我们还可以再有孩子。"

话筒传到了第二位丈夫的手中，他也同样犯难地回答道："我选择救儿子。因为他还小，还没有看过大千世界和享受过人生。"

第三位丈夫歪着脑袋想了想，这样回答："当然是救离我最近的那个了。"他的回答顿时引来了观众的一片哄笑声。他的确很聪明。

现在轮到第四位丈夫了，观众们看到他的眼睛先转了一下，然后才答道："我选择救儿子的母亲。"——呵，这个人一定是个老油条，谁知道他口中的"儿子"是指他自己还是他儿子！

第五位丈夫接过话筒半天没吭声，在主持人的催促下，他的眼睛里忽然含满了泪水："我还是谁都不救吧，因为救了谁同时又都是害了他。母亲会失去她宝贝的孙子，妻子会失去她视为命根的儿子，儿子会失去这个世界上他唯一的妈妈。"

"不！"未等这位丈夫说完，观众席中就有人声嘶力竭地大吼了一声。大家回过头去一看，原来是位年过半百、头发花白的老太太。

"妈，你怎么嚷起来了。"台上的第五位丈夫顿时不知所措。

"我不是嚷，我是着急！"老太太眼睛里面含着泪水说道，"大家都掉到河里去了，儿子你也是啊，妈妈要救你！"

一句话让全场都静了下来，随后，便传来了众人的啜泣声。

大道理

看自己时，母亲是个盲人，从来看不到自身的不幸；而看儿女时，母亲是天底下最心明眼亮的人，孩子的一切幸与不幸都逃不过她的眼睛，因为她是用爱在审视。

---

15. 过河

傍晚快涨潮时，摆渡人越来越忙了——大家都急着早点赶回家去，免得再过一会儿浪头太大，摆渡人收摊回家。果然，半小时后，眼看着浪头越来越大，摆渡人准备停船了。

"老人家，等一等。"不远处有4个人边向岸边跑边大声喊着摆渡人。等他们走近了，摆渡人看清这4个人分别是官人、商人、大侠和樵夫。

"老人家，您把我们渡过去吧。"4个人同时说道。

"浪头太大了，我不敢再渡了。"摆渡人摇了摇手。4个人急急地跟他说了半天，他才同意再渡最后一趟。不想大伙还没来得及高兴，他又来了一句："我的船太小，每次只能渡1个人，你们谁先来？"

这下子，4个人可争开了，口沫横飞了半天，谁都说服不了谁。

"这样吧。"摆渡人开口了，"你们各自说说自己的特长，谁能打动我，我就送谁过去。"

"我先来，"官人向前一步道，"我手中权力无穷，脑中智慧多多。如果你肯渡我过去的话……"

"那就让你的权力和智慧送你过河吧。"摆渡人面无表情地说了一声，转向商人，"你有什么特长？"

"我有的是钱！"商人一边说，一边急急解下肩上的褡裢，"如果你肯送我，我愿意给你两倍的钱。"

"你呢？"摆渡人转向了大侠。

大侠双眉一竖，抽出半截剑道："我的特长就是武术，如果你敢不渡我，我就……"

"你有什么特长呢？"摆渡人打断大侠的话，转向了樵夫。

"我，我，"樵夫一急之下，哭了起来，"我不当官，没钱也没武功，看来我是过不了河了。可怜我的妻子和孩子啊，他们还在等着我卖掉这担柴买米下锅呢！"

"哦，那你上来吧！"摆渡人出人意料地说，"真情是最珍贵也最有用的特长。"

大道理

真情永远是人性中最珍贵的底色，当权势、金钱、武力等都苍白无力时，它依然能够唤发出无穷的力量，打动人心。

---

16. 两个电话

电话亭里一个顾客也没有，老板正无聊地坐在电脑前玩着扑克牌。这时，一个男孩进来了。男孩坐下来，开始拨电话。不知为什么，当电脑上显示"电话已接通"时，男孩忽然放下了听筒，大概 5 秒钟之后，他才又按下了"重拨键"。

通话后，老板转过身来收钱。

"第一遍占线？"老板问道。

"没有。"男孩回答。

"哦，我知道了，给女朋友打的吧！"老板换上一副"恍然大悟"的表情，"吵架了？"

"哦，不，是给家里打的。"男孩回答。

"给家里？那干吗要拨两遍号啊？第一遍没想好说什么？"老板不解地问。

"不是，"男孩微笑道，"我爸妈都是急性子，一听到电话响就着急去接。有一次，为了不让我在这边等急了，妈妈从院子里拼命往屋里跑，经过门槛时，一下子绊倒了，弄得膝盖肿了好几天。从那时候起，我就跟父母约定，每次打电话我都会拨两遍，第一遍拨通就挂。这样，他们就会有足够的准备时间，最起码不用再跑了。"

听到这里，老板的眼睛微微有些发红，也许是为了掩饰，他立刻接过男孩递过来的 5 元钱，找了零钱，让男孩走了。

透过玻璃，老板看到男孩的身影越来越远，然后拐了一个弯，不见了。

"妈妈，是你吗？"一听电话接通，老板立刻冲听筒喊道，"妈妈，我要跟你做个约定。以后啊，我每次给家里打电话都打两遍……"

孝顺父母，不仅仅是物质上的赡养，还包括精神上的体贴和心灵上的安抚。而且相比前者，后者往往更重要，也更让老人欣慰。

17. 血色母爱

这是一个发生在奥地利的真实故事。

故事的主人公是一位刚满13岁的女孩罗莎琳和她的母亲。罗莎琳是个不幸的孩子，她刚出生不久，父亲就去世了。为了不让女儿再度遭遇可能的不幸，年轻的母亲选择了独自生活。她找了一份清洁工的工作，靠微薄的薪水养育着幼小的女儿。尽管有坚强母亲的用心护佑，可是贫困的家境、他人的歧视和欺侮，还是让罗莎琳长成了一个性格孤僻、胆小羞涩的女孩儿。

好在不管日子多么难过，小小的罗莎琳还是一直享受着"幸福"的感觉，因为她尚且拥有世界上最伟大、最纯洁、最不顾一切的母爱。可是有一天，上帝连她的母亲也夺去了。

那是2002年春天的一个下午，为了锻炼女儿的胆量，母亲带着她去阿尔卑斯山滑雪，不想在雪地里迷了路。没有任何雪地自救经验的母女俩惊慌失措，吓得大声呼救起来，谁知呼救声竟然引起了一连串的雪崩，她们一下子被埋进了深雪里。

出于求生的本能，两人一直拼命地刨着雪，但当历经千辛万苦爬出雪堆时，黑暗的天色却令她们更加茫然不知归路了。

忽然，半空中传来了救援直升机的声音，母女俩顿时喜出望外地摇起手来，可是由于两人都穿着与雪色相近的银白色羽绒服，救援人员始终未能发现她们。

在冰天雪地里苦熬了一夜之后，体弱多病的罗莎琳已经昏了过去。望着女儿年轻娇嫩的面容，绝望的母亲做出了一个惊人的决定……

罗莎琳醒来时，发现自己正躺在医院里，而从未离开过她的母亲却不在身边守候着。

"我妈妈呢？"她十分虚弱地问道。

医生告诉她：为了救她，她的母亲用岩石片割断了自己的动脉，然后围着她爬了一个大大的圆圈，让血迹把女儿包围起来，以便让救援人员注意到。当救援人员发现时，母亲已经死去多时。

"妈妈——"罗莎琳撕心裂肺地哭起来。

在场的人都默默流着泪，谁也没劝罗莎琳，大家都知道，什么语言都劝阻不了失去母亲的悲痛，这是一个人所能经历的最悲惨的事情。

大道理

没有任何东西能让人无比幸福和富有，除非是拥有母亲的爱。没有任何遭遇可以称得上"悲惨"，除非是失去了母亲的爱。

---

18. "铁娘子"与出色的家庭主妇

在这个小故事中，"铁娘子"和出色的家庭主妇是同一个人，都是撒切尔夫人。

1979 年 5 月，撒切尔夫人——一个杂货店老板的女儿，当选了英国历史上第一位女首相，并且连任两届，执政时间长达 11 年之久。你也许不相信，这样一位叱咤风云的政坛领袖，居然同时是一位出色的家庭主妇。

每天早晨 6 点钟，撒切尔夫人会准时为丈夫丹尼斯准备一杯滚烫的咖啡和一份可口的早点。某天，她在一场重要会议散场时看了一下手表，然后顺口说道："哦，时间还来得及，我要赶到街口的食品店为丹尼斯买些他喜欢吃的熏肉。"这句自言自语的话几乎令所有听到的人都大跌眼镜，谁都不敢相信，刚刚还雷厉风行、无比刚毅的撒切尔，竟然在一瞬间变成了温柔体贴的好妻子！

那么，这位举世闻名的"铁娘子"何以会有这份柔情呢？关于这一点，撒切尔夫人曾经坦言："家庭生活是否幸福，会对一个人产生巨大影响。"也许正是因为明白这一点，她才做到了与丈夫长期友好相处，共同创造幸福生活吧。

的确，现实生活中，撒切尔夫人非常关心丈夫，并且相当支持他的事业。同样，丹尼斯也在方方面面给予了撒切尔充分地关心和支持。他们夫妇二人有着共同的政治观点，兴趣爱好也大致相仿，比如都喜欢看书、结伴旅行、听音乐，等等。最值得一提的是，做家务时，撒切尔夫人会不厌其烦地告诉丈夫应该怎样去做，并且自己也包上头巾、系上围裙，和他一起做。

由于以上种种原因，这对夫妇的家里总是充满温馨和幸福。正如撒切尔夫人所说，这种幸福给她带来了"巨大影响"——她可以永远不被家庭烦恼所打扰，永远把充沛的精力放在事业上。

大道理

一屋不扫，何以扫天下！虽然说人与人不同，擅长的方面也不同，但作为女人，有能力管理家庭者当然更容易学会治理国家。

19. 父母之爱

这是一个美满幸福的家庭，由夫妇二人和3个女儿组成。多年来，一家人始终相亲相爱，小日子过得有滋有味。

一年夏天，经过父母的允许，三姐妹驾车去郊外旅游。由于两个姐姐早就取得了驾照，而且有丰富的驾驶经验，所以新近拿到驾照的妹妹只能半是羡慕半是嫉妒地看着姐姐们驾车而行。

很快，大姐和二姐便看出了妹妹的心思，于是她们商量，在繁华的闹市区由她们两人驾车，到了人烟稀少的地方，就让小妹练练手。这样，到了郊外时，驾驶位置上就换成了刚满16岁的妹妹。第一次享受到给家人当司机的感觉，小妹兴奋得有说有笑。可是，由于缺乏经验，本想在红灯亮起之前闯过路口的她，心慌之下未能如愿，反而和一辆从侧面驶过来的大卡车相撞了。事故的最终结果是：大姐当场死亡，二姐头部受伤，她腿骨骨折。

接到电话后，心急如焚的父母立刻赶到了医院。尚清醒的妹妹本以为会被父母狠狠地责怪，不想父母却只是紧紧拥抱着她和二姐，热泪纵横。然后，父母抬手擦干了两个女儿脸上的泪痕，开始谈笑，就像什么事情也没有发生过一样。

从那件事到现在，好几年过去了，对于这两个幸存的女儿，尤其是对她，父母始终温言慈语，行为出乎所有人的意料。终于有一天，她忍不住问父母，为什么一直不教训她，要知道大姐可是死于她闯红灯所造成的车祸。

父母温和地看着她，淡淡地回答道："你大姐已经离开了，无论我们再说什么或者做什么，她都不可能起死回生。而你还有漫长的人生，如果我们责难你，你就会背负着'造成姐姐死亡'的沉重心理包袱，进而丧失一个完整、健康和美好的未来。你们姐妹仨都是父母的宝贝儿，我们怎么愿意失去一个后再失去另一个呢？"

听完这话，一向坚强的妹妹一下子热泪纵横了。

大道理

不幸的事件发生后，当事者应从中汲取教训，第三者应宽恕原谅做错事的人，因为事后的责备不但一点用处也没有，还可能让情况变得更糟。

---

20. 一包瓜子仁

一个年轻人因为犯罪被判入了监狱，母亲天天都觉得愧对儿子，觉得是自己教育不当使儿子犯了法，虽然儿子所犯的罪行与母亲根本没有任何关系。

在一个探监的日子里，这位老母亲来到了监狱。与她同行的有很多探监人，他们纷纷拿出自己为亲人买来的物品，比如巧克力、CD机、新衣服以及各种只有城里才有的新鲜玩意儿。轮到这位来自农村的老母亲时，大家都静静地扭过头来看着她，想知道没有钱买东西的她会给儿子带来些什么。

果然，她没能拿出令人眼睛一亮的礼物来，她掏出来的只是一包葵花子，但是，这些葵花子全都没有皮。她告诉儿子："这些瓜子是娘自个儿种的，在来之前的那几天，我先炒熟了，然后又全嗑好了，因为我怕你在狱中劳动没有时间嗑……"

顿时，众人的眼睛全都蒙上了一层水。

也许，在这位母亲的眼里，儿子永远都是个好孩子，好孩子犯了错，别人不原谅，但作为母亲，自己是必须原谅他的。

不得不说的是，起初那位犯罪的儿子对母亲的到来不冷不热，可是当他看到母亲掏出来的一大包瓜子仁时，两行热泪便不由自主地滚落了下来。他明白自己家里的境况，知道母亲千里迢迢来探望他，肯定是先节省了好几个月的日常开支，又卖掉了家里的什么东西。还有，这么一大包瓜子仁，母亲是多少个夜晚不睡觉才嗑完的啊！想想自己作为儿子，现在本应该是奉养母亲的时候，而自己非但不能，还要让老母亲为自己担惊受怕，这是何等的不孝啊！

"好好改造，争取提前出狱"的念头是不是在儿子流泪的那刻形成的，谁都不知道，但是大家后来都看到了，这个原本被判 10 年徒刑的年轻人，仅服刑 6 年便被提前释放了，而且在后来的许多年里，他一直安分守己、至孝至诚。

大道理！

母爱的力量是其他情感都无法企及的，包括爱情。它不但能宽恕一切无知与罪恶，还能把一切无知与罪恶挽救成善良与赤诚。

---

21. 晏子拒婚

晏子是春秋时期齐国的名臣，以才华闻名于朝野之中，齐景公在为宝贝女儿挑选女婿时选中了他。娶这样一位知书达理的绝代佳人不知道是多少人的梦想，可是晏子却一点也高兴不起来，因为他早已与原配夫人誓同生死。

想来想去，晏子决定冒死拒婚，于是他把齐景公请到了自己的家里，让自己的夫人前来斟酒侍奉，然后故意表现出对夫人的怜惜疼爱。等夫人退下去之后，齐景公道："唉，你的夫人真是又老又丑啊，比我那年轻貌美的女儿差远了。"

晏子等的就是这句话，他立刻跪下去，恭敬地回答道："臣的糟糠之妻的确是又老又丑，可这是因为她把最美好的年华都给了我，在我耗尽了她的美貌之后，又怎么可以弃她于不顾呢？再说，婚姻本来就是两个人相互托付终身的大事，我娶了她，就是接受了她的托付，就是承诺了终身照顾她，而守诺是任何一个人都应该遵循的道德准则，身为君侯将相者更应当以身作则。所以，请您收回成命，允许我对我的妻子遵守诺言。"就这样，晏子拒绝了这门婚事。

大道理

婚姻，是两个人相互托付终身的人生"大"事，一旦走入，便不论岁月变迁、容颜老去，双方皆要严格遵守对另一方的庄严承诺，不可因对方年老色衰而心猿意马。

---

22. 斗牛士与爱情

在以斗牛著称的西班牙，美丽的姑娘波西与一位勇敢的斗牛士相爱了。偷尝了爱的禁果之后，两人约定了婚期——万圣节时，会有一场全民瞩目的斗牛竞技赛，赢得那场比赛后获得的丰厚奖金将足够他们举行婚礼。

这一天终于到来了，在观众的欢呼声中，斗牛士走进了竞技场。1次、2次……他全神贯注地与那头雄壮的公牛交锋着，波西目不转睛地盯着心爱的人，心里一直在紧张地祈祷着。眼看着鲜血淋漓的公牛渐渐体力不支，斗牛士的心头掠过一丝兴奋，胜利在即了！但是万万没想到的是，当他挥舞长剑准备最后一刺时，脚下的一个小坑让他的身体失去了平衡，恰在此时，愤怒的公牛冲了过来，用锋利的牛角刺穿了他的心脏……

20年后，另一位勇敢的斗牛士取代了他在人们心中的位置。在又一次全国斗牛大赛中，这位年轻的勇士获得了骄人的成绩，看台上掌声雷动，一位年近半百的妇人此时却老泪纵横，只见她双手合十，抬头望天，喃喃地自语："你看到我们的儿子了吗？……"原来，她是波西！而台上这位年轻的勇士，就是她与斗牛士的儿子！

大道理

　　真正的爱情犹如一块璞玉，岁月是无法摧毁和磨蚀它的，而只会把它雕琢得越发璀璨与珍贵。真正的爱情也是能够穿越时空的，即使阴阳相隔，只要心中有彼此，眼前的一切也会成为爱的见证。

23. 绝世恋情

　　美国加州攀岩俱乐部是爱好无防护攀岩的人士组成的一个组织。这个组织最大的规则就是：无论多么艰险，攀缘时都必须徒手，不能借助任何辅助性的工具。

　　罗夫曼和妻子莫莉亚丝都是这个俱乐部的忠实成员，此时，他们正和其他成员一起攀登一个陡峭的悬崖。也许是习惯了这样的挑战吧，两人看起来相当轻松，就好像在游山玩水一般，不一会儿，他们就成了众人们仰视的风景。

　　眼看着身手敏捷的罗夫曼就要到达顶峰了，下面的人们情不自禁地为他鼓掌欢呼起来。可是就在此时，不幸发生了，罗夫曼突然惨叫了一声，他失足了！他的身体迅速向山下跌去，而山下，就是深不见底的万丈深渊！位于丈夫左下方五六米的妻子莫莉亚丝被这一幕吓呆了，但是经过零点几秒的反应之后，她做出了一个惊人的动作——毅然脱离了崖壁，准确地搂接住了正在跌落的丈夫，两人紧紧拥抱着，一齐坠向深谷……

大道理

　　生命诚可贵，爱情价更高。真正的爱情绝不只是花前月下、甜言蜜语，而是命运相连，福难同当。在面临生死抉择的那一瞬，虽然付出自己的生命不一定就能挽救对方的生命，但是却一定能够挽救爱情！

24. 寻找自己

　　风景如画的溪流边，两位偶遇的年轻男女一见钟情，相互倾诉爱慕之后，两人相拥而去。

　　数日之后，那位年轻的姑娘又重新回到了溪流边，她坐在一块大石头上，盯着东去的溪水陷入了沉思，美丽的脸上闪着迷惑的神色。

　　"你怎么了？美丽的姑娘。你看起来好像心事重重。"一位大哲学家走过来问她道。

"我丢了东西。"姑娘回答道，"几个月前，我和他在这里相遇，然后我们相爱了。可是自从爱上他之后，我就发现我弄丢了我自己。我活在他的世界里，随着他的着急而着急，随着他的失落而失落。他开心了我才会快乐，他忧伤了我也会高兴不起来。见不到他的时候，周围的一切都成了他，而见到他的时候，他又成了一切。我似乎是因他而生，也要因他而死。我很迷惑，我不知道自己到哪里去了，所以我来到这里，想寻回原来的自己。"

没想到，哲学家听完后哈哈大笑起来："这就对了，我亲爱的孩子。当爱情产生时，两个人便会融为一体，他的自我会占满你的空间，你的自我也会填充他的世界。如果不是这样，你们就根本没有相爱。所以，你不应该来这里，而应该去他的世界里寻找你自己。"

大道理

相爱之后，便会你中有我，我中有你。两个人的相爱，就像两条河流相遇，会消失在彼此的情感里，融合成一个新的整体。

---

25. 弯曲的雪松

在加拿大，有一条奇特的山谷，它两坡的植物大相径庭：西坡松树、柏树杂树丛生，东坡却只有雪松。这个现象引起了众人包括一些植物学家的兴趣，但是无论如何，他们也研究不出个所以然来。

他们是一对正面临婚姻崩溃的夫妇，来此地旅游就是为了回顾一下当初的爱情，然后平静地说分手。很不巧，他们刚到达山谷，纷纷扬扬的大雪便下起来了，不一会儿，山谷里便白茫茫一片了。没办法，他们只好找个比较平坦的地方搭起帐篷，暂时躲避一下风雪。当从帐篷里面往外看时，两个人几乎同时发现了一个现象：由于山谷的地形所致，风总会把更多的雪吹向东坡。这样，相比西坡的松柏们，这些雪松自然要承受更多的压力，但是当雪积到一定厚度，眼看着雪松就要被压折时，它富有弹性的枝丫总会向下弯曲，让雪滑落下去。

"东坡原来也肯定长过好多杂树，只是它们的枝太硬，弯曲不了，所以全被大雪摧毁了。"妻子漫不经心地说道。

突然，两个人都因为这句话愣住了，不是因为发现了东西坡的秘密，而是发现了维持婚姻的秘诀！

大道理

两个并不完全相同的人在一起生活，磕磕碰碰总是难免的，适当地包容和低一下头，才能保证婚姻之树常青。如果一味坚挺，别人会累，你自己也会折断。

---

26. 爱的秘密

一位老人在即将离世时，拉过老伴的手："我要告诉你一个爱的秘密，这个秘密压在我心底已经很多年了，它一直在折磨着我，压抑着我，让我寝食难安，良心不宁。"

老伴笑了笑，脸盛开得像一朵大菊花："你是说齐璇的事吗？"

老人惊讶地睁大了眼睛："你，你是怎么知道的？你什么时候知道的？"

老伴依然在微笑着："20多年前我就知道了，给你洗衣服时我从衣袋里发现了那封信。"

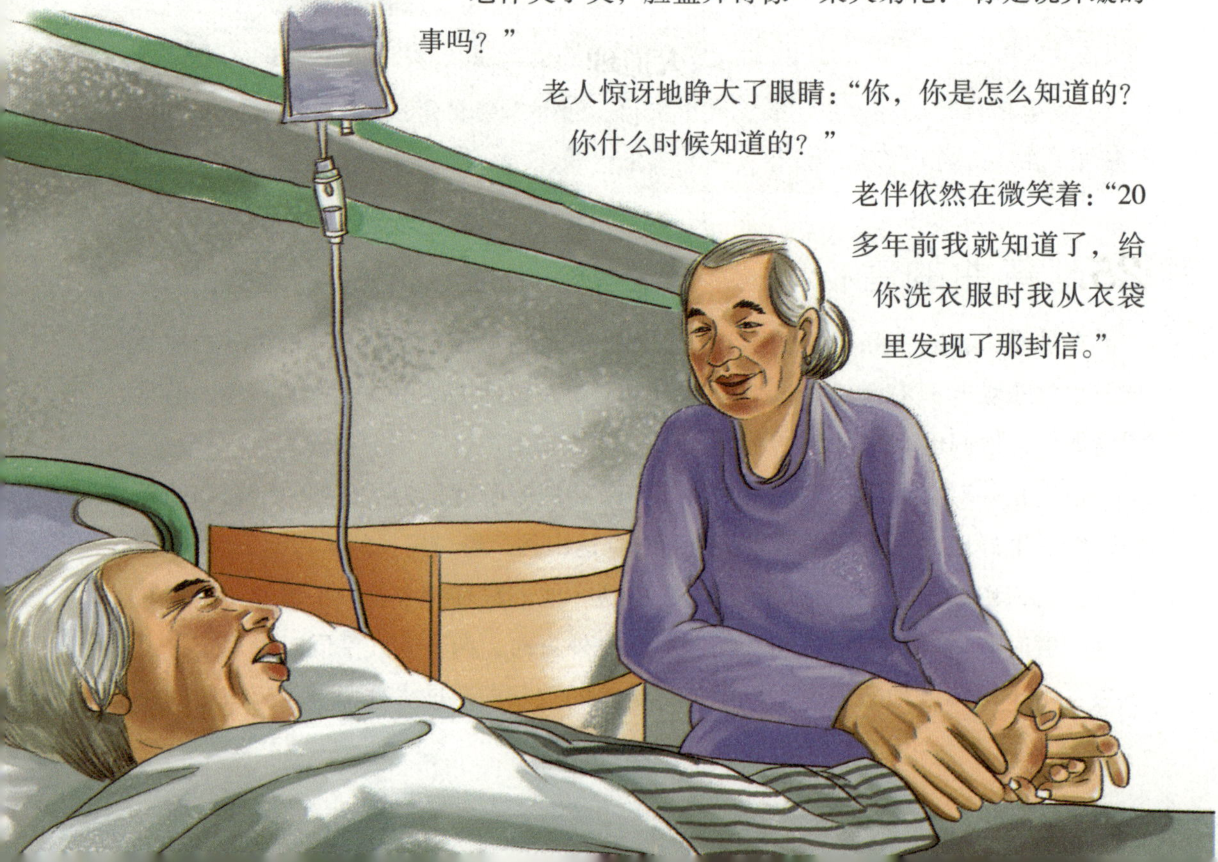

老人拍拍额头："那你恨我吗？"

老伴静静地看了老人一会儿："如果你真想听实话，那我就告诉你，我不恨，一点也不恨。现在，除了那个名字，那封信的内容我已经一点也不记得，但是，我们之间的点点滴滴我却记得清清楚楚。我记得，我生了女儿之后小腹受寒一直在痛，你一个大老爷们儿竟然坐在灯下一针一针地给我缝着前片双层的内裤；我记得，那次下大雨我忘了带伞所以等雨停了才下班，出了工厂门发现你在等我，浑身都湿透了；我记得，我的牙掉了以后你再也没买过一次你最爱吃的天津麻花；我还记得……"

老伴没有注意到，老人已经溘然长逝了，脸上带着一种倏然明了的微笑。

> ### 大道理
>
> 世界上任何人与事都不会完美无瑕，婚姻亦是。把眼睛放在太阳的万丈光芒而非那几粒黑子上，是我们幸福一生的最大秘诀。

27. 麻将刘戒赌

麻将刘原名刘恒，因为非常喜欢打麻将而得此外号。看到丈夫一赢就兴高采烈，一输就垂头丧气，贤惠的妻子小春决定劝导他一下。当然，聪明的她虽然生气丈夫的好赌，却晓得不能硬碰硬，所以便非常温柔地对丈夫说道："其实你完全可以不难过的。"

"我输了好几千哎。"小刘嚷嚷道。

"你为什么要说自己'输'了呢？你完全可以说自己'花'了嘛。如果把打麻将当成赌博，你肯定会为自己的失误后悔不迭，但如果把它当成一种娱乐，认为不过是花钱雇了几个人陪你玩，一切不都好了吗？"小春说。

小刘抬起头来看着妻子，似乎若有所思。小春笑笑又接着说道："这不过是一种娱乐，就像打保龄球、唱卡拉 OK 一样。你晓得没有不花钱的娱乐，所以就干脆把输钱当成正常，把赢钱当成捡便宜得了。谁都知道，便宜捡多了必然有大亏吃，所以还不如不捡这个便宜呢。"

想想妻子的话有道理，小刘便开始琢磨：反正到哪儿花钱也是花钱，我干吗又花钱又让自己不舒服呢，干脆我去玩别的得了。

就这样，没过多久，好赌的小刘竟然改掉了多年的坏习惯。

> ### 大道理
>
> 人和人的相处之道，学问颇多，夫妻之间更是如此。夫妻是共同体，针尖对麦芒，一定要分出胜负是不可能的。比较起来，适当妥协，用更柔和的态度处理遇到的问题，反而会收到更好的效果。

28. 两个女人的婚姻

姚丽和李如是老乡、好朋友，还一直是同学，谈恋爱时，那两个男孩又恰巧是好朋友。两个人的前半生是如此的相似，她们的后半生还会相似吗？

作为护士，姚丽非常爱干净，不管冬天夏天，她每晚睡觉前必然会洗澡，而且不但自己洗，还强烈要求老公也洗。她的老公是一位建筑师，每天都忙得要死，晚上12点钟以前很少能回来，所以无论是精力、时间，还是作为男人的本身习惯，他都不愿意天天洗。可是姚丽每次都不依不饶，不洗的话就不让他进屋睡觉。1年后，老公终于受不了了，向她提出了离婚，尽管两个人还互相爱着。

那么李如怎么样呢？她很幸福。是不是她和她老公之间一点摩擦都没有？不是的。她的老公有一个癖好——哪怕是洗了几遍的苹果，他吃时也要削掉厚厚的一层，说"皮上有农药残留"。李如心疼这种浪费，跟老公吵了好几次，不见效之后她改变了策略——反正自己不觉得有事，那就干脆把老公削掉的皮吃掉呗，这样就既不用吵架，也不会浪费了吗？就这样，两人一直过得很和谐。看来，结婚并非是选择爱情，而是选择生活方式。不懂这一点的人，恐怕永远不会得到幸福。

> ### 大道理
>
> 婚姻的组建是源于爱情，其破裂却未必是因为没有了爱情，维系婚姻的钮带除了爱情，更重要的是改变自己与宽容对方。

29. 寻找完美的女人

他是一个非常自恋的男人，自觉只有最完美的女人才配得上他，所以他发誓一定要找一个无可挑剔的女人，否则就不结婚。从此，他就开始了一生的寻觅。

时间匆匆而过，一年又一年，男人渐渐从一个活力四射的小伙子变成了眼角长鱼尾纹的中年人，又从中年人变成了两鬓苍苍的老者。直到死前，他依然是孤身一人。

"难道这么多年，你就从来没有碰到过一个你心目中的完美女人？"一位儿时的伙伴问他。

"我碰到过一个。"他说。

"哦，快说说她是什么样的。"那位老人问。

"她真是个完美到极致的女人，美丽无比、身材一流、学识出众、人品优良、家庭出身也极好，真的是个无可挑剔的女人，恰恰符合我心目中追求的标准。"他的脸上挂着一丝微笑，似乎沉浸到了对初遇女郎情景的回忆中。

"既然这样，你干吗不娶她为妻啊？"另一个老人显然非常不理解。

"没办法，"这个人摇摇头，满脸的遗憾，"她也在寻找一个完美的男人啊！"

"哦，那她现在肯定也是孤身一人。"另一个老人说道。

大道理

没有谁会十全十美，即便再慎重地对待婚姻，都不能追求完美无缺，否则，我们将注定孤独。其实，除了婚姻，这个道理还适用于世界上的很多事情。

30. 园林与棺材

古印度时，国王有位美若天仙的妃子，两人一直相亲相爱、举案齐眉。可是天妒红颜，不出几年，妃子便患了绝症，一命呜呼了。

悲痛不已的国王不想从此再也看不见爱妃，便命人为她打制了一口透明的玻璃棺材，放在了正殿旁边的小花园中，以便日日都能见到她。

过了一段时间，国王觉得这个小花园景色太单调了，根本不配爱妃绝世清俗的容颜，便下令将小花园扩建，并搜寻来各种奇花异草种植其中。可是有花有草就需要有水，于是国王又命人开凿了一个人工湖。这样一来，原本不怎么起眼的小花园一下子变成了一个美轮美奂的人造园林。

秋天来临时，园林里各色花草树木都开始凋零，处处一片凄凉。国王知道自己的爱妃最不喜欢看到这种情景，遂再次下令召集全国的能工巧匠，在园中大建亭台楼阁，并在其上雕刻出精美的花纹装饰，甚至把一盆盆姹紫嫣红的假花放进了园中。

就这样，每隔一段时间，国王就会因为不十分满意而再修缮这个园林一次。由于大部分心思都集中在了怎么让园林更加完美上，国王去看王妃尸体的时间越来越少了。随着园林的日益美轮美奂，国王渐渐变成了白发苍苍的老人，而昔日绝代无双的王妃则早已经腐烂成了一堆白骨。

终于有一天，老国王游园时看到了已经数年不曾注意的王妃棺材，他很惊讶地愣了一下，心想这么美的园林，怎么可以让如此不协调的棺材放在其中呢？于是他挥了挥手说："把它搬出去吧。"

大道理

　　组建家庭是为了和自己心爱的人在一起，如果把心思全放到对家庭硬件的追求而非夫妻感情的培养上，不啻为一种舍本逐末的行为。它只会导致一种结果：房子还在，家却没了。

---

31. 爱的养料

这个男孩很不幸，很小的时候，他便因为患脊髓灰质炎而失去了正常走路的权利，并且连上半身也受到了少许影响。稍大一点，奶牙脱落后，他新生的牙齿又参差不齐，向外突起严重，显得非常难看。

既腿脚不便又长相不佳，这使得小男孩甚为悲观，他甚至认为自己是世界上最不幸的人，所以他沉默且忧郁，从来不肯和同学游戏玩耍，连老师提问题，他都会低着头一言不发。

某年春天，父亲忽然从邻居家讨了些树苗，叫过他们兄妹几人，每人分了一棵，然后吩咐道："大家在院子里找个地方，把它们栽下去。等过一段时间，看谁栽的树苗长得最好，我就给谁买一件他最喜欢的礼物。"

几个孩子一听，立刻欢喜地栽树去了，只有不幸的小男孩一拐一拐地慢吞吞地干着。虽然他也想得到父亲的礼物，可是一看到兄妹们那蹦蹦跳跳、自由自在的身影，一种阴郁忧伤的想法充满他的心胸：让我这棵小树早点死去吧，反正我也没有力气照顾它，它最后只能和我一样——毫无生存的希望！这样想着，男孩便放弃了小树苗，除了刚栽上时浇过一两次水之外，他再也没管过它。

不想一个月后，与兄妹的树苗相比，小男孩的那棵树居然更加绿意盎然、生机勃勃。说话算话的父亲兑现了自己的诺言，给小男孩买了一件他最想要的礼物，并且告诉他，从他栽的这棵树来看，他一定能成为一位出色的植物学家。

自从这件事以后，小男孩慢慢打开了自己的心门，变得乐观积极起来。

某天晚上，失眠的小男孩正望着月亮发呆，忽然想起生物老师所说的植物一般都在晚上生长。于是，他在好奇心的驱使下爬了起来，想去看看自己那棵小树是怎么生长的。可是当他一瘸一拐地来到窗边时，却一下子呆住了：父亲正在用勺子给自己那棵小树洒着什么。原来，父亲一直在偷偷地为自己栽种的树苗施肥！怪不得……小男孩的眼泪立刻落了下来。

多年后，这位残疾小男孩很遗憾地没能成为一位植物学家，但是他成了一个非常成功的人。

大道理

　　爱是奇迹的创造者，也是生命最好的养料。有了这种养料的浇灌，哪怕一棵瘦小枯干的树苗，都能成长得枝繁叶茂，甚至长成参天大树。

32. 你说什么？我听不到哦

经过 4 年的热恋之后，露丝·贝德小姐终于打算跟男友结婚了。

婚礼当天早上，露丝正在楼上做最后的准备时，男友的母亲轻轻地走上楼来了。这位老太太拉过儿媳妇的手，把一样东西放了进去，然后以从未有过的认真语调对露丝说道："孩子，我现在要给你一个今后一定用得着的忠告，那就是你必须记住，每一段美好的婚姻里，都有些话是应该充耳不闻的。"

露丝摊开手，发现掌心中静静卧着的，是一对软胶质耳塞。老太太的那句话和这份礼物令正沉浸于美好幻想的露丝十分困惑，她不明白在这个时候，妈妈塞一对耳塞到她手里是什么意思。但是没过多久，当与丈夫发生第一次争执时，她一下子明白了老人的苦心。

"其实妈妈的用意很简单，她是用她一生的经历与经验告诉我：人在生气或冲动的时候，难免会说出一些未经考虑的话来。而此时，最佳的应对之道就是充耳不闻，权当没有听到，而不要同样愤然地回嘴反击。否则，不但不利于问题的解决，还有可能给自己的婚姻带来威胁。"露丝感悟道。

从此之后，露丝便把"适当充耳不闻"运用到了婚姻中。的确，自从有了这个秘诀，她与丈夫的生活一直很和谐美满，再也没有吵过架。后来，她又把这句话用到了工作上，结果工作也比以前顺手了不少。再后来，已经成为美国最高法院大法官的她把这个万能的法宝公之于世，让所有人都能领略到婚姻生活的又一真谛。

大道理

适时关闭自己的耳朵或眼睛，有选择地听，有选择地说，有选择地看，是把许多毒素阻拦在门外的最佳应对之道。

33. 再画掉一个

这是美国的一所大学，一位特邀教授正在给前来听讲的人们上课，只听他说道："现在，我要和大家一起做个游戏，谁愿意来配合我一下？"

一位女士站起来，走上了讲台。

教授对这位女士说："请你在黑板上写下你难以割舍的 20 个人的名字。"听清要求之后，女士转身写下了 20 个人的名字：她的亲人、朋友以及邻居等。

"现在，"教授说道，"请你找出一个这里面你认为对你最不重要的人，然后画掉他的名字。"

女士轻而易举地便画掉了一个邻居的名字。

"和刚才一样，再画掉一个你认为对你不重要的人。"教授又说道。

女士于是又面无表情地画掉了一个。

游戏按照这种规则继续了下去。

20 分钟过去了，女士身后的黑板上只剩下了 4 个人：她的父母、丈夫和孩子。而教授的要求还在继续："请再画掉一个不重要的人。"

话音一落，原本议论纷纷的教室里立刻安静了下来，大家都静静地看着女士，都感觉这已不再是一个游戏了。而女士则迟疑着、犹豫着，久久不肯动笔。

"请再画掉一个。"教授温和却不容置否地说道。

女士慢慢地转身、举起粉笔，目光艰难地在四个人的名字上来回游动着。最后，她颤抖着，同时画去了父母的名字。

"请再画掉一个。"教授立刻又要求道，像是一个冷酷无情的命运裁判者。

"还要画掉一个？"女士情不自禁地脱口而出，脸色异常难看。

"对。"教授简洁地否定了她的怀疑。

女士转身、举手，把目光集中在了孩子的名字上，但是未等落笔，她便"哇"的一声哭了出来，看样子她非常痛苦。

教授非常平静地看着女士，不催促，脸上的表情却十分坚决。

泪眼蒙眬中，女士缓慢地画掉了儿子的名字。

"现在，请你告诉我，"教授以非常温和的语调说道，"和你最亲的人应该是你的父母和你的孩子，因为父母是养育你的人，孩子是你所养育的。而丈夫，失去之后还可以重新寻找，为什么他反倒成了你最难割舍的人呢？"

"因为，"女士紧紧地咬了咬嘴唇，平定了一下情绪，"随着时间的推移，父母会先我而去，孩子长大成人后也会离我而去，能够真正陪伴我度过一生的，只有我的丈夫。即便失去之后我能够重新寻找，可对方依然逃脱不了这个意义。"

大道理

夫妻不仅是共同劳动者和新生命的缔造者，更是唯一可以相守到老的伴侣。父母、子女或早或晚都会离我们而去，却基本不影响我们的幸福，但如果失去了爱人，我们的幸福便会成为无源之水、无根之木。

34. 两个相爱的乞丐

喧闹的大街上，一个男乞丐和一个女乞丐相遇了。恍惚间，他们都觉得好像前世就互相认识一样，所以不由得带着爱慕注视着对方。

于是，两个人都不愿再离去，而只是面对面站着，手里端着已经空了一天的碗。也许在他们的心里，那一刻的世界上只剩下了他们两个人，除此之外别无他物。

女乞丐望着男乞丐，似乎是有所乞求。

"你在乞求什么？"男乞丐好奇地问对方。

听到这句问话，女乞丐不由得生起气来："难道你还没有感觉到吗？我在乞求你的爱呀。"

这下，男乞丐也不由得生起气来了："是吗？我怎么没有感觉到呢？不过我也是只有一只空碗呀，我也在乞求你把你对我的爱全部倾入我的空碗里呢。"

女乞丐更加生气了："这么说你是爱我的了，那你为何不给予我你的爱呢？"

男乞丐随即反驳道："既然你也爱我，就应该把相同的爱给予我呀。"

就这样，两个乞丐相互乞求着，却谁都不肯主动先把自己的爱给予对方。

僵持了很久以后，他们还是谁都没有得到对方的爱。无奈之下，两个人只好都转头去向另外的人乞讨了。

大道理

索要爱情的人未必就是得到爱情的人，但从广义上说，得到爱情的人却是给予爱情的人。因为爱即是给予，而非索取和占有，给予之后，"得到"会随即而来。

第十三章
发展与教育

中国有句俗话：十年树木，百年树人。这句话揭示了教育的价值。它是以知识为工具教会他人思考的过程，思考如何利用自身所拥有的，创造更高的社会财富，实现自我价值。小到作为个体的人，大到一个国家一个民族，要想进步与发展，都应该重视教育的作用。

1. 纸牌与人生

艾森豪威尔是一位极为著名也极受美国人民尊崇的总统，之所以能成长为如此优秀的人物，与他母亲对他的教育不无关系。

一天下午，年轻的艾森豪威尔跟他的家人坐在一起玩纸牌游戏。没想到连续几次下来，艾森豪威尔皆抓了很坏的牌，所以一次接一次地输。当再次抓到那些讨厌的牌时，艾森豪威尔显然有些气急败坏。母亲看出了他的不高兴，便问他怎么了，他回答说自己的手气太差了，想重抓一次。

"不行，"母亲很果断地说道，"不管怎么样，你都必须把你手里的牌玩下去，而且要争取打赢。试试看，我想你可以的。"在母亲的鼓励下，这次艾森豪威尔果然打得不错。

游戏结束后，母亲语重心长地对艾森豪威尔说道："玩牌跟人生其实是一样的道理，只不过人生的牌是由上帝来发的。不管怎么样，上帝发的牌你都必须拿着，而且还要尽力争取最好的结果。"

听到这句话，艾森豪威尔顿悟了，此后，他一直牢记着母亲的教诲，无论遇到什么情况，都不会去抱怨，而总是以积极乐观的态度去迎接命运的安排与挑战，尽量处理好每件小事。终于，他成功地竞选上了美国的第三十四任总统。

大道理

人生是一张单程的车票，起始的基点我们永远无法选择，但在此基点上，是建筑平房草屋还是高楼大厦，却把握在我们自己的手里。

2. 招宝儿的尿

招宝儿是当地无人不知、无人不晓的大财主钱大元的儿子。这老财主斤斤计较一生，积蓄起万贯家财，正愁无人继承之际，招宝儿"应运而生"，老来得子的钱大元对他自然甚为溺爱。

这天，招宝儿爬上路旁的一棵大树玩，正巧树下走过一位秀才，招宝儿淘气地从上往下撒尿，浇了秀才一头。恼怒的秀才跟财主辩了半天，财主连道歉也不肯："你都这么大人了，跟一个孩子计较什么！还读书人呢！"

秀才刚走，又来了一位丝绸商，招宝儿又把一泡尿撒到了商人头上。商人抬头一看是招宝儿，立刻转怒为喜道："哟，我说是谁这么机灵呢，原来是小少爷您啊。嗯，我这批丝绸肯定能卖个好价钱，你看，这还没到家就天降金水了。我从城里带回来的这个小玩意儿就送给您啦，以后我这生意还得靠您罩着呢。"

招宝儿得了玩具，高兴极了，心想原来从树上往树下的人头上撒尿有这么多好处。于是等到这位满脸横肉的大盗贼从树下经过时，他也一泡尿撒了下去。横行霸道的盗贼哪受过这种气，抽出刀来就把招宝儿给劈成了两半。

> **大道理**
> 孩子的性格是因受鼓励而形成的。如果做了错事、坏事反倒受到鼓励，他就会在这条路上越走越远，直至受到不能承受的惩罚为止。因此，身为父母者应当明辨是非，时时警醒。

3. 丁丁的苹果

丁丁是个5岁的小男孩，因为家里三代单传只有他这么一根独苗，所以他从小到大受尽了宠爱。可以说，他就是全家的皇帝，如果他说往东，家里人谁都不敢往西，包括辈分最大且已年近七旬的爷爷奶奶。

为了让儿子明白"尊老爱幼"的道理，爸爸给丁丁讲了无数遍"孔融让梨"的故事。最后，从没吃过一点亏的丁丁终于不情愿地把自己的大苹果送到了爷爷嘴边。从未受过这种待遇的爷爷"受宠若惊"，立刻满心欢喜地赏了孙子一大把糖。

丁丁一看，哎呀，只要把大苹果送到大人嘴边，就可以得到更多好吃的东西啊。这下，他几乎没有犹豫便养成了"尊老爱幼"的好习惯。每逢有什么好吃的东西，他总是迫不及待地抓到自己手里，然后挨个"孝敬"。当然，被孝敬的人也会跟那天的爷爷一样，不但夸奖丁丁几句，还会另外给他一些奖赏。

一天，爸爸的上司因为有急事来到了丁丁的家里做客。丁丁一看，立刻很懂事地给客人拿来了一个大苹果。当时家里人都乐坏了，心想事虽不大，全家人可是在领导面前挣足了面子。果然，那位上司一边接苹果，一边摸着丁丁的头夸奖起来："真是个乖孩子。"然后，本来不爱吃苹果的他装成爱吃的样子，大口咬了苹果一下。不料这一口居然咬出了麻烦，丁丁先是一愣，继而躺在地上大哭大闹起来，一边哭一边还把自己知道的所有骂人的词全搬了出来。

面对这突如其来的变故，全家人顿时不知所措，那位面子大受打击的上司尴尬无比地坐了几分钟，最后只得怏怏而去。

看来，即便鼓励式教育收效甚好，也要看怎么个鼓励法，如果运用不当，孩子不但不会日渐成器，还有可能形成畸形心理。

大道理

没有不合格的孩子，只有不懂教育的父母。每个孩子都是一块浑然天成、纯净无瑕的美玉，为人父母者只有泾渭分明、赏罚有度地去雕琢，他才可能成长得美好且有用。

4. 小偷与小提琴家

埃德蒙先生刚到客厅，就听见楼上有轻微的响声。"有小偷！"他立刻反应道。

他迅速跑上楼去，果然，房间里有一位十二三岁模样的陌生少年正在摆弄他的小提琴。他头发蓬乱，衣衫寒酸，不合身的外套里面鼓鼓囊囊地装了些东西，毫无疑问，他就是那个小偷。

看到有人到来，那个满脸稚气的孩子眼中顿时充满了惊恐。埃德蒙先生静静地看了他一会儿，突然微笑着问他道："您是主人的外甥吧，欢迎你。我是他的管家，我已经听说了您要来，但没想到这么快。"

少年眼中的恐惧慢慢消失了，他放下小提琴："我舅舅出门了吧，我先出去转转，一会儿再回来。"埃德蒙先生点点头："你也喜欢小提琴吗？"

"是的，非常喜欢，但是我拉得不好。"少年回答。

"那就拿这把琴去练习一下吧。"埃德蒙先生把小提琴递给了少年。

……

几年之后，埃德蒙先生应邀担任一次音乐大赛的决赛评委。最后，一位年龄不大的小男孩获得了小提琴的第一名，当埃德蒙先生见到这位叫里特的男孩时，他的眼睛顿时湿润了，原来，他就是几年前出现在自己家里的那个小偷！

> **大道理**
>
> 对待已经知错的孩子，适度的宽容并不等于放纵，而且，相比硬性的批评责骂，它不但更有利于维护其尊严，还更有益于他的迷途知返。

5. 一枚硬币

圣诞节快到了，班里的孩子们都兴奋地猜测着今年父母会送给自己什么礼物。的确，他们完全有理由猜测，他们的家庭条件太好了，父母不可能不送他们礼物。而自己，小莱斯低头瞅瞅自己寒酸的衣服，摇了摇头。

圣诞节终于到了，那些富家子弟的父母们果然没让他们失望，你看看他们得到的礼物是多么令人羡慕啊：梦寐以求的新衣服、最新款式的照相机等，甚至还有一个孩子得到了一辆崭新的跑车。看到这里，小莱斯低下了头，他的手里只有一枚硬币。父亲给他时，说了一句话："用它去买份广告报纸，翻翻其中的兼职栏，找份你能干得了的工作吧。你已经9岁了，该自己养活自己了。"

"我虽然按照父亲的意思做了，但一直认为他是在跟我开玩笑。一直到16岁参军，我才明白那是一份什么样的礼物。因为那一枚硬币，我找到了一份帮垃圾站分类垃圾的活儿，并且一直干了6年。这6年不但让我从孩子长成了大人，还让我懂得了生活的真正意义，拥有了养活自己的能力。我知道了，其他孩子得到的只是一件礼物，而我的父亲却给予了我整个世界。"已经是上校的莱斯泪光莹莹地说。

大道理

与其给孩子充分的笼中食物，不如给他一把开启世界的钥匙，因为前者会有吃光的一天，后者却能取之不尽，让他终身受益。

6. 最后一课

孩子们快毕业了，校长来给他们上最后一堂课。

校长走进教室，用粉笔在黑板上画了一道直线，然后问孩子们道："在保持这根线不动的基础上，有哪位同学能够让它变短一些？"

问题一出，下面的同学立刻炸开了："啊？这问题本身就是矛盾的嘛，不动又变短，怎么可能？""校长怎么会犯这种错误？""我好像听说过这个问题，但忘了答案。"……

同学们七嘴八舌的，谁都想不出个所以然来，甚至一致认为是校长出错题了。

"除非让神仙来，才能既不动它又让它变短。"一个小男孩调皮地喊道。

"但是，这个神仙就是你们自己，因为你们都能做到。"校长大声说道。

"我们都能做到？"孩子们迷惑地面面相觑。

"是的，的确是你们谁都能做到，就像这样，"校长说着，转过身去在那道直线的下面画了一条更长的直线，然后回过头来问学生道，"现在你们看，上面这根线是不是变短了呢？"

"真是哎！"孩子们惊讶地高呼起来。

这时，校长意味深长地说道："同学们，上面这根线是别人，下面这根线是你们自己。看到了吗？只有想法变长自己这根线，才可能让别人的线变短。"

7. 动物学校

动物王国首所公立学校开学了，动物妈妈们纷纷把自己的孩子送去学校里接受教育。为了让学生们得到全面发展，校长把课程定得很广泛：爬树、游泳、跑步、飞翔……而且规定每位学生都必须全修，期末考试时，只有每门功课都及格，学校才会准许它毕业。

但是出乎大家意料的是，期末考试过后，全校所有的学生无一能拿到毕业证。这是怎么回事呢？说起原因，动物们真是各有苦衷：

小猴子爬树得了满分，跑步成绩却一般，最糟糕的是游泳和飞翔，全是零分！"我没有翅膀，怎么可能飞得起来嘛！"小猴子满脸委屈。

小鱼更苦恼了，因为它除了游泳得了满分外，其他 3 项无一及格，而且全是零分。"我没爪子、没脚，也没翅膀，剩下那 3 项我当然没办法及格了！"它说。

接下来诉苦的是小鸟："我飞翔成绩特别好，跑步成绩也不错，可是爬树的时候，老师老说我犯规，所以没给我及格。至于游泳嘛，我可真不好意思说，我得了零分。"

最后说话的是小老虎："我更惨，前 3 项几乎都拿了满分，就因为最后一项才没拿到毕业证！"

这个故事对我们教育孩子是不是有所启示呢？

8. 捡拾鹅卵石

看看太阳快落山了，牧民们开始扎营，准备休息。忽然，万能的天神降临了："明天放牧时，你们会经过一条小河。到时候，你们要尽可能多地捡些鹅卵石放在

鞍袋里。"说完，天神便消失了。

第二天，牧民们果然遇到一条小河，按照神的旨意，他们都开始沿着河边捡鹅卵石。但是很快，他们的手指便磨破了，身后的马匹也因为鞍袋里全是石子而累得不行了。这时，牧民们一个接一个地愤怒起来："原以为天神要提示什么宇宙真理或上天机密，原来只不过是叫我们捡些又沉又没用的破烂石子！"由于愤怒，牧民们纷纷把手里的石子抛向河里，甚至把鞍袋里的石子也扔掉了一多半，再然后，他们便跨上马离去了，决定再不做这烦琐又没意义的事情！

第二天早晨大家还没有醒来时，一个早起的牧民便大叫起来，原来剩在他鞍袋里的那些鹅卵石都变成了金块！牧民们听了急忙翻起自己的鞍袋来，他们袋子里的鹅卵石也全都变成了金块。顿时，他们明白了天神的意思，但是同时，大家又都懊悔不已：怎么就没多捡点，还把已经捡到的大半石子也扔掉呢！

大道理

积累知识、技能的过程如同捡石子，总会让人感觉既烦琐又没用，但是多储备一些知识与技能总是没有坏处的，因为终有一天，它会使你身价百倍。

9. 两位画家

两个孩子都从小就表现出了画画的天赋，两位妈妈也一直对自己的孩子期望很高，决心把他们培养成画坛的人才。可是，这两家都太穷了，他们的孩子都是连自己独立的画画空间也没有。

第一位妈妈想了想，便请装修工在自己的大房间中间砌了一道墙，给孩子隔出了一个小空间，然后告诉孩子，你画了画，就往这面墙上贴。

第二位妈妈没有请装修工，而是给孩子买了个纸篓，然后告诉孩子，你画了画，就往这个纸篓里扔。

3年后，第一个孩子已经靠那满墙的画办起了画展。由于他的画线条流畅，色彩明丽，观者皆赞不绝口。

而第二个孩子把画全扔进了纸篓，满了就倒掉，所以没有一张存画，只好给别人看他那幅刚勾勒完线条的画，人们均摇着头走开了。

30年以后，人们对第一个孩子那动不动就满墙的画已经失去了兴趣，而对整天闷在家里创作的第二个孩子的画则产生了好奇。可是当他们看到他的画时，这种好奇全都转变成了震惊：太棒了！人们纷纷赞叹道。

于是，人们把第一个孩子的画从墙上揭下来，扔进了纸篓，又把第二个孩子的画从纸篓里捡起来，贴在了墙上。

"博观而约取，厚积而薄发"，这是每个人的为学之道，也是父母教育孩子的基本原则之一。倘若急于表现，则多会滋生浮躁与浅薄，即便有一定的特色与深度，也会在世俗的赞叹中渐趋流俗。

10. 两棵树的故事

果农同时种下了两棵树，这两棵树差不多大小，也都很努力地成长，只不过，它们努力的方向不一样。一棵树努力地汲取着地下的水分和营养，争取尽快地把自己长成健壮茂盛的样子，而另一棵树则是努力地抽枝、长叶、开花，争取早日硕果累累，让果农对自己刮目相看。

秋天来临时，这两棵树的努力都有了结果。第一棵树枝繁叶茂，树干笔挺；第二棵树则果实满枝头，累得气喘吁吁。果农非常惊讶第二棵树的能量，所以对它异常爱护。正当第二棵树为此沾沾自喜时，一群孩子来到了它的面前。看见树上有这么多的红果子，淘气的孩子们二话不说就捡起石头打起了果子，一时间，这棵树尚嫩的树皮被折磨得伤痕累累。但是即使如此，孩子们也没说它一句好话，因为由于营养不足，它结出的果子一点也不甜，甚至有些酸涩。

第二年春天来临时，已经身强力壮的第一棵树开始孕育果实，果实渐渐长大，鲜红而诱人。而那棵从去年就急于开花结果的树却再也打不起精神，而且由于树皮严重受损，它日渐萎缩，最后竟成了一根枯木。没办法，果农只好把它砍掉当柴烧了。

积蓄不足就急于表现者，即便能散发出耀眼的光芒，也不过是昙花一现；博观而约取，厚积而薄发者才能赢得最大限度的、持久的成功。

11. 狮子与樵夫的女儿

某天，狮子到山中捕食，看见一位樵夫领着他的女儿在打柴。那女孩长得眉清目秀、唇红齿白，身材也窈窕有致，狮子一眼就爱上了。于是它径直走向前去：

"嗨，亲爱的樵夫，我爱上你的女儿了，你把她嫁给我吧。"

樵夫和女儿抬头一看是头凶猛威武的狮子，吓得全身发抖，连话也说不出来了。

狮子一看樵夫许久也不吭声，便忍不住怒吼道："这整座山都是我的，你整天在这里打柴，难道不该给我点回报吗？快点答应我，不然我就把你吃掉！"说完，狮子就龇了龇它那白森森的牙齿，扬了扬它那锋利的爪子。

这时，只听樵夫女儿说道："我答应你，3 天后，你拿着聘礼到我们家吧。"

3 天后，欣喜若狂的狮子果然拖着好几只大羚羊上门了。

樵夫女儿对它说："我嫁给你是没问题，可是你的爪子太锋利了，我怕你一不小心会抓伤我。"

狮子一听，立刻找兽医把自己的爪子全拔了。

樵夫女儿又对它说："你的牙齿也太长了，我怕你吻我的时候会咬伤我。"

于是，狮子又让医生把自己的牙齿也全拔了。

这时候，由于狮子已经没有了任何武装，樵夫立刻叫人把它的脑袋打开了花。

大道理

再厉害的武器、再巨大的力气，也比不上一个会思考的脑袋。因为在智慧面前，蛮力永远微不足道，甚至会令人发笑。

12. 博士的尴尬

年仅 26 岁的张博士分到了省电子科研所，成为全所年龄最小、学历却最高的一个人。

周末闲来无事，张博士便到研究所附近的小池塘去钓鱼，恰逢正、副所长也在钓鱼。他微微点头算是打过招呼，然后就再一言不发了——跟两个 80 后的小本科生有什么好聊的！

约莫过了半小时，内急的所长放下了钓竿，他伸伸懒腰，然后就快步如飞地从水面上走向对面的厕所。

看到这种情景，张博士的眼镜差点掉了下来：天哪，不会吧？水上漂？！

正想着，副所长也站了起来，抬着下颌叫所长道："等一下我。"随后他也"噌噌噌"地漂上了水面。

这一下，张博士更傻了：我不会是在做梦吧？他揉揉眼睛又掐掐大腿，结果证明这一切都是真的。

一直到正、副所长上完厕所，又从水面上漂回来时，张博士还在惊诧中，可他又不好意思去问，自己可是博士啊！

再过一会儿，张博士也内急了，看看从池塘两边绕到厕所至少需要15分钟，他决定也从水面上过去——既然本科生能漂，我博士生自然更没问题了。这样想着，张博士的一只脚已经迈进了池塘，但还没来得及惊呼一声，他已经"扑通"一声跌进了池塘里。

两位所长一看，赶紧把他拉了上来，一边拍着他身上的水，一边半带责怪地问："你这是干吗？"

张博士满脸通红："我想上厕所，看你们从水面漂来漂去的，我以为……"

不等他说完，两位所长就都哈哈大笑起来："这池塘中间原本有两排木桩，是专门为钓鱼的人上厕所方便而设的，只不过今年雨水多，木桩被淹了而已。我们在这工作20年了，都知道这木桩的具体位置，所以不用看都可以摸准。怎么？你以为我们是漂过去的？哈哈，你怎么也不问一声呢！"

不等两位所长说完，张博士就已经尴尬万分了。

大道理

学历能代表过去，学习力却能代表未来。一味囿于经验，固然会有所失，但如果一味否定经验，也免不了会吃大亏，最好的做法是尊重经验。

13. 愚蠢的驴子

大热天，驴子驮着几袋沉甸甸的盐往家走，不一会儿，它就又累又渴，快要支撑不住了。恰在这时，它的眼前出现了一条小河，驴子赶紧冲到河边大喝了一顿，这才感觉恢复了活力。然后它就准备过河了。

"哎呀，这河水可真清澈啊。"一踏进河里，驴子便心情舒畅地欣赏起了河底的美景。可是它光顾着看那些形状各异的鹅卵石，一不留神脚下一滑，一下子摔倒了，好在河水不太深，驴子赶紧站了起来。咦？驴子奇怪地回了回头，背上的盐袋好好地放着，怎么这分量突然减轻了许多呢？想来想去，驴子终于明白了：原来在河水里跌一跤，背的东西就能变轻。它不禁为自己的聪明得意地大叫了几声。

没过几天，这只驴子又一次为主人运东西了，这回它驮的是布匹。走到半路，它又渴了，于是很自然地想到了那条小河以及上次在小河里的奇遇。"虽然这些布匹并不算重，可是再轻一些对我总是有好处的。"这样想着，驴子便来到了河边，喝足水以后，它便找了个比较浅的地方趴了下去——反正越浸水，背上的东西越轻，不如趁机在这里休息一会儿。

半个小时以后，驴子休息够了，它伸个懒腰打算站起来，可是天哪，它打了一个趔趄，差点又跌下去。"背上的布匹怎么这么重啊？比上次那几袋盐巴还要沉好几倍！"驴子惊呼道。

大道理

任何通过实践得来的经验都是宝贵的，但并非任何时候都是有效的。只有善于根据时间和形势的不同选择不同的策略，才可能收到效果，否则就只会聪明反被聪明误。

---

14. 龙虾的启示

某天，寄居蟹出外游玩时遇上了龙虾，于是便和它攀谈起来。龙虾一边和寄居蟹聊天，一边使劲蜕着自己最外层的硬壳，渐渐露出了里面娇嫩的身躯。

"天哪，龙虾妹妹，你这是在干什么？"寄居蟹见状惊呼了起来，"这层硬壳可是你唯一的御敌武器啊，你现在把它脱掉，这不是找死吗？看你的身体那么娇嫩，别说大鱼，就是来阵急流，也能把你冲到岩石上撞碎啊！"

"谢谢你的关心，我没事的。"龙虾气定神闲地回答道，"你可能还不了解吧，我们龙虾要想长大，就得一次又一次地脱掉旧壳。新长出来的外壳不但更适合我们长大的身体，还能更坚固一些。现在面对危险，是为了将来发展得更好啊，这叫有备无患。"

听了这番话，寄居蟹感触颇多，它在想：自己整天忙着寻找可以寄居的地方，却从来没想过如何令自己长得更强壮一些。一直活在别人的荫护之下，当然就难以发展得更好了。

大道理

　　每个人都有自己的安全区，但要想超越自己目前的成就，画地自限是绝对不行的，只有勇于突破旧圈子，不断挑战自我，我们才可能发展得更好。

15. 你有智慧的大脑

上帝造出万物后，便把它们撒落到世间各处，让它们根据自己的特长、按照自己的方式去生存了。

这天，上帝正从天上慈爱地俯视着自己的孩子们，一个人抬头看见了他。

"嗨，上帝，"那人喊道，"我终于见到你了，有一个问题我已经思考好久了。"

"怎么了？我的孩子。"上帝问道。

"您真是太不公平了！"这人几乎是很气愤地说道，"您给牛坚硬的双角，给象巨大的力气，给狮子锋利的牙齿，连小小的兔子您都给予了它们迅疾的奔跑速度……却什么都不给我们人！您让我们怎么活啊，这不明摆着让我们做兽类的牺牲品吗？还说我们是万物之灵，我真是搞不懂！"

听到这些牢骚，上帝笑了："你们当然是万物之灵，因为你们有智慧的大脑，可以思考。"

"思考？"这人反问道，"这怎么可能，不是说嘛，人类一思考，上帝您就会发笑。"

"不！"上帝纠正道，"我给你们智慧的大脑，就是为了让你们思考；我之所以叫你们万物之灵，就是因为你们可以通过思考成为万物的主人。所以，不要让任何东西压抑住自己的优势，要时时刻刻处在思考中。"

大道理

　　人类一思考，上帝就发笑，但是谁说那不是他欣慰的微笑呢？请记住，如果人类不思考，上帝才会发笑："傻瓜，我看你怎么生存！"

16. 妈妈与孩子

这是一个温馨的小家庭，吃过晚饭，勤快的妈妈便把碗筷收拾进厨房开始清洗了。忽然，她听到儿子在院子里不停地蹦着，还发出"吭哧吭哧"的使劲儿声。

"这个小家伙在搞什么鬼。"妈妈嘀咕着，跑到门前一看，原来儿子正在用力地朝上跳着，都累得满头大汗了还在一下接一下地跳。

"你在干吗？宝贝儿。"妈妈问道。

孩子一边跳一边回过头来回答妈妈道："你看，今晚的月亮这么好，我想跳到月亮上去玩玩。"

大多数妈妈面对这种情况，肯定不外乎以下两种情况：要么一笑了之不当回事，要么泼盆冷水，训斥孩子"异想天开"或者骂他"小孩子不要胡说八道"，然后就把他拉进屋里去洗干净满脸的汗。

但是你猜这位妈妈怎么说的？她竟然微笑着回答孩子："好的，不要忘记回来噢。"然后就又转身走进厨房了。

你知道这个小孩是谁吗？他就是后来成为世界上第一位登陆月球的人——阿姆斯特朗。

我们固然不能说他日后的巨大成功和小时候他妈妈这句话有什么必然联系，但是由此我们可以确定的是：母亲的这种教育方式，一定让小阿姆斯特朗获得了有益的成长。

大道理

拥有热情与梦想，这是一个人创造奇迹的前提，所以，请不要满不在乎地对孩子的天真幻想泼以冷水，也许你今天的支持正是他以后成功的基础。

17. 用赞美来"教训"你

在非洲的巴贝姆巴族中，至今依然保持着一种古老而奇特的生活仪式：

当族中的某个人有意无意地犯了错误时，族长会让他站到村落的中央，公开亮相，以示惩戒。然后再召集整个部落的人，让他们放下手中的工作，从四面八方赶来团团围住这个犯错的人，用赞美来"教训"他。围上来的人们，会自动分出长幼，然后从最年长的人开始发言，依次告诉这个犯错的人，他曾经为整个部落做过哪些好事、帮助过哪些人、身上有什么值得表扬的优点、有哪些值得大家重视和学习的长处等。

每位族人都必须将犯错人的优点和善行用真诚的语调叙述一遍。叙述的原则是既不能够夸大事实，也不允许出言不逊，而且不能重复别人已经说过的赞美的话。整个赞美的仪式，要一直持续到所有族人都将正面的评语说完为止。

可是，谁都能够想象，当自己犯了错，反而被一大群人围住夸遍优点时那会是一种什么滋味。巴贝姆巴族的族人们也一样，那些犯错的人总是不等仪式结束便羞愧难当，不知如何是好了。往往他们只能掊首发誓：以后绝对不会再犯这样的错误。后来的事实证明，他们再犯同类错误的概率的确低到了令人难以置信的地步。

> **大道理**
>
> 相对于批评来说，赞美更具让人自我反省、改正过错的威力。而且，它不但是一种缓和人际关系的好办法，还是一种提升对方和自我境界的有效方式。

18. 1厘米的智慧

多次打破世界纪录的撑竿跳名将布勃卡有个外号叫"1厘米王"，因为每逢重大的比赛，他几乎每次都能刷新自己所保持的纪录，而且不多不少刚好将之提高1厘米。

这是怎么回事呢？难道只是一时凑巧吗？在巴塞罗那奥运会召开的前几天，有人透露了其中的内幕。

原来，布勃卡是故意这样做的。其实按照他的实力，哪怕在日常训练中，他都能够轻而易举地越过6.25米的高度。他之所以在正式比赛中从来不拿出真本事，而是 1 厘米 1 厘米地提高自己的成绩，是因为他与赞助商、运动会的组织者事先有一个这样的约定：每破一次纪录都可以得到 75 万美元的奖金。所以他认为，大幅度提高自己的成绩或一下子拿出看家本事是非常不明智的，而慢慢提升成绩的话，不但能够多拿几次那笔丰厚诱人的奖金，还能保持自己在他人心中奋斗不息、永远向上的光辉形象。

看来，布勃卡之所以能够在跳高界称雄多年，除了他的实力，他的聪明也是非常重要的因素之一。

大道理

有时候，持续发展比一下子就达到顶峰对自己更有利。在努力向上的同时，不忘留点余地给明天，以便创造出一种"常用常新"的效应，不失为一种明智之举。

19. 帝王蛾"出世"

在蛾子的世界里，有一种名为"帝王蛾"的种类。帝王蛾的幼虫时期是在一个洞口极其狭小的茧中度过的。当它渐渐长大，身体需要发生质的飞跃时，这个狭小的洞口便是它唯一的通道。但是，相对于那时它已经发育圆满的身躯来说，这个狭窄之至的小口无疑成了鬼门关。它那娇嫩的身躯必须拼尽全力才可能破茧而出。不知道有多少幼虫都是在向外冲杀的关键时刻力竭身亡，成为"飞翔"这个动词的悲壮祭品。

一天，有个小男孩看到了这一幕，他很奇怪这只蛾子为什么用力这么久了还不肯出来，同时，天性中的悲悯又让他感觉到深深的怜惜。他不停地用小手掰着那只硬硬的茧，可是人小力气小，他始终都无法成功帮助帝王蛾"脱胎换骨"。忽然，他想到了一个好办法，立刻跑进屋里拿来了妈妈做针线活用的剪刀，三下两下就把那只茧豁开了。接着，他得意扬扬地看着自己的杰作，等待蛾子不费力气地从那个牢笼里钻出来，然后展开翅膀，飞上天空。

可是，他所希望的一幕始终没有发生，那只因为他的救助而得见天日的帝王蛾怎么也飞不起来，只能拖着丧失了飞翔能力的累赘的双翅在地上笨拙地向前爬行，而且速度还极慢！

这是怎么回事呢？原来，那"鬼门关"似的狭小茧洞竟然是帮助帝王蛾幼虫两翼成长的关键所在，当蛾子身体穿越它的时候，会感觉到无比巨大的挤压力，而正是这种炼狱般的挤压，使得蛾子的体液顺利送到双翼的组织中去——唯有两翼充血，帝王蛾才可能振翅飞翔。如果出于怜悯，人为地将它的茧洞剪大，帝王蛾的翼翅就失去充血的机会，生出来的帝王蛾就会永远与飞翔绝缘。

看来，纵然他人有同情心并且有能力帮助帝王蛾脱离困境，但那双奋飞的翅膀却没有谁可以施舍给它。

大道理

"宝剑锋从磨砺出，梅花香自苦寒来"，任何本领的获得都需要经由艰苦的磨炼，想通过投机取巧早日达到目的，这不过是见识短浅的误己行为。

第十四章
职业与事业

几乎每一个人，都想成就一番事业，然而并不是人人都能成功。职业是手段，事业是目的，当自己的职业与自己想要的事业一致时，人们就会产生幸福感，工作就是享受。当职业与事业相互冲突时，先做好自己的职业，积蓄力量，为能够开创一番事业做准备。

1. 琴师与歌唱家

　　他的钢琴弹得很棒，他也一直想着有朝一日能大红大紫。可惜数年来，幸运女神始终未曾光顾过他，至今，他还在一家小酒吧里以弹琴为生。还好，许多人很喜欢听他的曲子，所以除了薪水，每个月他都能拿到一部分小费，这稍稍改善了他窘迫的生活和压抑的内心。

　　可是毕竟他会的曲子有限，听众们翻来覆去地听那些熟悉的曲子，终有一天会听烦的。果然，当他在这个酒吧里工作半年之后，慕名前来听琴的客人已经很少了。

　　有一天，一位中年顾客叫停了他正在卖力弹奏的曲子："小伙子，我很喜欢听你弹琴，可是每天都听你弹奏这些曲子，我都快不能忍受了，你不如唱首歌给我们听吧。"

　　中年人话音刚落，其他人就跟着附和起来。客人的要求让他尴尬万分，虽然他曾经学过一段时间声乐，可是与钢琴比起来，那简直就是一个地下，一个天上。怎么办呢？正在犯难之际，酒吧老板发话了："快点啊，客人们不过是想换换口味而已，管你唱得好不好呢！今天晚上，你或者选择唱歌，或者选择走人，我可养不起不尊重客人要求的员工！"

　　情势所逼之下，他不得已腼腆地唱了一首《蒙娜丽莎》。不料他不唱则已，一唱惊人，下面的听众顿时被他流畅自然、男人味十足的唱腔迷住了。那个晚上，在大家接连不断的叫好声中，他不得不把自己所会唱的所有歌曲都翻出来唱了一遍。

　　后来，在朋友的怂恿下，也是在短暂辉煌的鼓励下，他放弃了已经弹奏多年的钢琴，改向流行歌坛进军。不想没过多久，他便实现了自己做了多年的梦，成了美国著名的爵士歌王。他的名字叫纳京高。

> **大道理**
>
> 目前所从事的事业并不一定就是最适合我们的行业，要想自己的才华不被掩盖住，我们就得开阔视野、不怕变化且多做尝试，也许在别的领域，你会做得更好。

2. 丘吉尔炒股

英国前首相丘吉尔，在政界上是个人物，可谓才华横溢，但是他也有做不好的事情。

1929 年，丘吉尔跟他的老朋友、美国证券巨头伯纳德·巴德克参观华尔街股票交易所时，被那种紧张、热烈的交易场面吸引了，于是他也想一试身手。看到巴德克不以为然的表情，暴躁的丘吉尔很恼火：心想我从政多年，偌大一个英国我都敢面对，这小小股票难道还能难得倒我？

这样想着，丘吉尔便买了一只股票，然后骄傲地等待着结果，没想到这只股票一跌再跌，把他套牢了。于是很不甘心的他又挑选了一只很有希望的股票，然而这只股票也走了熊市，他又一次被套住了。

就这样，一天下来，丘吉尔买什么赔什么，到了交易所快收盘时，他已经快破产了。

正为此事烦恼时，巴德克拿着账本走了过来："我早就预料到，你在军事和政治上大有作为，但未必对股票也了如指掌。所以，我以你的名字开了另一个账户，你买什么，这个'丘吉尔'就卖什么，你卖什么，这个'丘吉尔'就买什么。你看，现在基本持平，否则的话，我想你早就……"

听到这里，丘吉尔哈哈大笑起来。

> **大道理**
>
> 任何一个人都有其适应的行业，在这个行业里战绩辉煌，不见得在其他行业也能翻云覆雨。所以请坚守自己成功的场地，不要错上了别人的舞台，否则只会一败涂地。

3. 做真正的自己

法国著名作家大仲马的儿子小仲马，也是一个非常喜欢写作的人，但是刚开始时，他的稿子总是遭遇退稿。

大仲马不忍心看儿子受挫，便对他说："你可以在你的稿子后面附上一句话，提示一下你和我的关系，这样情况就会好一些。"没想到这个看似绝妙的提议却被小仲马一口否定了："不，我不想坐在你的肩膀上摘苹果，我要靠我自己。"就这样，小仲马不停地变换着笔名，单从名字上看，谁都不会把他和大名鼎鼎的大仲马联系起来。

一次又一次的退稿更激发了小仲马的创作热情，终于，他的付出有了回报——他的《茶花女》以绝妙的构思和精彩的文笔震撼了一位资深编辑。当这位编辑因为寄稿人与大仲马丝毫不差的地址而起疑前来寻访时，才发现原来这部伟大作品的作者竟然是大仲马名不见经传的儿子！

"您为何不在稿子上署真实的姓名而要用这个人人陌生的笔名呢？"老编辑很奇怪地问，"那样会对你非常有利的。"

"是，"小仲马微笑着回答，"但是我只想拥有真实的高度。"

老编辑顿时对小仲马的做法发出了由衷的感叹。

最终结果证明，小仲马一点也不比他的父亲差。

大道理

靠山山倒，靠水水流，唯有靠自己的真本事，才可能赢得长久的尊重；倘若没有真才实学，即便一时名起也早晚会贻人口实。

---

4. 主人杀鸡

一大清早，报晓的公鸡就"喔喔"地叫起来，贪睡的主人烦躁地在床上翻着身。结果，天刚亮，主人便起身把那只公鸡拎出来杀掉了。

第二天清早，又有一只公鸡"喔喔"地吵醒了主人的美梦。天亮之后，它也被主人杀掉了。

于是邻居非常不解地问这个人："你们家的公鸡多好啊，每天都能准时报晓，不用看表你就可以按时起来了。你杀了它们干吗？"

这人道："我养的是和母鸡交配的公鸡，而不是报晓的公鸡。"

邻居说："报晓是公鸡的天职，只要是公鸡，就要报晓的啊。"

"我喜欢睡懒觉，它们却总是这么早打扰我。所以，我只好谁叫就杀了谁了。"这人想当然地回答道。

"难道你就不能用另一种方式来解决问题吗？这些公鸡还没长大呢，杀掉多可惜啊。你可以改一改你贪睡的习惯啊。"邻居建议道。

"改掉我贪睡的习惯？怎么可能！"这人立刻反对道，"几十年了我都这么过来的，为几只公鸡改变我自己？不可能！再说了，我是它们的主人，它们应该听我的话，符合我的要求，如果胆敢违背我的意思，受损失的当然只能是它们，难道还会是我吗？"

大道理

在生活和工作中，有时是需要做出妥协的，假如你今天不肯改变自己做出让步，在不久的将来必会为此付出不小的代价。

---

5. 阿华送稿

阿华是位刚刚毕业的大学生，多次碰壁之后，他终于在某杂志社找了份送稿生的工作，职责就是每天早晨将城里各位专栏作家的稿件收集起来，送到杂志社的副刊编辑部里。

由于来之不易，阿华极其珍惜这份工作，因此总是兢兢业业地干活。但是奇怪的是，虽然他非常勤奋，送稿的速度却是很慢，几乎每次都排到诸位送稿生的后列，有好几次，还险些误了印刷。

原来，为了能让编辑同志们更好地整理稿件，他总是在回来的路上一边走一边给那些文章分章节、改错字、插标题等，所以每次他上交的总是问题最少的抢手稿件。各位编辑因此都非常喜欢他。

听说这件事以后，主任很奇怪地问他：“你为什么要多做这些工作呢？要知道，虽然你做的远远超出了职责范围，但除了送稿生的薪水，杂志社是一分钱都不会多给你的。”

“没关系，”阿华回答道，“我不在乎今天的报酬，我只在意自己是不是每一天都在进步。多接触一些工作，我才会一点点提高起来，这样我便有机会得到更高的职位。那时候，我的薪水自然就会高了。”

凭着这股精神，几年之后，阿华成了这家杂志社的主编。

6. 马蹄铁与酸梅子

父子二人正徒步穿越沙漠，走了许久之后，大漠还是茫茫无边。看看食物和水都已经不多，两人便极其节省地使用，生怕撑不到最后。

饥渴难忍之下，疲惫不堪的两人相偎着坐下来休息。忽然，儿子的屁股被什么东西硌了一下，他伸手挖出来一看，原来是一块马蹄铁。

“可能是路人遗失的。”父亲说道，“把它装进包里吧。”

“什么？”儿子很不屑地回答道，“我们都已经累成这样了，还要带这么重一块铁？又没什么用！”他伸手指了指前面一望无际的大漠。

“不，它会有用的，带上它吧。”父亲吩咐道。

“我不带，要带你自己带。”儿子固执着。

就这样，父亲把那块马蹄铁装进了自己的包里。又走了两三天之后，他们终于来到了一

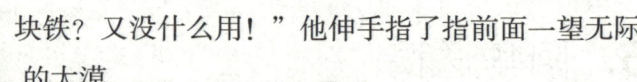

个小小的绿洲上，由于身无分文，父亲便把那块马蹄铁拿出来换了几百枚钱，然后又用这些钱买了几斤酸梅子。

重新踏进沙漠之后，已经没有水喝的儿子再度陷入了绝境。前面的父亲一句话不说，只是拿出酸梅子来开始吃，每吃一颗丢下一颗。为了活命，儿子不得不一路弯腰捡着父亲丢下的梅子。

大道理

机会是上天的恩赐，也是一个人发展自我的最佳平台，当它到来时，哪怕你并不晓得它有什么价值，也一定要抓住。因为一旦错过，再弥补往往需要付出十倍、百倍的代价。

7. "80" 而立

他算不上不幸，只不过碌碌无为罢了。

他出身于一个农民家庭，14 岁时辍学流浪。

他在农场干过杂活，因为不开心辞职。

他在电车上做过售票员，也因为不开心辞职。

16 岁时他谎报年龄参了军，军旅生涯照样不顺心。

服役期满后他退伍做了自己的老板——开了一家铁匠铺，可惜没多久就倒闭了。

随后，他当上了自己非常喜欢的铁路公司的机车司炉工，他欢欣鼓舞，以为命运终于开始对自己展露笑脸。没想到，当他娶了媳妇准备要个孩子时，他又被解雇了。再接着，当他满身疲惫地寻找新的职位时，太太卖掉所有的家产回了娘家，他变得一文不名。

卖保险，不行；卖轮胎，赔本；经营渡船，出事；开加油站，失败；做厨师，餐馆倒闭。

失败从未因为他的努力而退缩过，但他也从未因为失败而放弃过，只是无奈的是，当他还在屡败屡战时，退休年龄已经逼近了他，那张 105 美元的支票宣布了他的老年。

"凭什么！"哈伦德愤怒了，"我的一生不过才刚刚开始！"

的确，他的一生才刚刚开始，因为他等的就是这笔退休金，虽然不多，却足够做他新事业的成本——肯德基家乡鸡。

8. 谁比谁强

　　这是某公司的面试现场，两位男孩正同时被一组面试官面试。

　　第一位男孩：

　　面试官："你对电子懂多少？"

　　男孩："不算太多，我只接触过电子表，玩过任天堂，平常喜欢摆弄摆弄电视机。还有，我看过一次同学开关机，两次……"

　　没等他说完，面试官就转向了另一位。

　　面试官："你呢？你对电子懂多少？"

　　男孩略略想了一想说："一般的掌上型单晶片时脉输出电脑（也就是电子表）我玩过很多，很小就开始用它编辑一些作业流程（如闹铃功能等）；多功能虚假实境模拟器（任天堂）比单晶片时脉的要复杂一点，不过我现在已经能够完整地测试许多静态资料储存单元了（就是玩游戏）；初中之后我开始对那些复频道超高频无线多媒体接收仪器（电视）感兴趣，经常在固定的时间锁定某特定频道的资讯（指固定时间播出的某电视节目）；对于更高科技的电脑呢，我大学时的一位助手伙伴（同学）经常在我的监控之下进行内部储存与外界信号之间的互换（开关机）……"

　　面试官："非常不错！从明天开始你就来上班吧。这是你的司机，你的配车在地下停车场，让司机带你去公司给你提供的两居宿舍吧。"

9. 未封口的信

　　这几个人是刚刚招进公司的销售人员，总经理看了看他们，很严肃地指着报架

说："这个报架顶端有一封信，虽然没有封口，但是你们谁也不许打开看。"

几个人面面相觑，都是满脸的不解之色，终于其中一个比较勇敢的员工问道："为什么？报架不是对所有内部人员公开的吗？"

没想到总经理当时就火了："告诉你们不能看就是不能看，哪有这么多为什么！"吓得那个员工吐了吐舌头，一句话都没说出来。

半个月过去了，新来的员工渐渐熟悉了公司的环境，也开始像老员工们那样随便去取阅报架上的报刊了，但是因为总经理的那句吩咐，他们谁都未曾去动那个顶层上的信封，以至于信封上渐渐落满了尘土。

终于有一天，这位小伙子实在忍不住好奇心打开了那个信封：里面竟是一份销售经理的任职书！而且上面标明：这份任职书的主人，就是首先打开这封信的人。

正当众人们既嫉妒又迷惑，同时还在为这位小伙子的盲行担心时，总经理笑眯眯地走了过来："销售是最需要创造力的工作，我一直在等着你这位敢于突破既定规则的人。"

就这样，小伙子成了销售经理，最终，他真的没让上司失望。

> **大道理**
>
> 成功从不曾对任何人封口，但人们却往往被无形的封口挡在门外，至于你能不能收获成功，就看你是不是有勇气伸出打破既定条条框框的手。

10. 竞选总经理

某大公司正在招聘总经理，这个职位基本年薪就有 30 万元，再加上奖金、绩效工资以及偶尔的外快，一年不下 50 万元呢！因此，无论是公司内部人员还是正在求职的人们，都纷纷用热切的目光盯住了这块肥肉。

经过一系列的角逐之后，两位优秀人物脱颖而出：一个是已经在本公司供职 8 年之久，成绩优秀的销售经理；另一个是刚从某大型国企辞职，经验相当丰富的技术人员。

相比之下，前者要比后者条件优胜一些，前者自己也这么认为。所以，当后者积极奔走于各个部门之间，为竞选成功做大力宣传时，前者却不以为然地笑着坐在自己的办公室里：哼，忙也是白忙活！我在公司里待了这么多年，可谓是大功臣一个。再说了，我的业绩大伙都是看在眼里的，就凭你一个刚从国企退下来的小技术工，还想跟我竞争！

竞选的时间到了，前者从以往的业绩出发证明了自己的能力之突出，而后者则没有直接证明自己的能力，只是拿出了一套详细的企业未来发展方案。结果，后者赢了。

"满足于过去的成绩，就相当于给自己发了一条'停止前进'的命令。"公司总裁解释说。

大道理

沾沾自喜吃老本，只会让人在不知不觉中放慢前进的脚步。须知未来远比过去重要，与其牢牢记住过去，不如积极创造未来。

---

11. 忍无可忍仍需忍

这是一群前来应聘水手的年轻人，公司给他们分配了一个令人费解的任务：把一个箱子搬到甲板上去，然后再搬回来，然后再搬过去，然后再搬回来……来回搬了几趟之后，坐在岸边的面试官依然不厌其烦地挥着手："再搬过去，再搬回来……"

终于，这群年轻人中的一部分人无法忍受了，甚至有人破口大骂起来："你们简直就是污辱我们的人格。"但是不管他们怎么说，岸上的面试官都面无表情，除了那简单的 8 个字之外，他们一个字也不多说。愤怒的年轻人纷纷扔掉箱子，转身离去。一个小时之后，原来的几十个人只剩下一个人了，他虽然满头大汗，却依然迈着沉重的步子挪动那只箱子。

面试官挥挥手："你停一下吧，你能告诉我们你原来是做什么的吗？"

"哦，这可不太好说，我干过很多种活儿，吃过很多苦。"年轻人答道。

"原来是这样，你很棒，你被录用了。我们之所以出这道题目，是为了测试大家的忍耐性。在海上航行，有许多忍无可忍的极限挑战，如果没有这股韧劲儿，是很难做好水手的。"面试官解释道。果然，十几年后，这位优秀的年轻人成了船长。

大道理

吃得苦中苦，方为人上人。虽然成就事业并不以首先历经折磨为前提，但是首先历经折磨者一定比其他人更具成功的潜质。

12. 无可奉告

小刘下岗了，虽然他技术一流、经验丰富，可是在一批批的新人面前，他还是感觉到了力不从心。想想光靠妻子做小学老师那点工资根本没法养家糊口，小刘决定再找一份工作。

很意外地，小刘看到小城里唯一的那家外资企业正在招聘技术经理，而且薪水丰厚，欣喜若狂的他赶紧到现场报了名。一周之后，那家企业的电话来了，让

他去参加面试和笔试。

面试还算顺利，接下来就是笔试了。笔试卷共分 2 页，第 1 页都是一些技术上的问题，做过多年技术员的小刘自然是答得得心应手。可是没想到，第 2 页上的问题却让他左右为难，倒不是题目有多难，而是答案没法写，题目是这样的："请详细描述你原单位的经营策略及制胜秘诀，包括一些技术上的独到之处。"

小刘的心里翻江倒海，他极其矛盾，原来的厂子虽然惨淡，却是 100 多口人的指望，自己要出卖它吗？要吗？

最后，小刘终于气鼓鼓地写下了四个字"无可奉告"，然后扬长而去，从心里放弃了这诱人的机会。

但是出乎意料的是，3 天之后，小刘竟然接到了录用的电话！

> ### 大道理
>
> 保守公司秘密是最基本的职业道德，想以此来谋取私利的人必然不会有什么好下场，要知道公司比你更明白：既然你可以出卖别人，也完全可能出卖自己。

13. 狐狸与狼

狼因为时常奉上新鲜猎物而备受万兽之王老虎的宠爱，当掌管大权的大象去世后，狼如愿以偿地坐上了那个宝座。它的对手狐狸不甘失败，想出了一个把狼搞下台的坏主意。

第二天，狐狸打扮一新手拎礼品登门拜访狼："狼大哥啊，以前我对您多有得罪，今天是特地来给您道歉的，还望您大人大量，不跟我计较。"

看到狐狸这副德行，狼得意极了，心想有权就是好，不说话也威风。为了给自己减少一个对手，狼"大仁大义"地原谅了狐狸，并在狐狸的恳求之下收下了那些礼品。

从这以后，狐狸每隔一段时间便来拜访狼一次，每次都会给狼带点新鲜的玩意儿。几个月之后，在狐狸的请求下，拿人手短的狼不得不利用手中的权力给狐狸办了一点小事儿。结果，从这以后，狐狸的礼品越来越多，要求也越来越过分。

终于有一天，狐狸提出了一个极为危险的请求，当狼生气地摇头拒绝时，狐狸拿出了一个本子，把上面记录的关于狼收礼、滥用职权等的细节都念了出来，并扬言说如果你不干，我就把这个本子交给老虎。

没办法，狼只好服软，但是没等它"帮"完这个忙，就东窗事发被捕入狱了。

大道理

财权美色不是鸡肋，而是毒品，一旦有第一次，便会难以拒绝地有第二次。如此一来，当事者早晚会陷入身不由己的困境，以致人财两空。

---

14. 第九次敲门

由于公司倒闭，张玲失业了，她的生活一下子陷入了艰难。在焦急地寻觅了将近一个月之后，张玲终于盼来了某家公司的面试电话。

面试那天，张玲特意换了身精神的职业装，她决心无论如何都要拿下这份工作。9点钟，她准时到达了那家公司。

"张玲。"秘书小姐叫到了她的名字。

她深吸了一口气，来到经理室门前，轻轻地敲了两下。

"进来。"里面有人答道。

于是她推门进去了。经理上上下下地打量了她一下，然后面无表情地说道："请你出去，重新敲一次门。"

张玲当时就愣住了，但是不管怎么着，她还是听从了吩咐，又重新敲了一次门，然后推门进去。

"这一次你依然没有敲好，再来一次吧。"经理看着窗外说道。

没办法，张玲又照做了一次。

但是没等她的双脚完全踏进办公室，经理又说道："这次还不行，请你再来一次。"

张玲的心当时都凉了，她不知道经理为什么要这么折腾她，所以她忍不住问了一句：

"经理，请问怎么敲门才算可以？"

经理头都没抬："请你出去，再敲一次吧。"

张玲气呼呼地走出门来，她差点就要放弃这次机会了——这哪是面试，外面这么多人看着，你简直就是在侮辱我的人格！她心想。

但是失业的窘境最终把她拉了回来，"不行，说什么我也要坚持下去，哪怕敲上一百次门！我倒要看看他到底想怎样！"张玲自言自语道。

不知不觉，张玲已经敲过八次门了。

可是经理还在机械地重复着："请你出去，再敲一次。"

张玲万万没想到，这第九次她敲开的竟然是一扇成功之门。她刚刚踏进屋里，里间所有的领导便都出来给她鼓掌叫起了好。

"你被录取了。"经理微笑着说道，一点也不像刚才不近人情的样子。

"这，这是怎么回事？"张玲糊涂了。

"我来告诉你吧，"经理敲敲桌子说道，"我们看过你的简历，知道你有客服经验，而且做得还不错。我唯一担心的就是你耐心不够，因为咱们有些客户的确是很难缠。现在，我完全不用担心了，九次敲门，足够证明你的耐心，所以，你被录取了。"

大道理

生活或工作中的一些苛责或难堪总是让人不舒服的，但是它们并非毫无价值，如果你肯用耐心去化解，用理性去分析，它也许就是你走向成功的垫脚石。

第十五章
人性的弱点与克服

从人性本质的角度来说，每个人的体内都潜藏着各种各样的弱点。挖掘出这些弱点，充分认识自己，并不断改造自己，人们才能有所长进，才有可能获得最后的成功。

1. 爱因斯坦的旧大衣

移民美国之后，爱因斯坦依然保持着朴素的生活作风，他几乎没有买过什么新衣服，每天上街都穿得破破烂烂。走在富丽堂皇的纽约街头，他的打扮很是扎眼。

一天，当他又穿着那件破大衣在街头散步时，碰巧遇到一位老友。老友指着他已经破了洞的大衣说："你这一身与周围太格格不入了，赶紧换一件大衣吧。"

"有什么必要呢？"爱因斯坦反问道，"反正这里的人都不认识我。"

几年之后，发现了相对论的爱因斯坦已经誉满天下。当他又一次在街头碰到那位朋友时，朋友指着他依然没有换掉的大衣说："你现在已经是名人了，总该换掉这件破大衣了吧？"

"照样没有必要，"爱因斯坦回答道，"反正这里的人都已经认识我了。"

再后来，他的相对论遭到了主流科学界的否定，甚至有众多的专家学者们联合起来贬低他，比如1930年，德国就出版了一本叫《一百位教授出面证明爱因斯坦错了》的书来批判他的相对论。没想到爱因斯坦知道后哈哈大笑起来："有必要这么多人吗？如果真能证明我错了，一位就足够了嘛，何必要一百位这么多呢？"

2. 做自己的镜子

爱因斯坦并非天才，小时候的他和其他孩子一样，也非常调皮和贪玩，而且喜欢把父母的话当成耳边风。

当已经长成16岁的大小伙子时，爱因斯坦依然喜欢我行我素。一天，他拿着鱼竿再次往外跑时，父亲叫住了他，他委屈地说："杰克他们都在钓鱼呢！"于是父亲便给他讲了这么一件事：

昨天，我和邻居汤姆一起去工厂清扫，有个多年未用的阁楼，我们打算把它整理出来做仓库。汤姆和我打扫到顶层时，我发现了一件很奇怪的事：我的身上干干净净的，几乎一点灰尘也没有；而汤姆身上却脏兮兮的，布满了黑色的蜘蛛网。汤姆看了看我，以为他跟我一样干净，所以胡乱洗了一把脸便扛着工具和我往回走。结果，走到大街上，人们以为他是疯子呢，都指着他哈哈大笑。

听到这里，小爱因斯坦也哈哈大笑起来，父亲接着说道："人哪，总是容易犯这个毛病，动不动就把别人当成自己的镜子。看到别人怎么样，以为自己也是怎么样，也可以怎么样。"这句话一说出，爱因斯坦顿时满脸通红，他终于明白了父亲的良苦用心。

3. 固执的神父

洪涝季节，这个地区又一次发大水了。

眼看着洪水就快把教堂淹没了，虔诚的神父还在祈祷着。一位救生员划着舢板来到神父身边："快上来！洪水马上就进来了。""不！"神父坚定地说道，"上帝与我同在，他会来救我的。"没办法，救生员只好去救别人了。

救生员刚走，水就涌了进来，慢慢涨到了他的腰间。一只载满乘客的小船从教堂前经过，船上的人冲他喊道："神父，快点上来，洪水就快把你淹没了。""不，"神父再次拒绝道，"上帝会来救我的。"没办法，这只小船也只好走了。再过一会儿，水到胸口了，神父抬头望天，希望上帝快快出现。这时，一架直升机的飞行员垂下一根绳子："快抓住绳子，我带你走。""不，上帝马上就会来救我了。"固执的神父又拒绝了。结果，直升机也飞走了。水越来越高，上帝却始终没有出现，最后，意志坚定的神父被淹死了。

在天堂见到上帝之后，神父很生气地问："主啊，我终生都信仰你，侍奉你，为什么你不肯救我？""我给了你3次机会，结果你都不接受。我还以为你是执意要到我身边来呢。"上帝回答道。

大道理

生命中许多危险和失去，其实都是人们自己的固执与愚昧造成的。所以，在抱怨命运的不公之前，请先反思自己做人做事的态度。

4. 比大人还聪明

辛苦了好几天，终于熬到周末了。美美地睡足懒觉，王先生便打开了电脑，想好好地放松一下。没想到一个网页还没看完，6岁的小儿子便来缠着他出去放风筝。王先生灵机一动，随手从桌上拿起一本旧杂志，把那页彩色的中国地图撕了下来，然后把它撕成不规则的数片，对儿子说："如果你能把这些碎片重新拼好，并且不出差错，爸爸就带你出去玩。"

儿子一听，乖乖地捧着那一捧碎片跑了出去。王先生心想，这个活儿至少够小孩子忙一天的，自己终于可以安心地休息了。没想到还不到20分钟，便听见儿子在他的小房间里大声

地喊了起来："爸爸，我拼好了，你快来看啊。"

王先生跑到儿子房间一看，地板上果然是一幅完完整整的中国地图。

"你是怎么拼的？"王先生难以置信地问道。

儿子非常骄傲地回答："这张图的背面是一个人的脸，我想把那张人脸拼对了，地图就会是对的了。所以我就先拼了那个人，然后又把纸片翻了过来。"

王先生欣喜地抱起了儿子："没错，我的好儿子，如果一个人是正确的，他的世界也肯定是正确的！走，爸爸陪你去放风筝！"

> **大道理**
>
> 阻碍我们成功的，往往不是未知的东西，而是已知的东西。像孩子那样看世界，把复杂问题简单化，你就会得到意想不到的收获。

5. 尼克之死

尼克是一家铁路公司的调车人员，他工作认真，做事负责，但是他有一个缺点：很悲观，凡事都爱朝坏处想。

某天，下班铃敲响的时候，尼克还在车间里忙碌着。当他处理完手头工作准备出门时，他才发现自己竟然被粗心的同事锁在了这间冰柜车里。想想到夜里冰柜车的温度会在零下 20 度，一阵恐惧向尼克袭来，他拼命地拍打着车门，却得不到任何援助——所有的人都已经回了家。

半小时之后，浑身瘫软的尼克颓唐地坐在了地上，他似乎已经听到了死神的狞笑。随着时间的推移，尼克越来越害怕，越来越感觉冰冷袭人，不到两个小时，他便全身发抖，意识模糊了。

第二天早晨，当同事们打开冰柜车间时，他们发现了已经死亡的尼克。但是人们怎么也想不明白他为什么会死亡，因为冰柜的冷冻室坏掉了，开关根本就没有启动，也正是因此尼克才进入冷冻间去修理系统的。然而，在正常人足够存活的温度下，他竟然被"冻"死了。

其实，尼克根本不是死于冰柜的温度，而是死于他自己心中的冰点！是恐惧让他失去了正常的思维，忘记了制冷系统已坏的事实，最终被自己想象的寒冷冻死了。

大道理

悲观情绪就是给自己树立不败的假想敌，不但于事无补，还会让事情变得更糟。打破这种惯性思维，"逼迫"自己朝着相反的方向想，就会发现一切都不过是自己的心理作用而已。

6. 如何拯救落水者

"这鬼天气真是太热了，要是能够痛痛快快地洗个凉水澡就好了。"这个人一边拿太阳帽扇着风，一边嘀咕着。没想到老天开眼，刚说完这句话，一条斜穿树林而过的清澈小河就出现了。

这个人于是喜出望外，立刻脱掉已经汗湿的衣服跳进了河里，没想到这条河流竟然深不可测，他刚跳进去就发现自己的双脚根本踩不到河底，所以身体不住地下沉，"救命啊——救命啊——"他慌忙大喊起来。

正在林中打猎的猎人听到有人喊救命马上向这边跑过来，这人一看有人来了，张着双手一边挣扎一边大喊："快、快救救我，我快沉下去了。"

看看河流并不宽，猎人不再担心了，他慢悠悠地举起枪，冲着河里的人瞄起了准儿。"你要干什么呀！"河里的人更慌了。

"快点游到我这边来，如果你再挣扎，我就开枪打死你。"猎人蛮横地吼道。

这人一看呼救不但没用，反而会让自己更危险，便开始奋力向前游去，结果原以为必死无疑的他竟然自己游上了岸。

猎人拍拍他的肩膀："看，你自己也能行的，为什么刚才不试试呢？"

7. 是谁让它们活得这么好

　　研究非洲大草原奥兰治河两岸的羚羊时，动物学家发现了一个非常有趣的现象：相比西岸的羚羊来说，东岸的羚羊繁殖能力强，体格也更为健壮一些，而且奔跑速度也比西岸的羚羊快出 13 米 / 分钟。

　　按说，在这种前提下，东岸的羚羊家族一定会日益发展壮大，但是奇怪的是，东岸的羚羊数目大多时候都与西岸的基本持平。

　　这个现象让动物学家百思不得其解，要知道，这些羚羊的生存环境和属类都是相同的，食物来源也一样，怎么会出现这么明显的强弱之分呢？而且，为什么强的数量的增长那么缓慢，和弱的差不多呢？

　　一直到目睹一场血腥捕杀，学者才恍然大悟：原来，在河流东岸羚羊群的不远处，生活着一个狼群。

　　由于劲敌的存在，东岸羚羊们不得不日夜警惕，逃命的机会也远远高于西岸羚羊群，而且，为了让种族延续下去，它们的繁殖能力也在不知不觉中提高了。但是尽管如此，恶狼的袭击依然会让它们家族中的老弱病残者不断减少，所以，虽然人们见到的都是些奔跑迅速、体型健壮的羚羊，数量却总是不会很多。

8. 椅背

　　颇负盛名的麦克唐纳公司竟然很意外地出现了亏损，这可是有史以来第一次，怎么回事呢？老总克罗克坐在办公室里，有点疲倦地倚在宽大舒适的靠椅上思索着，不时地用手拍一拍光亮的额头。

他正在回忆这一段的工作情况，各个部门的负责人都"很负责任"地在自己的办公室内从早坐到晚。但是他下去检查时，却不止一次地发现这种情景：某某正靠着椅背打瞌睡，就像他现在的姿势；某某正靠着椅背对下属们指手画脚；某某正靠着椅背抽烟或闲聊……

"看来一切都是这舒适的椅背惹的祸，我怎么会犯这么严重的错误，竟然让自己的公司出现一劳永逸、催人懒散的'椅背'现象！"想到这里，克罗克毫不犹豫，立刻请人把公司所有的椅背都锯掉了。

老总的这一举动显然引起了众人的不满，但更多的是恐慌——谁舍得离开这么一家赫赫有名的大公司呢？所以大家再也不敢坐在舒服的办公室里夸夸其谈、遥控全局了，而是纷纷下到基层去调查和处理问题。

不久之后，麦克唐纳公司恢复了原来的生机和效益。

大道理

有舒适"椅背"可靠的人，难免会生出惰性和依赖心理来，最致命的是，身处其中的人们并不能意识到这一点。要想不被这种糖衣炮弹腐蚀，我们必须主动、果断而且尽早地锯掉身后的"椅背"。

9. 玻璃门

镇二中教学楼的大门又被踢破了，教导主任头疼地拍着额头，真不知道该怎么办了。从他上任到现在 10 年来，光楼门就换了七八次，可是那些正在活跃期的青少年们，总是不顾门上贴的纸条"我喜欢你用手抚摸我""保护大门，人人有责"等，便直接用脚踢开门，进去后连看都不看就会一脚把门踢上。

"怎么办呢？难道再加固？要知道上次的门已经够结实了。"教导主任在校长这里诉苦，新上任的校长想了想，突然说："那就换成玻璃门吧。"

"什么？玻璃门，那绝对不行，铁门还被踢破呢，更何况玻璃门！"教导主任连连摇头。

"试试看嘛，我想能行的。"校长微笑道。

教导主任毕竟拗不过校长，最终，那道玻璃门在教学楼走马上任了。

出人意料的是，自从换上这道门，那些倔强叛逆的孩子们竟然都一改先前的毛病，细心呵护起它来。每天，他们都会小心翼翼地推开门，然后又转身把它轻轻地关上。

他们不可能不这么做，因为这道"坚固"的门给了他们一份"坚固的信任"——我是一扇易碎的门，之所以敢站在这里，是因为我相信你不会用脚踢我。

> **大道理**
>
> 人们总是倾向于抗争强硬者，呵护柔弱者，所以防不胜防不如不设防——与其明令禁止"你不许这么做"，不如温柔地告诉对方"我相信你不会这么做"。

10. 拔去心中的杂草

高考成绩出来了，王强分数很低，看样子要落榜了。想想自己3年来的辛苦，王强很伤心。他把自己关在房间里，整整一天都不吃不喝。

看到儿子这样，父亲走了进去："不要灰心，孩子，我们可以再复习1年。"

就这样，王强开始了复读之路。但是开学没几天，他就感觉心乱如麻。星期天

回家时，他问父亲："我是不是差太多了？复习会有用吗？要是明年再考不上怎么办？要不我干脆辍学去南方打工得了。"

父亲什么都没说，领着他来到了地里。地里玉米长势正旺，只是玉米底下全是草，草非常能争地下的营养，是玉米的大敌。于是父亲便带着王强拔起草来。

傍晚时，整整半天没说话的父亲突然问王强："我们为什么要把草拔掉？"

王强很奇怪地回答道："为了让玉米长得更好一些啊。"

父亲接着说道："拔去没用的草，有用的庄稼才会长得更好。拔

去心里没用的草，人才会长得更好啊。"

听到这句话，王强顿时愣住了，父亲的良苦用心让他感动得泪光莹莹。

以后的日子里，他开始心无旁骛地刻苦读书。终于，在第二年玉米长势旺盛的时候，他收到了复旦大学的入学通知书。

> **大道理**
>
> 背负的东西太多，人的脚步便容易被绊住。确定好对自己最有价值的目标，然后再拔去影响它实现的杂草，有用的小树才能长成参天大树。

11. 美洲虎的故事

美洲虎是一种濒临灭绝的动物，现在世界上仅存 7 只。某国家动物园费尽周折得到了其中的一只。自从它来到这家动物园，园中所有的饲养员都开始紧张起来——面对这么一个"世界级"的国宝，大家当然都不敢怠慢。

但是千小心万小心，美洲虎还是不到 1 个月就表现出了不正常——它从来没有捕捉过一只猎物，尽管在它的地盘上牛、羊、兔无数；也从来没有威风凛凛地在假山上"巡视"过，尽管那假山极为逼真。它整天只知道懒洋洋地待在空调房里，吃了睡，睡了吃。

"美洲虎是不是病了？"园长急坏了，最后甚至花高价给它买来了一只雄虎做伴，可是它除了多了一点散步活动外，还是像以前那样没有活力。

没办法，园长只好请来了一位动物学家。没想到动物学家还没看见美洲虎，只转了转它生活的环境便下结论道："老虎是百兽之王，你只在它身边放些吃草的小动物，对它来说简直就是种污辱，它自然会打不起精神。你得放点凶猛的动物，像狼、豹等，这样它才会显出它的威风来。"果然，自从放了几只豹子进去之后，美洲虎越来越有活力了。

大道理

我们可以没有敌人，却不可以没有对手。缺少了敌人，我们能够安全地活着，而缺少了对手，我们的惰性就会产生，促使我们走向懈怠和堕落。

12. 鸡头与凤尾

陈亮大学毕业后进了一家大公司做会计，在工作的几年中，他几经奋斗取得了注册会计师的资格，而后，他便辞职了。对于他的这一举动，所有人均表示不理解，要知道那可是一家人人梦寐以求的大公司，而且效益一直在直线上升。面对人们疑惑的目光，陈亮淡淡地笑了笑，然后开始着手操办自己的公司。不到2个月，他的公司就起来了——一家算上他只有6个人的小型会计师事务所。虽然说做了老板，陈亮得到的回报并不比在原来单位时多多少，但是他依然怡然自得、干劲十足。

陈亮的老乡，从瑞士留学归来的王克，得知陈亮的情况后很是嫉妒。他非常理解陈亮的做法，因为他也有这种心思，所以，在银行干了不到半年之后，他也辞职开起了公司。想想一个学财务的都能把公司经营得有声有色，身为瑞士名校工商管理学高材生的王克更是铆足了劲儿想与之一比高下。但是出人意料的是，他的公司只维持了不到半年就倒闭了。

"想跟做是两码事，所以如果自己还是婴儿，那就最好老老实实地跟在大人屁股后面走。"王克逢人便介绍自己的"经验"。

大道理

宁做鸡头，不做凤尾，这是大多数不安分者的共有想法。但需要注意的是，如果本身还没有那个实力，那就最好先安分守己。

13. 捉狮子

一只狮子闯进了农场主的农场里，农场主见状大喜：我平时那么怕你，这回你到了我的地盘，我总算有机会报复你一下了。所以他紧紧地关了大门，把狮子困在了农场中。

狮子转来转去也没找到出口，饿坏了的它开始捕捉农场主的牛羊吃。吃饱喝足以后，它又转了半天还是没能找到出口，于是它明白自己是被人困起来了。只见它愤怒地冲天吼了一声，开始疯狂咬杀农场主剩下的牛羊，把它们全都咬死之后，它又开始大肆践踏农场主长势旺盛的庄稼。

看到狮子越来越不可控制的凶猛样子，农场主吓得手脚哆嗦起来，他知道，下一步狮子就该吃他了。于是他再也不敢妄想捉什么狮子了，赶紧跑去把大门敞开，把狮子放了出去。回来之后，他就对着满地的牛羊尸体和已经一片狼藉的庄稼哭开了，一边哭一边埋怨自己没有先把狮子捆起来。

听到这里，他的妻子感觉又好气又好笑："这一切不都是你自找的吗？你平常听见狮子叫都会吓得发抖，还妄想捉什么狮子！事情都这样了，你不但不知悔改，还埋怨什么没把狮子捆起来，就算狮子还在，以你的胆子，你做得到吗？"

> **大道理**
>
> 事情有难易之分，人也有能力大小之别，如果不自量力，妄想超越自己的能力做事，那就不但难以成功，还可能使自己付出惨痛的代价。

14. 如何卖手环

一对姐妹租了一家大商场的柜台卖首饰。开张伊始，顾客源源不断，但一天下来，卖出去的货却屈指可数。时间一长，这对姐妹受不了了，柜台每个月光租金就得上千块呢！

怎么办？姐妹俩都愁眉苦脸地想着。忽然，妹妹灵机一动，对姐姐说道："我们可以这样，就比如那种一直卖不掉的手环吧，它原来是卖200的，现在我们改为100……"

"那我们不就赔了吗？"不等妹妹说完，姐姐便喊起来。

"不赔不赔，你听我说。"妹妹按住着急的姐姐，"我们把一只标价为100，把另一只标价为300，然后把它们放在一起。这样，我们不就不赔了吗？"

"可有什么用呢？这样难道就能卖掉？"姐姐疑惑不解。

"卖不卖得掉，我们要试了以后才知道！"妹妹狡黠地眨了眨眼睛。

姐妹俩刚刚按计划摆好货，一个女人便走了进来。她一看两只手环一模一样价格却相差悬殊，便问这两者有什么区别。

机灵的妹妹马上解释道："其实它们是一样的，我们只是想薄利多销，让大家

便宜也能买到上等品位的好货。"

女人心中大喜，立刻买下了那只标价为"100"的手环，然后得意扬扬地走了出去。

姐妹俩还没来得及高兴，一位时髦女郎便走了进来，她也一眼就注意到了这两只手环，同样询问起原委来。

这回是已经明白过来的姐姐解释的："俗说话'一分钱一分货'，这两只手环看起来一模一样，戴在身上给人的感觉可大不相同。好东西就是好东西，就是显品位，明眼人一眼就能看出来。"

时髦女郎仔细一瞅，感觉标价为"300"的的确比"100"的看起来要好一些，于是便买下了那只贵的，戴在手腕上满脸高贵地走了。

看着时髦女郎远去的背影，妹妹得意地对姐姐说："看到了吧，这一招屡试不爽！"

大道理

人类本性中的贪婪、虚荣等弱点，总是会在面对诱惑时轻易地暴露出来，而这正是他们吃亏受骗的原因和开始。

15. 破窗户理论

这个小县城一共有两条主要街道，每年秋天，县环保局都会按照惯例举行"街道卫生比赛"，并对获胜者给予优厚奖励。相应地，每到这个时候，街道办事处主管卫生的人员就会大忙特忙一阵。

可奇怪的是，不管朝阳大街的负责人员如何努力，最终得到那笔奖金的总是红旗大街。这种情况持续了几年之后，朝阳大街的负责人员老张终于坐不住了，他打电话给红旗大街的"竞争对手"老李，要请他吃饭。

老李自然明白是怎么回事，于是席间不等老张开口便自顾自地说道："我可从来没想过要独吞什么奖金，一切都是为了工作嘛。就算你不请我吃饭，我也预备找你谈谈了，把县城街道卫生治理好是咱们共同的目标嘛。其实我也没有什么秘诀，只不过感悟于一个小故事，我给你讲讲吧。

"某汽修厂将回收来的两辆外形完全相同的旧汽车放在了露天地里，其中一辆车的引擎盖和车窗都是打开的，另一辆则是封闭的。没想到，打开的那辆车在几天之内就被人破坏得面目全非了，而封闭的那辆车则完好无损。汽修厂老板挺奇怪，于是就在完整的那辆车的窗户上打了一个洞，结果只一天工夫，这辆车上所有的窗户就都被人打破了，车内的东西也全都丢失了。

"有关专家称这种现象叫'破窗户理论'，也就是说东西原本是什么样的，人们就会按照第一印象去怎么对待它。

"听到这个故事之后，我就一直在想，既然这是人们的一种惯性心理，我干吗不利用它一下呢？于是我就一直试着把它应用到街道卫生治理上，力求在相对较长的一段时间内保证街道干干净净的，并对乱扔垃圾者进行制止甚至是惩罚。结果你猜怎么着？几个月之后，就算街上再出现脏物，过往的行人们也会主动把它拾进垃圾箱里。就这样，三四年以来，我管的这条街道一直保持着干干净净的样子，根本不需要我费心费力地去治理。"

大道理

　　对于已经被破坏的，让它再破一些也无妨；而对于完整的，一定要努力维护它，不让它遭到破坏。明白人类的这种惯性心理，我们应该力求完善自己的人生与生活。

16. 农夫与骗子

几个月前，农夫家的母牛生下了一头小牛。现在，农夫想把已经长大的小牛赶到集上去卖掉。于是，他骑上毛驴，牵着小牛出发了。中途三个骗子发现了农夫，他们商量着骗他一把。

第一个骗子趁着农夫在驴背上打盹，悄悄剪断了他手中的缰绳，把小牛牵走了。拐弯时，农夫被惊醒了，他发现小牛不见了，慌忙寻找起来。

这时，第二个骗子走过来，热情地问他这么慌张是为什么，农夫据实以告后，骗子非常同情地说道："您可真是不幸。不过刚才我看到有个人牵着一头小牛朝那边林子里去了，不知道是不是你的。"

然后他就绘声绘色地形容了那头小牛一番，农夫一听大喜，说那就是我的牛。骗子赶紧接道："那你赶快去追啊，我在这给你看着驴。"

农夫感激不尽地把驴子交给这位好心人，然后就匆匆跑进林子里去了。可是等他两手空空地回来时，驴子和好心人都不见了。

农夫伤心地大哭起来，说我可真是倒霉，天下不幸的事情怎么全都落到我一个人头上了呢？忽然，他听见不远处的桥上有一个人比他哭得更大声，于是便奇怪地走了过去。

那人告诉农夫："我是个丝绸商，带了一袋金币准备去城里进些货，没想到一不小心把钱袋掉到河里去了。"说完，他一手指着桥下，一手捂着脸大哭起来。

农夫急道："大傻瓜，那你赶紧去捞啊！"

那人回答道："我不会游泳啊！如果有个会游泳的人帮我一把，我愿意拿出 10 个金币作为酬谢。"

农夫一听暗想：正愁回家没法给老婆交代呢，有了这 10 个金币可就什么都不用怕了。于是他连忙脱下衣服跳下了水，当他一无所获地爬上岸时，发现自己的衣服、包裹都不见了。当然，包裹里的那点钱，骗子也没有给他留下。

> **大道理**
>
> 安然无事时麻痹大意，出现意外后惊慌失措，造成损失后急于弥补，这是人们常见的弱点。要想不因此被别人钻空子，我们必须时刻提高警惕，不给任何人以可乘之机。

17. 山下山上

为了得到大师的指点，这位青年画家带着自己的画来到了省城。颇费心思之后，他终于见到了自己敬仰已久的某著名画家。但他万万没想到的是，对方是个傲慢至极的人，一看他是个无名小卒，连画轴都没打开便借口有事对他下了逐客令。

青年画家羞愤之下转身就走，走出门口时回头说了一句："老师，您现在站在山顶，而我站在山下。您从山顶往下看我，固然觉得我很渺小，但您应该知道的是：我从山下往上看您，您也同样渺小。"

说完，青年便丢下目瞪口呆的大师扬长而去。

十几年后，当初的青年画家也已经跻身于大师之列了。在一次画展上，当年那位冷落他的著名画家对他的画赞不绝口，遂请求他为自己做一幅画。显然，著名画家已经忘了当年的事。但是他并没有忘，淡淡一笑后他答应了对方的请求。

仅仅3天后，著名画家就拿到了自己所要的画。打开时，他一下子惊呆了：画的主体是一座气势磅礴的大山，大山的山顶处和山脚处各有一人站立。下面的人往上看，上面的人往下看——两个人是一般大小。

> ## 大道理
>
> 由于身在高处，山顶的人总会觉得山下的人不如自己高大。殊不知在山下人看来，这种情况同样存在。只是大家都应该明白：让一个人自我感觉高大的，并非其本身，而是其所在的位置。

18. 山羊和影子

一大清早，小山羊咩咩就从家里跑到了村外的草地上，吃饱喝足之后，它舒服地伸了个懒腰。不经意间，它发现在刚升起不久的太阳的照射下，自己的影子竟然很长很长。

"哎呀，原来我这么高大呀，那天在果园看到熟透的果子时，我还叹息自己吃不到，现在看来完全没问题啊。"咩咩一边自言自语着，一边向果园跑去。

等它找到那天看到的果园时，时间已经是正午时分了，它看看自己身后的影子，发现它居然缩成了很小的一团。

"唉，原来我这么矮啊，看来是没希望吃到树上的果子了。算了，我还是回去吧。"说着，咩咩便垂头丧气地往回走。

等到它来到家门口时，已经是傍晚时分了，偏西的太阳又一次把它的影子拖得好长好长了。咩咩吃了一惊，立刻后悔地喊道："天哪，早知道这样，我干吗要回来啊！凭我的个子，把树顶上的果子吃光都没问题！"

大道理

很多人都在犯一个可笑的错误：得意时认为自己很高大，失意时认为自己很渺小。其实避免这种错误很简单，树立一个不变的标准就行了。

19. 落水的吝啬鬼

从前有个财主，虽然家财万贯却是异常抠门，甚至对自己的子女都吝啬无比，气得大家都在背后叫他"吝啬鬼"。

有一天，吝啬鬼去村外办事，途经村口的小河时，突然脚下一滑落入了河里。慌忙之中他一把抓住了河岸边长长的水草，然后就开始心惊胆战地大喊救命。

听到有人喊救命，村民们纷纷朝着河边跑过来。但当看到河里是吝啬鬼时，大家又都犹豫了，不过最终还是有几个人站了出来，毕竟人命关天嘛。

"快，把你的手给我。"一位年轻的小伙子蹲在河边，冲吝啬鬼伸出了手。

吝啬鬼离河岸并不算远，只要他伸出手，小伙子完全可以把他拉上来。但是不知为什么，吝啬鬼就是不肯伸手。

"快点，把你的手给我啊！"小伙子以为吝啬鬼没听清，所以又重复了一遍，但没想到对方依然不理不睬地大喊救命。小伙子气得站起身来就走："你既然想死那还喊什么救命！"

其他人感觉很奇怪，便轮流试了一遍。结果真的，无论自己怎么喊让吝啬鬼伸出手来，他就是装成没听见的样子继续大喊救命。

眼看着吝啬鬼一点点往下沉，众人都急了，正在一筹莫展之际，吝啬鬼的老婆慌慌张张地跑来了。

只见她迅速伸出手去，冲丈夫大声喊道："快，给你我的手。"吝啬鬼一听，立刻伸手抓住了老婆的手，并顺利地爬上了岸。

众人称奇的同时又感到大惑不解，于是纷纷向吝啬鬼的老婆请教"高招"。不想吝啬鬼的老婆却叹了一口气说："我哪里有什么高招，只不过了解他的脾气罢了——他从来不会把自己的东西给别人，而只会接受别人给他的东西。你们一个个

大喊让他把手给你们，这不是要他的命吗？所以他当然宁可淹死也不理你们了。"

20. 爸爸与儿子

老周是个怨天尤人的高手。

上初中时，他的数学成绩非常差，于是便气鼓鼓地怨数学老师教得不好，导致了他偏科，虽然当时班上绝大部分同学都非常喜欢那个圆圆胖胖的老师。

上高中时，因为个子不如其他人高，还是小周的老周动不动就骂学校的伙食不好，影响了他的正常发育。

考大学时，因为与自己理想中的大学擦肩而过，老周郁闷地唉声叹气，到现在还在埋怨爸妈遗传的天分不够。

毕业后做生意时，因为所选地段不佳，连连赔本的老周时不时就训斥老婆不贤惠，说背后的女人不怎样，前面的男人就会很难成功。

苦撑了两年终于破产后，老周更是火冒三丈地指责老丈人，说都是因为你当初不肯拿出钱来入股，才导致了我今天的不幸。

老周的儿子周小小因为自打出生就生活在这样的环境中，上小学时，他已经养成了跟他爸爸一样的脾气。

第一学期末，周小小拿着一张全班倒数第一的成绩单回了家，老周一看，正想破口大骂，周小小板着小脸说道："爸爸，你不觉得这个问题出在你身上吗？是你说的，你当年成绩不好，没有考上好大学是因为爷爷奶奶没有给你遗传好的天分。"

老周一听，顿时哑口无言。

唉，有这样的爸爸，当然会有这样的儿子，这可是连老周也认可的理论。

21. 富翁与农夫

有位富翁家里金银成堆，珠宝成箱，可他就是感觉不快乐。怎么样才能让自己开心起来呢？烦恼的富翁左思右想不得其解，于是便决定远行去找寻快乐。

收拾好东西正欲出门时，他又站住了：不行，家里有那么多钱，倘若我长期不在家，貌似忠实的管家和下人们难免会起别的心思，所以我不如带上。

这样想着，富翁便把金银珠宝全部转移进了一只挺大的箱子，然后背上它便出发了。

可是箱子实在是太沉了，没有几里路，富翁便累得气喘吁吁，不得不停下来休息了。他靠在箱子上，眯起眼打算睡一会儿，不想刚打了一个盹儿便一激灵醒了，因为他做了一个噩梦，梦见一伙强盗持刀持枪抢劫他的珠宝。"是啊，"富翁自言自语道，"我怎么可以这么大意呢？在这种前不着村后不着店的地方休息，不是自找麻烦吗？"

想到这里，富翁赶紧站起来，背着箱子继续向前走去。太阳下山以后很久，他才找到一家小旅馆，虽然不如想象中干净，但疲倦至极的他已经顾不了那么多了。

半夜时分，富翁被再次惊醒了：不行，我得好好看着箱子，看店主的样子就知道他没见过什么大钱，倘若不小心给他瞅见，我肯定得遭殃。所以，他便坐在箱子上挨过了后半夜。

这种日子过了一周以后，富翁已经离家好远了，可是他想寻找的快乐却依然不见踪影。

这天下午，既失落又疲惫的他正呆呆地坐在一个小石磴上休息，忽见一位农夫从远处唱着山歌走来。

看着衣衫破旧的农夫如此快乐，愁眉不展的富翁赶紧上前请教。

农夫笑笑说："我哪里有什么快乐的秘诀，只不过是把所有的负担都放下了而已。"

一句话惊醒了梦中的富翁，顿时，他领悟道：是啊，自己背着这么沉重的金银珠宝出来，不但累得要死，还白天黑夜地担惊受怕，怎么可能快乐得起来呢？

这样一想，富翁立刻打开箱子，把里面金光闪闪的珠宝亮了出来，然后对农夫说道："谢谢你教给我快乐的秘诀，这些钱我都给你了。"

农夫弯腰捡出一个金元宝揣进怀里："对于我来说，一个元宝就足够了，再多就是负担了。如果你想送，就把它分给其他的路人吧。"

富翁这样做了，看着来往的穷人都露出了笑脸，富翁终于成了一个快乐的人。

大道理

背负的贪婪过多，快乐就会被不满足替换掉，所以，很多时候不是快乐离我们太远，而是我们不知道拒绝种种诱惑。

22. 寻找新居住地

小镇的大街上，一位白发老人正倚墙而坐，静静沐浴着温暖的冬阳。

一位陌生人赶着马车经过这里，停车向他打听道："老先生，我想问问这镇上的居民怎么样，因为我正在寻找新的居住地。"

"哦。"老人睁开眼睛看了陌生人一眼，"你原来住的地方居民们怎么样？"

"哎呀，别提了。"陌生人立刻摇着头叹息道，"他们一点儿也不绅士，一个个毫无礼貌又自私自利，简直让人无法忍受！我正是因为无法再容忍邻居的无理取闹才离开家乡寻找新居住地的。"

"哦，看来这里照样不合你的口味，"老人慢悠悠地说道，"因为这儿的居民跟你家乡的一样，既不懂礼貌又自私自利。"

陌生人一听，立刻失望地驾着马车远去了。

不想前面人刚走，又有一位陌生人骑着马到来了。像刚才那个人一样，这位骑马者也向老人打听这里的居民情况。

"你原来住的地方居民们怎么样？"老人依然问了对方这个问题。

"哦，那真是一个令人怀念的地方，人们都友好而善良，非常容易相处。如果不是因为工作的原因，我真舍不得离开那里。它给我留下了一段美好的记忆，我很希望能够寻找到一个和它一样好的新居住地。"骑马者回答道。

"你可真是太幸运了，年轻人，这里的居民跟你原居住地的人们完全一样。"老人大声说道，"住下来吧，相信你会喜欢他们的，他们也会同样喜欢你。"

大道理

把世界和他人看成什么样，正是其本心的真实影像。如果心是太阳，那么他眼前就会一片光明；如果心是黑夜，那么他只会看到一片黑暗。

---

23. 扫落叶的小和尚

师父正在给每个小和尚分配工作，分到清扫落叶这一任务的小和尚心里甚为高兴，与挑水、劈柴、做饭比起来，这显然是个再轻松不过的活儿。

但是没过几日，小和尚便发现不是那么回事了——深秋季节，每个大清晨都站在冷飕飕的西北风里扫地，这实在不算一件舒服的事。更让他郁闷的是，时令渐入冬季，晚上的风越来越大，无论前一天他多卖力地扫干净，第二天早晨总是又一地落叶。

怎么办？如何才能让自己更轻松一些呢？小和尚坐在台阶上冥思苦想起来。恰逢这时，挑水的小和尚从他面前经过，于是他叫住对方，把自己的烦恼诉说了一通。

"这很简单啊！"挑水的小和尚灵机一动道："在打扫以前，你使劲儿摇树干，把快落的黄叶统统摇下来。这样，你第二天不就可以省些力气了吗？"

"对啊，我怎么没想到呢！"扫落叶的小和尚喜不自禁地拍着脑门道。然后，他就真的猛摇起树干来，果然，树上的叶子纷纷落了下来，高兴的小和尚一整天都眉开眼笑的。

第二天鸡还没叫，从梦中惊醒的小和尚便迫不及待地披衣爬了起来，他要看看自己昨天努力的结果。可是刚出屋门，他便傻眼了，只见地上处处落叶，一点也不比原来的少！

这时，一位起夜的老和尚从他门前经过，看到他一脸哭丧的样子，再看看门前满地的落叶，老和尚顿时明白了怎么回事。于是他意味深长地说道："我小时候也干过这样的蠢事，直到十几年后我才明白，无论你今天怎么用力，明天还是会有叶子落下来，除非树上不再有叶子。人生当中的苦与痛，亦是如此啊。"

大道理

有些事情不宜也不能提前完成，正如生命总是苦乐相随，即便你预支了明天的烦恼，除了徒增今天的负重之外也依然于事无补。因此，与其因未来的忧伤日日不安，不如把握住当前的快乐，顺其自然。

24. 乞丐与富翁

河豚鱼味道鲜美，是人们餐桌上的美味佳肴之一，可是如果处理不好，它却会让食者中毒。

某天，几位富翁聚在一起小饮，有人奉上一盆河豚。几位富翁面面相觑，尽管都想吃，却谁也不敢先动筷子。忽听其中一人说道："看，那边桥头上坐着一个乞丐，不如先舀出一碗来让他尝尝，看他没事儿后我们再吃。"语音刚落，众人便纷纷称好。

伶俐的家仆立刻盛出一小碗给乞丐端了过去："这是河豚汤，我们主人赏你的。"乞丐一听，连忙道谢接了过去。

富翁们耐着性子等了一刻钟，发现乞丐仍旧安然无恙，于是便放心大胆地享受起来。酒足饭饱之后，他们满意地抹抹嘴，开始往回走。路经乞丐所在的桥时，忽听乞丐叫住了他们："刚才的河豚你们都已经吃过了吧？"

"是啊，说起来我们还得感谢你呢。"一个富翁说道，顿时，其他几个附和着大笑起来。

"谢我做什么，反倒是我应该谢你们。"乞丐说道。

富翁们正莫名其妙间，忽见乞丐从破篮子里端出了那碗河豚汤："既然你们都安然无恙，那我就可以放心大胆地喝了。"说完，乞丐便仰着头呼噜呼噜地大喝特喝起来。

几位富翁顿时感觉尴尬无比。

大道理

不要以貌、以身份或地位等外部条件取人，须知智商高低或生命贵贱跟这些都无关系。而且，常犯愚蠢、低级错误的，多是那些自以为聪明或高贵的人。

25. 如何战胜猴子

很久以前，在一座高山上，住着两位得道成仙的高人。这两位高人都非常喜欢下棋，每天下午，他们都会到那株高大的古松下对弈数局。谁知古松之上生活着一只聪明绝顶的灵猴，每到仙人下棋时，它就躲在树上偷学。经过长年累月的观摩，再加上这对仙人的灵气熏染，数年下来，这只灵猴居然练就了一身高超奇绝的棋艺。

不久，灵猴下了山，靠着自己的绝活四处找人挑战，结果没有一人能够胜得了它。久而久之，灵猴的名气传到了国王耳朵里。国王怎么也不相信一只猴子会比人更聪明，于是便派手下把它请了来，然后又召集国中的围棋高手与它对阵。

不想数日之后，那些所谓的"高手们"一见到灵猴就浑身战栗，不战而逃，因为不管他们如何绞尽脑汁，最后都必然是这只猴子的手下败将。

国王一看，大怒道："堂堂一个大国，难道连一个会下棋的人都找不出来吗？"

这时，一位聪明的大臣站了出来，自告奋勇说他想与猴子下一盘，不过有一个条件，那就是要在棋桌上放一盘鲜红欲滴的水蜜桃。国王立刻答应了下来，于是比赛又开始了。

下过几颗棋子之后，那位大臣装成很随意的样子，拿起一个大桃咬了一口，还边吃边称赞，然后，他便把剩下的一半放在一边，继续专心下棋了。

结局大家肯定都猜到了，在整场比赛中，猴子一直盯着那盘水蜜桃，结果把棋下了个乱七八糟。

在这个故事中，人之所以能战胜猴子是因为抓住了猴子嘴馋爱吃桃的弱点。想想看，如果把那盘水蜜桃换成奖杯、奖金甚至是更诱人的名利之物，走神分心的该是谁了呢？

大道理

任何人都会有弱点，这一点是你战胜对方的关键。但更重要的是，你要明白并防守好自己的薄弱之处，小心别人使用同样的计策。

26. 傻鸟

自从搬进了新楼，人们就开始盼着新楼后面那座旧房子被拆除——在三幢又新又漂亮的高楼旁边坐落着这么一处破平房，看上去的确很不顺眼。不知道有多少次，楼上的人趴在阳台上叹息着这座大煞风景的旧房。

近日，高楼上的人们忽然发现了一个奇怪的现象：一只不知名的大鸟每天下午都会准时光顾那座旧房，然后站在窗台上一次又一次地用头撞击着玻璃，并且，不管多少次因为反弹而跌落下去，它都会照样坚持不懈。每天一刻钟，大鸟从不间断。

一时间，好奇的人们纷纷猜测起这只大鸟撞窗的原因来。有的说它可能是认为窗外是另一间房子，所以想飞进去；有的说它可能把那儿当成了通往外界唯一的出路，所以想撞开飞出去；有的说……但是不管如何，大家都看得清清楚楚：在那个房间的另一面墙上，有一扇更大的窗户，并且是开着的。因此，人们不约

而同地下了一个结论：这是一只傻鸟，一只蠢到家的傻鸟。

某天，当几位居民坐在楼下闲聊，谈到那只傻鸟时，老王家的傻儿子忽然愣愣地抛出一句："你们才傻呢！那只大鸟是在吃窗户上的虫子呢，我看见过！"

一句话引得大家都笑起来，一位老太太用扇子拍拍傻子的脑袋说道："傻家伙，我们还不如你聪明！"

一个月之后，拆除那座旧房子的通知终于下来了，早就巴不得这样的楼上居民们纷纷下去帮忙。当拆到那扇紧闭的旧窗户时，大家都愣住了：窗户的玻璃上粘满了各种小飞虫的尸体，有些只剩下了半只身子，很显然，另一半被那只"傻"鸟啄吃了。

大道理

把自己的思维方式强加于人，并且固执地自以为是，这是聪明人常犯的错误。要想克服这一点其实并不难，在对人对事进行判断之前，先细致地调查分析一下就行了。